全球生物安全发展报告

（2020年度）

王磊　张宏　王华　主编

清华大学出版社

北京

图书在版编目（CIP）数据

全球生物安全发展报告 . 2020 年度 / 王磊 , 张宏 , 王华主编 . — 北京 : 清华大学出版社 , 2023.10
ISBN 978-7-302-62349-6

I. ①全⋯ II. ①王⋯ ②张⋯ ③王⋯ III. ①生物工程—安全管理—研究报告—世界— 2020 IV. ① Q81

中国国家版本馆 CIP 数据核字（2023）第 154971 号

责任编辑：孙　宇
封面设计：吴　晋
责任校对：李建庄
责任印制：丛怀宇

出版发行：清华大学出版社
　　　　　网　　　址：https://www.tup.com.cn，https://www.wqxuetang.com
　　　　　地　　　址：北京清华大学学研大厦 A 座　　　　邮　　编：100084
　　　　　社 总 机：010-83470000　　　　　　　　　邮　　购：010-62786544
　　　　　投稿与读者服务：010-62776969，c-service@tup.tsinghua.edu.cn
　　　　　质量反馈：010-62772015，zhiliang@tup.tsinghua.edu.cn
印 装 者：三河市君旺印务有限公司
经　　销：全国新华书店
开　　本：185mm×260mm　　　　　印　张：17.75　　　字　　数：407 千字
版　　次：2023 年 12 月第 1 版　　　　　　　　　印　　次：2023 年 12 月第 1 次印刷
定　　价：128.00 元

产品编号：098241-01

《全球生物安全发展报告（2020 年度）》
编写人员

主　　编　王　磊　张　宏　王　华

副主编　张　音　李丽娟　刘　术　陈　婷

编　　者　（按姓氏笔画排序）

刁天喜	于双平	万方浩	马文兵	王　华
王　磊	王盼盼	毛秀秀	田德桥	生　甡
刘　术	刘　伟	刘　瑾	刘万学	刘发鹏
许　晴	孙玉芳	李丽娟	李垚奎	李炳志
李晓倩	肖　尧	辛泽西	宋　蕾	张　宏
张　音	张　斌	张宏斌	张国良	张京晋
陈　婷	陈宝雄	武士华	苗运博	金雅晴
周　晓	周　巍	赵　超	侯有明	祖正虎
黄　翠	黄宏坤	梁慧刚	彭　露	葛　华
葛　鹏	蒋大鹏	蒋丽勇	韩智华	蒯丽萍
翟丽影	薛　杨			

前　言

　　2019 年底，突如其来的新型冠状病毒肺炎（简称新冠肺炎）疫情是人类历史上严重的全球公共卫生突发事件之一。截至 2020 年底，新冠肺炎疫情仍在全球 200 多个国家和地区流行，全球约 8000 万人感染，约 180 万人死亡，严重破坏了全球卫生系统和世界经济，引起了国际社会对生物安全问题的高度重视。因新冠肺炎疫情肆虐全球，《禁止生物武器公约》专家组会和缔约国会未能如期召开，这对全球生物安全治理体系产生了深远影响。国际组织和世界各国纷纷采取多项措施应对疫情。世界卫生组织 2020 年 2 月 5 日发布"新型冠状病毒肺炎战略防范和应对计划"，美国国立卫生研究院 2020 年 4 月发布新冠肺炎研究战略计划，英国发布新冠肺炎防疫行动计划。此外，全球的科研人员联合作战、聚力攻关，在诊断试剂、疫苗药物研发和基础研究等领域，均有突破性进展。

　　本书聚焦 2020 年重要生物安全事件，以及美国、俄罗斯、英国等国家和联合国等国际组织生物安全领域的发展趋势和前沿动态，从威胁形势、战略管理、能力建设、科技研究等方面进行了系统综述，并针对新冠肺炎疫情防控措施、新冠病毒疫苗药物研发、新冠肺炎文献计量、美国生防产品研发及监管等进行了专门分析，希望能为从事生物安全领域研究与管理的专家学者提供有益的参考借鉴。

　　本书由国内生物安全领域相关单位的专家共同编撰，因时间紧张，水平有限，书中内容难免有疏漏之处，敬请读者批评指正。

编　者

2021 年 4 月

目　　录

第三篇　文献计量分析

第四篇　其他专题

第一篇

领域发展综述

第一章

全球生物安全威胁形势

2020 年，新型冠状病毒肺炎（新冠肺炎）疫情造成全球大流行，给世界各国造成了严重危机。生物技术谬用与误用、实验室生物安全、人类遗传资源安全、外来物种入侵、微生物耐药及生物恐怖与生物武器的威胁依然存在。

一、重大传染病疫情

2020 年全球新发突发传染病疫情形势不容乐观，全球新冠肺炎疫情需要持续密切关注。刚果（金）发生埃博拉疫情的风险仍然存在。蒙古国和刚果（金）连续两年报告鼠疫病例。中东地区持续报告中东呼吸综合征病例。全球登革热疫情总体平稳。非洲和亚洲部分国家霍乱疫情持续。寨卡病毒仍存在传播或输出的潜在风险。野生型和疫苗衍生型 Ⅱ 型脊髓灰质炎病毒全球传播风险不断增大。全球季节性流感态势不容忽视。东南亚和南亚部分国家基孔肯亚热疫情、非洲和美洲国家黄热病疫情及刚果（金）猴痘疫情值得关注。

（一）新冠肺炎

全球新冠肺炎疫情呈加速扩散趋势。根据世界卫生组织（WHO）发布的数据，截至欧洲中部时间 2020 年 12 月 27 日上午 10 时，全球报告确诊病例 79 231 893 例，死亡 1 754 574 人。按照 WHO 分区，美洲区和欧洲区仍是疫情中心地区。根据 WHO 发布的周报数据（截至欧洲中部时间 12 月 27 日上午 10 时）美洲区为受疫情影响最严重地区，疫情发展迅速，新增病例数和新增死亡数在全球报告周病例数和死亡数中最多。该区美国、巴西和哥伦比亚报告周病例数最多。美国和巴西报告病例总数一直位居全球第一位和第三位。欧洲区是仅次于美洲区受疫情影响最严重的地区，该区疫情于 11 月初达到顶峰后有所缓解。该区英国、俄罗斯和德国报告周病例数最多。俄罗斯疫情仍处于高位水平。英国病例数从 12 月开始激增，升至全球第六位。病例总数居全球第四位至第十位的国家均来自欧洲区。东南亚区新增病例数较 9 ～ 10 月份回落明显。该区印度报告周病例数最多，其次是印度尼西亚和孟加拉国。印度整体疫情仍呈波动下降趋势，总病例数仍居全球第二。印度尼西亚新增病例数已连续 2 个月呈波动上升趋势。东地中海区疫情呈缓慢下降趋势。该区伊朗、摩洛哥和巴基斯坦报告病例数最多。黎巴嫩病例数在连续 5 周下降之后出现上升。巴基斯坦病例数从 11 月开始上升，至 12

月上旬达峰值后下降。埃及病例数持续处于上升趋势。西太平洋区整体疫情高于 11 月份，呈现波动上升趋势。该区日本报告周病例数最多，其次是马来西亚和菲律宾。日本新增病例数呈持续上升趋势，韩国呈波动上升。非洲区疫情呈现明显上升趋势，新增病例数和新增死亡数连续攀升。南非报告病例数为该区最高且呈现显著上升趋势，其次是尼日利亚、阿尔及利亚和纳米比亚[①]。

新冠肺炎处于世界大流行，其间产生了若干病毒变异株。2020 年 1 月底至 2 月初出现了 D614G 变异株，至 6 月份时其已成为全球主要流行株。8～9 月，丹麦报告了与水貂相关的变异株，被命名为 "Cluster 5"。貂被该变异株感染后可能成为病毒的储存宿主，新冠病毒可在貂与人之间传播并发生病毒变异。丹麦仅在 9 月发现了 12 例人类感染病例。12 月 14 日，英国报告了 B.1.1.7 变异株，其具有更强的传播力。截至 12 月 30 日，WHO 6 个区中已有 5 个区的其他 31 个国家和地区发现了该变异株。12 月 18 日，南非发现了 B.1.351 变异株，其已成为南非三个省（东开普省、西开普省和夸祖鲁－纳塔尔省）的主要流行株。截至 12 月 30 日，南非以外已有 4 个国家发现了该变异株[②]。WHO 建议所有国家在可能的情况下增加对新冠病毒的常规测序，并分享序列数据，尤其要报告是否发现了相同的变异病毒。所有国家都要评估当地病毒传播水平，并采取适当的预防控制措施[③]。

（二）埃博拉病毒病

2020 年 6 月，刚果（金）宣布第十轮埃博拉疫情结束。此次疫情持续时间是该国历史上最长的，也是继 2014—2016 年西非疫情之后世界第二大疫情。2018 年 8 月 1 日至 2020 年 6 月 25 日，北基伍省、伊图利省和南基伍省 29 个卫生区共报告病例 3470 例（确诊 3317 例），死亡 2287 人，病死率为 66%。女性占总病例数的 57%，18 岁以下儿童占 29%，医务人员占 5%。此次疫情不再构成国际关注的突发公共卫生事件[④]。

2020 年 6 月 1 日，刚果（金）西北部赤道省宣布暴发新一轮埃博拉疫情，为该国历史上第十一次。从 5 月 18 日至 11 月 18 日疫情结束，该省 13 个卫生区共报告病例 130 例（确诊 119 例），死亡 55 人，病死率为 42%。女性占总病例数的 45%，18 岁以下儿童占 23%。相比前一次疫情，此次疫情进展缓慢，受影响地区仅限于赤道省。虽然疫情结束，但该国发生疫情的风险仍然存在[⑤]。

（三）鼠疫

刚果（金）腺鼠疫一直在伊图利省流行，2020 年 6 月该省 Rethy 卫生区暴发疫情，

① WHO. Weekly epidemiological update-29 December 2020[EB/OL]. [2020-12-29]. https://www.who.int/publications/m/item/weekly-epidemiological-update---29-december-202.

② WHO. COVID-19-Global[EB/OL]. [2020-12-31]. https://www.who.int/emergencies/disease-outbreak-news/item/2020-DON305.

③ WHO. COVID-19-United Kingdom of Great Britain and Northern Ireland[EB/OL]. [2020-12-21]. https://www.who.int/emergencies/disease-outbreak-news/item/2020-DON304.

④ WHO. Ebola - African Region （AFRO）, Democratic Republic of the Congo[EB/OL]. [2020-06-26]. https://www.who.int/emergencies/disease-outbreak-news/item/2020-DON284.

⑤ WHO. Ebola - Democratic Republic of the Congo[EB/OL]. [2020-11-18]. https://www.who.int/emergencies/disease-outbreak-news/item/ebola-virus-disease-democratic-republic-of-the-congo-draft.

病例数激增，从 6 月 11 日至 8 月 9 日 Rethy 卫生区共报告病例 73 例，死亡 10 人，病死率为 13.7%。截至 2020 年 10 月 4 日伊图利省共报告病例 124 例，死亡 17 人，病死率为 13.7%①。

蒙古国从 2020 年 6 月开始陆续报告鼠疫病例，起初发生在西部科布多省、巴彦乌列盖省和戈壁阿尔泰省等省份，之后中部省份前杭爱省也发现病例。这些病例均与食用或接触旱獭有关，截至 9 月，该国已累计报告腺鼠疫疑似病例 21 例，其中 5 例确诊，3 例死亡。

（四）中东呼吸综合征

2020 年全球报告中东呼吸综合征确诊病例数明显低于往年，病例主要集中在前 3 个月。中东国家，特别是沙特阿拉伯，持续报告聚集性发病和散发病例。截至 2020 年 12 月 2 日，全球报告实验室确诊病例 62 例，其中沙特阿拉伯报告病例 58 例，20 例死亡。均来自沙特阿拉伯。在 62 例病例中，51 例为原发病例，其中 17 例报告有骆驼接触史。2012 年至 2020 年 12 月 2 日，全球共报告确诊病例 2578 例，935 例死亡，病死率为 36.3%②。

（五）登革热

登革热影响美洲、西太平洋和东南亚等热带和亚热带地区。2020 年东南亚和南亚地区总体疫情明显比 2019 年同期水平低。柬埔寨、老挝、越南、泰国、印度、菲律宾、马来西亚和斯里兰卡等大部分国家登革热病例数与 2019 年同期相比有不同程度的下降③。

2020 年新加坡暴发了该国历史上最严重的疫情。新加坡登革热病例数从 5 月开始显著升高，单周新增病例数创历史新高，高达 1800 例。随着进入 9 月份，东南亚和南亚地区大部分国家登革热病例数处于下降趋势，新加坡每周新增病例数也明显下降④。截至 2020 年 12 月 12 日，美洲地区报告病例 2 217 489 例，死亡 936 人，明显较 2019 年同期低，其中 74% 的病例来自巴西和巴拉圭⑤。

（六）霍乱

2020 年非洲之角和亚丁湾地区霍乱疫情仍在持续，非洲的东部、中部、南部和西部均遭受影响，包括索马里、埃塞俄比亚、肯尼亚、刚果（金）、乌干达、莫桑比克、喀麦隆、尼日利亚和贝宁等国家⑥。我国周边的印度、孟加拉国和马来西亚也发生了霍

① WHO. Plague - Democratic Republic of the Congo[EB/OL]. [2020-07-23]. https://www.who.int/emergencies/disease-outbreak-news/item/plague-democratic-republic-of-the-congo.

② ECDC. Communicable disease threats report，29 November-5 December 2020，week 49[EB/OL]. [2020-12-04]. https://www. ecdc. europa. eu/sites/default/files/documents/communicable-disease-threats-report-4-december-2020. pdf.

③ ECDC. Communicable disease threats report，18-24 October 2020，week 43[EB/OL]. [2020-10-23]. https://www. ecdc. europa. eu/en/publications-data/communicable-disease-threats-report-18-24-october-2020-week-43.

④ NEA. Dengue Cases[EB/OL]. [2020]. https://www. nea. gov. sg/dengue-zika/dengue/dengue-cases.

⑤ PAHO. Reported Cases of Dengue Fever in The Americas[EB/OL]. [2020-12-12]. https://www3. paho. org/data/index. php/en/mnu-topics/indicadores-dengue-en/dengue-nacional-en/252-dengue-pais-ano-en. html.

⑥ WHO. Weekly bulletins on outbreaks and other emergencies[EB/OL]. [2020]. https://www. afro. who. int/health-topics/disease-outbreaks/outbreaks-and-other-emergencies-updates.

乱疫情。也门疫情仍是全球规模最大，其次是印度。截至 2020 年 10 月，也门报告疑似病例 204 291 例，死亡 53 人，病死率为 0.03%[①]。

（七）脊髓灰质炎

2020 年，野生型脊髓灰质炎病毒和疫苗衍生型脊髓灰质炎病毒的全球传播风险均持续增大。野生型脊髓灰质炎仍在阿富汗和巴基斯坦持续流行，2020 年流行强度超过 2019 年同期水平，截至 12 月 1 日，全球报告病例 138 例，巴基斯坦 82 例，阿富汗 56 例。全球 24 个国家遭受疫苗衍生型脊髓灰质炎病毒影响，这些国家分布于 WHO 分区中的非洲区、东地中海区、东南亚区和西太平洋区。2020 年流行强度显著超过 2019 年同期水平，病例主要来自非洲国家和地区，其中疫苗衍生型 II 型脊髓灰质炎病毒（cVDPV2）国际传播比较普遍，受影响的 22 个国家包括尼日利亚（4 例）、尼日尔（9 例）、马里（28 例）、布基纳法索（49 例）、科特迪瓦（68 例）、加纳（12 例）、几内亚（29 例）、贝宁（2 例）、多哥（9 例）、喀麦隆（7 例）、刚果（金）（68 例）、刚果（布）（1 例）、中非共和国（3 例）、安哥拉（3 例）、乍得（80 例）、苏丹（46 例）、南苏丹（22 例）、埃塞俄比亚（21 例）、索马里（13 例）、巴基斯坦（104 例）、阿富汗（160 例）、菲律宾（1 例）。受疫苗衍生型 I 型脊髓灰质炎病毒（cVDPV1）影响的国家包括也门（18 例）、马来西亚和菲律宾（各 1 例）[②]。

（八）季节性流感

据 WHO 2020 年 12 月 21 日流感监测报告，北半球温带地区整体流感活动仍低于季节间水平，一些国家报告零星有 A 型或 B 型流感检出。南半球温带地区流感活动处于季节间水平。南亚地区的阿富汗和印度继续报告流感活动。东南亚地区老挝继续报告以甲型（H3N2）流感为主的检测量。加勒比地区和中美洲一些国家近几周报告了零星的乙型流感检出。西非一些国家报告了流感活动。全球范围内，甲型和乙型流感占比相当。尽管一些国家的流感检测量仍在维持或增加，但流感活动仍低于预期水平。新冠肺炎的流行可能不同程度地影响各国人群就医行为、监测哨点人员配备和日常检测工作能力等方面。各国为减少新冠病毒的传播而采取的防控措施也可能对流感病毒的传播产生影响，因此应谨慎解读目前的报告数据[③]。

（九）其他主要传染病

1. 基孔肯雅热

基孔肯雅热影响热带和亚热带地区大多数国家。亚洲地区，截至 2020 年 11 月 30 日，印度报告疑似病例 32 287 例，确诊 5159 例。截至 2020 年 12 月 10 日，泰国报告病

---

① ECDC. Communicable disease threats report，22-28 November 2020，week 48[EB/OL]. [2020-11-27]. https://www. ecdc. europa. eu/en/publications-data/communicable-disease-threats-report-22-28-november-2020-week-48.

② ECDC. Communicable disease threats report，29 November-5 December 2020，week 49[EB/OL]. [2020-12-04]. https://www. ecdc. europa. eu/en/publications-data/communicable-disease-threats-report-29-november-5-december-2020-week-49.

③ WHO. Influenza Update N° 383[EB/OL]. [2020-12-21]. https://www. who. int/teams/global-influenza-programme/sur-veillance-and-monitoring/influenza-updates.

例 10 849 例，无死亡，全国 72 个省遭受影响。截至 2020 年 10 月 31 日，马来西亚报告病例 2374 例，大部分来自霹雳州和槟城州。柬埔寨和也门均有报告。也门亚丁于 2020 年 4 月底暴发疫情，报告病例约 3000 例，死亡 50 人[①]。截至 2020 年 12 月 12 日，美洲地区报告病例 94 961 例，死亡 25 人，明显较 2019 年同期低。其中 97% 的病例来自巴西。非洲区乍得于 2020 年 8 月发生疫情，8 月 14 日至 11 月 19 日报告病例 38 386 例，死亡 1 例。

2. 寨卡病毒病

2015 年以来寨卡病毒病疫情主要集中在 WHO 分区中的美洲区，部分东南亚国家也有报告。2020 年总体疫情低于 2019 年，较 2016 年大幅度回落。截至 2020 年 12 月 12 日，美洲区报告病例 18 140 例，死亡 1 例。2020 年报告病例数为 2019 年同期一半，88% 的病例来自巴西。

3. 黄热病

黄热病多见于撒哈拉沙漠以南的非洲和中美洲、南美洲热带地区。尼日利亚黄热病疫情从 2017 年 9 月开始持续。2020 年 11 月，该国 5 个州（三角州、埃努古州、包奇州、贝努埃州和埃邦伊州）暴发疫情；截至 2020 年 11 月 14 日，共报告疑似病例 1899 例，确诊 5 例。尼日利亚 2020 年报告病例数低于 2019 年同期。2020 年非洲地区乌干达、南苏丹、埃塞俄比亚、多哥和加蓬等国家相继发生疫情。马里疫情从 2019 年 12 月开始持续，截至 2020 年 11 月 15 日共报告疑似病例 158 例，确诊 4 例，死亡 1 人。法属圭亚那于 2020 年 7 月 23 日报告 1 例本地确诊病例，检测呈黄热病病毒和新冠病毒阳性，这是 2017 年以来该国第 3 例黄热病确诊病例，也是首例新冠病毒和黄热病病毒合并感染病例。

4. 猴痘

2020 年刚果（金）总体猴痘疫情高于 2019 年，截至 2020 年 10 月 18 日，共报告疑似病例 6231 例，病例数超过 2019 年全年同期；死亡 203 例，病死率为 3.3%，高于 2019 年同期。刚果（金）26 个省份中已有 17 个遭受影响。大部分疑似病例年龄在 5 岁以上。

5. 人感染 H5N1 禽流感

2020 年 11 月 10 日，老挝报告南部地区发生 1 例人感染 H5N1 禽流感病例，为 1 岁女童。该病例为自 2019 年 5 月尼泊尔报告病例以来，全球报告的首例病例，这也是自 2005 年以来该国报告的第三例病例，2007 年报告了 2 例死亡病例。自 2003 年至今，全球累计报告 862 例病例。WHO 风险评估：几乎所有人类感染病例与密切接触受感染禽类或被病毒污染的环境有关。人类感染可引起严重疾病，病死率高。若家禽中持续检测出病毒，预计人类感染病例将增加。现有证据表明，病毒未能获得人间持续传播的能力，因此人与人之间传播的可能性低。不建议对该国采取任何旅行或贸易限制。

6. 裂谷热

毛里塔尼亚暴发裂谷热疫情，2020 年 9 月 4 日至 10 月 7 日，该国报告人感染病例

---

① ECDC. Communicable disease threats report，13-19 December 2020，week 51[EB/OL]. [2020-12-18]. https://www. ecdc. europa. eu/en/publications-data/communicable-disease-threats-report-13-19-december-2020-week-51.

214 例（确诊 75 例），死亡 25 例，病死率为 11.7%。该国 15 个地区中有 11 个遭受影响，其中 6 个地区发生了动物疫情（骆驼和牛等）。WHO 风险评估：这是该国暴发的第 7 次疫情。受新冠肺炎疫情影响，迫使进入农村地区寻找食物（如牛奶和肉类）的人数增加。在流行区，直接或间接接触受感染动物或其血液器官的人感染风险高，如牧民、农民、屠宰场工人、兽医，以及其他从事动物和动物相关产品工作的人员。国家传播风险高，区域传播风险为中等水平。

二、生物技术谬用与误用

（一）重要事件或研究进展

1. 美国科学家成功在野外释放自限性基因工程小菜蛾

2020 年 1 月 29 日，美国康奈尔大学科学家首次成功在野外释放了自限性基因工程小菜蛾，从而可有针对性地控制该害虫种群。研究人员利用野外和实验室测试及数学建模方法，收集了有关小菜蛾基因工程菌株的相关信息。野外研究显示，自限性雄性小菜蛾被释放到田间后，其生存率、行进距离等与未经基因修饰的同类昆虫十分相似。实验室研究表明，自限性雄性小菜蛾对雌性小菜蛾的吸引力与未经修饰的小菜蛾无明显差异。数学模型则表明：释放自限性小菜蛾可以控制有害生物种群[1]。

2. 美国科学家筛选出高精准度的可用于碱基编辑的酶

Nature 官网于 2020 年 2 月 10 日发布消息，美国哈佛大学 David Liu（刘如谦）团队筛选出一组高精准度的用于基因编辑的酶，可将 DNA 中的胞嘧啶（C）碱基转化为胸腺嘧啶（T）碱基，而不会引入其他不必要的突变。研究人员从自然酶和工程酶中进行筛选，最终得到的酶可精确地靶向目标 DNA 位点，实现碱基编辑，减少脱靶突变。这一成果可为基因疗法提供更安全的工具[2]。

3. 瑞士科学家合成全球首个完全由计算机生成的基因组

ScienceDaily 官网于 2020 年 2 月 17 日发布消息，瑞士苏黎世联邦理工学院科学家在《美国国家科学院院刊》（PNAS）发表文章称[3]，其将数字基因组算法与大规模化学 DNA 合成方法相结合，人工合成出全球首个完全由计算机生成、不基于 DNA 模板的细菌基因组 "Caulobacter ethensis-2.0"。研究人员以天然淡水细菌为起点，计算出理想的 DNA 序列，用于化学合成仅包含基本功能的最小化基因组。该基因组包含 80 万个碱基，共 680 个人工基因，其中大约 580 个基因具有功能，这一成果证明了制造"设计基因组"方法的可行性。

---

① Shelton AM, Long SJ, Walker AS, et al. First field release of a genetically engineered, self-limiting agricultural pest Insect：evaluating its potential for future crop protection[J]. Frontiers in Bioengineering and Biotechnology，2020，7.

② Ledford H. Super-precise CRISPR tool enhanced by enzyme engineering[EB/OL]. [2020-03-01]. https://www.nature.com/articles/d41586-020-00340-w.

③ Venetz JE, Medico LD, Wlfle A, et al. PNAS Plus：Chemical synthesis rewriting of a bacterial genome to achieve design flexibility and biological functionality[J]. Proceedings of the National Academy of Sciences of the United States of America，2019，116（16），8070-8079.

4. *CRISPR-Cas9* 可导致大量不必要的 DNA 重复

德国明斯特大学的研究人员发现，在小鼠上进行常规的 *CRISPR-Cas9* 基因插入过程中，不必要的 DNA 重复频率很高。相关研究结果发表在 2020 年 2 月 21 日的《科学·进展》（*Science Advances*）上[①]。

研究人员研究基因 *S100A8* 编码的一种钙结合蛋白，使用 *CRISPR-Cas9* 进行基因编辑，他们随后进行了聚合酶链反应（PCR）测试来检测靶基因，结果表明只有两次编辑取得成功。在后续的基因编辑传代研究中，发现 7 只小鼠后代携带经过编辑的基因 *S100A8*，其余的小鼠后代具有不必要的 DNA 重复。

研究人员表示，在其他学者的研究工作中可能也产生了不必要的基因插入片段拷贝，但是它们并没有被记录在案。他们进一步提出，在未来科学家们可使用更专业的测试技术进行研究。

5. 加拿大开发出新基因编辑工具 "CHyMErA"

2020 年 5 月，《自然·生物技术》（*Nature Biotechnology*）发表文章称，加拿大多伦多大学科学家开发出 CRISPR 基因编辑新工具 "CHyMErA"，可同时靶向多个基因位点和基因片段，适用于任何类型的哺乳动物细胞。CHyMErA 结合了两种不同的 DNA 切割酶 Cas9 和 Cas12a，其中 Cas9 具有非常高的编辑效率，Cas12a 可在同一细胞中生成多个引导 RNA（gRNA），从而在多个位点同时进行 DNA 编辑。该工具能实现对基因上下游进行长片段的编辑和分析，不再局限于某个位点[②]。

6. 美国开发出一种新的靶向 RNA 的 CRISPR 筛选技术

2020 年 3 月 18 日，《自然·生物技术》（*Nature Biotechnology*）发表文章称，美国纽约大学科学家开发出一种新的靶向 RNA 的 CRISPR 筛选技术。研究人员利用能靶向 RNA 而不是 DNA 的 Cas13 酶，设计了可在人类细胞的 RNA 水平上进行大规模平行基因筛选的技术，使得基因筛选范围不再局限于 DNA。该筛选技术可用于了解 RNA 调控机制，并识别非编码 RNA 的功能，或对医学应用产生重大影响[③]。

7. 中国科学家用基因编辑技术删除大鼠特定记忆

2020 年 3 月 23 日，《科学·进展》报道，北京大学神经科学研究所科学家利用基因编辑技术，在实验大鼠脑中实现特定记忆精准删除。该研究在两个不同的实验箱里诱发大鼠对箱子的恐惧记忆，然后将基因编辑技术与神经元功能标记技术结合，通过对特定印记细胞群的基因编辑，精确删除大鼠对其中一个箱子的记忆，而对另外一个箱子的记忆完好保留。该研究有望为慢性疼痛、成瘾等以"病理性记忆"为特征的疾病治疗提供新思路[④]。

[①]　Skryabin BV, Kummerfeld DM, Gubar L, et al. Pervasive head-to-tail insertions of DNA templates mask desired CRISPR-Cas9-mediated genome editing events[J]. Science Advances, 2020, 6（7）: eaax2941.

[②]　Thomas GP, Michael A, Brown KR, et al. Genetic interaction mapping and exon-resolution functional genomics with a hybrid Cas9-Cas12a platform[J]. Nature Biotechnology, 2020, 38（5）: 638-648.

[③]　Wessels HH, Méndez-Mancilla A, Guo XY, et al. Massively parallel Cas13 screens reveal principles for guide RNA design[J]. Nature Biotechnology, 2020, 38（6）: 722-727.

[④]　Sun HJ, Fu S, Cui S, et al. Development of a CRISPR-SaCas9 system for projection-and function-specific gene editing in the rat brain[J]. Science Advances, 2020, 6（12）: eaay6687.

8. 美国开发出新型 CRISPR-Cas 酶，几乎可编辑基因组任何序列

Science 官网于 2020 年 3 月 26 日发表文章称，美国哈佛大学医学院科学家开发出新型 CRISPR-Cas 酶 SpG 和 SpRY，提高了编辑分辨率，几乎可编辑基因组任何序列。CRISPR-Cas 酶精准靶向目标 DNA 的关键在于其能识别与 DNA 靶位点相邻的短序列"PAM"。化脓链球菌 Cas9 酶可自然识别 NGG PAM 序列（N 为 A、T、C、G 中任意一种核苷酸）。研究人员设计了 SpCas9 酶的变体 SpG，其能靶向一组扩展的 NGN PAM。研究人员进一步优化了 SpG 酶，开发出一种近 PAMless SpCas9 变体 SpRY，其可靶向几乎所有 PAM。研究人员使用 SpG 和 SpRY，生成了以前无法获得的与疾病相关的遗传变异。该策略原则上可扩展至 Cas 酶直系同源物，从而为开发不受其固有靶向限制所束缚的基因编辑技术铺平了道路[①]。

9. 美国环境保护局批准 Oxitec 公司进行基因工程埃及伊蚊野外释放实验

2020 年 5 月 1 日，美国环境保护局（EPA）批准 Oxitec 公司在野外测试基因工程（GE）埃及伊蚊，以研究抗击埃及伊蚊传播的传染病（如登革热、寨卡病毒病和黄热病）的新工具。野外实验包括释放携带一种蛋白质的雄性 GE 蚊子，当它们与野生雌性蚊子交配时会抑制雌性后代的生存。另外，雄性蚊子的后代有望携带蛋白质存活到成年，从而确保该技术连续多代有效[②]。

10. 英国科学家开发出只产生雄蚊的灭蚊新技术，有助于抗击疟疾等蚊媒疾病

Nature 官网于 2020 年 5 月 11 日发布消息称，英国伦敦帝国理工学院科学家开发出只产生雄蚊的灭蚊新技术。研究人员通过使用 DNA 切割酶，在蚊子精子产生过程中破坏 X 染色体，最终只留下 Y 染色体可正常遗传，从而产生了以雄性为主的后代。研究人员通过改造蚊子使其携带了一种全新的基因驱动器，可以以极小的基因频率传播这些被破坏的 X 染色体。目前已在实验室测试中证实，该方法产下的都是雄蚊。该技术有望成为新一代灭蚊方法，有助于抗击疟疾等蚊媒疾病[③]。

11. 中美学者分别开发出新型双碱基编辑器

Nature Biotech nology 发表文章称，中国华东师范大学科学家通过将胞嘧啶脱氨酶、腺嘌呤脱氨酶及 Cas9 酶相融合，开发出双碱基编辑器"A & C-BEmax"，可在同一靶标位点实现 C-T 和 A-G 转化。与单碱基编辑器（CBE 和 ABE）相比，A & C-BEmax 对 C-T 编辑效率更高，对 A-G 编辑效率略有降低，而 RNA 脱靶活性则显著降低[④]。

美国麻省总医院科学家将腺苷脱氨酶（TadA）、来源于七鳃鳗的胞嘧啶脱氨酶（PmCDA1），分别融合到 Cas9 酶的 N 端和 C 端，开发出另一种基于 CRISPR-Cas9 的双碱基编辑器"SPACE"，可同时引入 A-G 和 C-T 转化。SPACE 的 C-T 编

① Walton RT，Christie KA，Whittaker MN，et al. Unconstrained genome targeting with near-PAMless engineered CRIS-PR-Cas9 variants[J]. Science，2020，368（6488）：290-296.

② Staver A. Fact check：Genetically modified mosquitoes are cleared for release in the US[EB/OL]. [2020-11-04]. https://www.usatoday.com/story/news/factcheck/2020/06/09/fact-check-epa-clears-genetically-modified-mosquitoes-us-release/5327840002/.

③ Simoni A，Hammond AM，Beaghton AK，et al. A male-biased sex-distorter gene drive for the human malaria vector Anopheles gambiae[J]. Nature Biotechnology，2020，38（9）：1054-1060.

④ Zhang XH，Zhu BY，Chen L，et al. Dual base editor catalyzes both cytosine and adenine base conversions in human cells[J]. Nature Biotechnology，2020，38（7）：856-860.

辑效率与 CBE 相当，对 A-G 编辑效率则略有降低，总体上 SPACE 的编辑效率高于 CBE+ABE[①]。

这两项研究突破了现有碱基编辑器只能催化单一类型碱基转换的限制，极大地丰富了碱基编辑工具，为遗传病治疗、作物育种带来了新发展。

12. 美国科学家开发出光诱导的 *CRISPR-Cas9* 基因编辑技术

Science 于 2020 年 6 月 12 日发表题为 *Very fast CRISPR on demand* 的文章，作者为来自美国约翰斯·霍普金斯大学的研究人员。研究人员开发出一种通过光诱导控制 *CRISPR-Cas9* 基因编辑的技术——vfCRISPR，该技术可在亚微米空间尺度及秒时间尺度上精确控制基因编辑。研究人员在常规 CRISPR-Cas9 系统中加入光敏基团，一旦进行光诱导，光敏基团会解离，Cas9 核酸酶发挥活性快速切割目标 DNA。vfCRISPR 不仅具有时间可控性，在光诱导后几秒钟即可检测出明显的基因编辑事件，还可提供较高的空间分辨率，能够编辑两个等位基因中的一个，另一个不被编辑[②]。

13. 美国科学家开发出无需 CRISPR 的基因编辑工具

Nature 于 2020 年 7 月 8 日发表文章称，美国哈佛大学刘如谦团队等利用细菌毒素 DddA（一种脱氨酶），开发出全球首个可用于线粒体 DNA 的基因编辑工具"DdCBE"。线粒体疾病多数由其 DNA 上的点突变引起，但常用的 CRISPR 基因编辑器因体积过大而无法进入线粒体，难以编辑线粒体 DNA。研究人员发现，DddA 能有效催化解开双链 DNA 时的脱氨过程，并进一步开发出能切断并破坏线粒体双链 DNA 的基因编辑工具 DdCBE。DdCBE 能将线粒体 DNA 中的 C-G 核苷酸对修改为 T-A。该工具有助于研究和治疗由线粒体 DNA 突变引起的疾病[③]。

14. 美国科学家发现一种超紧凑型基因编辑新工具

Science 官网于 2020 年 7 月 21 日发表文章称，美国加州大学伯克利分校科学家发现了一种超紧凑型基因编辑新工具"CRISPR-Casφ"。CRISPR-Casφ 由 1 ～ 70kDa 的 Casφ 蛋白和一个 CRISPR 阵列组成，体积仅为 CRISPR-Cas9 的一半，使其成为有史以来最紧凑的 CRISPR-Cas 系统之一。Casφ 酶异常微小，但却具备完整的功能，仅通过单个活性位点即可生成成熟的 CRISPR RNA（crRNA），并切割外源性 DNA。与当前广泛应用的 CRISPR-Cas9 和 CRISPR-Cas12a 系统相比，CRISPR-Casφ 系统展示出更广泛靶标识别基因序列的能力[④]。

15. 奥地利科学家开发出突破性技术 CRISPR-LICHT

2020 年 11 月 20 日，*Science* 发表文章称，奥地利科学院分子生物技术研究所的研究人员开发出突破性技术 CRISPR-LICHT，该技术可在人体组织中并行分析数百个基因。该技术基于 CRISPR-Cas9 技术和双条形码法的结合，将一个引导 RNA 和一个遗传条形码添加

① Luo YF, Ge M, Wang BL, et al. CRISPR-Cas9-deaminase enables robust base editing in Rhodobactersphaeroides 2.4.1[J]. Microbial Cell Factories, 2020, 19（1）：93.

② Liu Y, Zou RS, He SX, et al. Very fast CRISPR on demand[J]. Science, 2020, 368（6496）：1265-1269.

③ Mok BY, Moraes MHD, Zeng J, et al. A bacterial cytidine deaminase toxin enables CRISPR-free mitochondrial base editing[J]. Nature, 2020, 583（7817）：631-637.

④ Pausch P, Al-Shayeb B, Bisom-Rapp E, et al. CRISPR-Casφ from huge phages is a hypercompact genome editor[J]. Science, 2020, 369（6501）：333-337.

到用于培育类器官细胞的基因组的一段 DNA 中，从而可见每个类器官的整个细胞谱系，并能计算每个起始细胞产生的细胞数量。该技术被称为异质组织细胞分辨率的 CRIPSR 谱系追踪（CRISPR-LICHT），可使科学家们筛选出所有可能与疾病有关的基因[①]。

（二）风险性评估

1. 英国生物伦理学专家呼吁对"基因改造婴儿"进行研究

2020 年 1 月 6 日，英国阿伯泰邓迪大学的 Kevin Smith 团队研究表明，"基因改造婴儿"不仅"符合伦理"，而且"非常可取"[②]。现代遗传学研究表明，大多数受遗传影响的人类疾病是由多个基因共同作用的结果，基因改造是处理胚胎内致病基因的唯一可行方法。Smith 预测"基因改造婴儿"的研究可能会引发关于人类基因改造的一场革命，他认为这一领域的研究将给有严重遗传疾病的家庭带来希望。

2. 美国政府问责局发布《CRISPR 基因编辑技术》报告

2020 年 4 月 14 日，美国政府问责局（GAO）发布题为《CRISPR 基因编辑技术》的科技评估与分析报告，介绍了 CRISPR 技术的基本情况，简述了 CRISPR 的机遇与挑战。报告指出，CRISPR 技术将对经济社会产生重大影响，将有利于新诊断试验、靶向药物及疗法的开发，培育更强壮、更抗病的农作物，以及制造更先进的工业产品。但同时，CRISPR 基因编辑技术也将带来安全、伦理和监管等领域的诸多挑战，美国联邦政府应考虑应对 CRISPR 带来的不确定影响[③]。

3. 美国约翰斯·霍普金斯大学发布基因驱动发展报告

2020 年 5 月 18 日，美国约翰斯·霍普金斯大学卫生安全中心发布题为《基因驱动：寻求机遇，规避风险》的研究报告，分析了基因驱动技术的发展现状、潜在益处与风险、面临的主要问题，并就各国政府和国际社会如何制订并实施监管政策提出了建议[④]。

该报告对基因编辑的潜在风险进行了分析，总结了 4 个主要风险。①含基因驱动的生物体跨境传播的可能性，尤其是在这项技术极具争议性，且大多数国家仍缺乏适当明确的监管策略。②存在基因驱动意外造成目标种群脱靶效应的可能。③目标物种与近亲物种之间的混种，以及随后可能发生的杂交。杂交可能会导致基因驱动被无意中转移，并在非预期的物种间进行传播。④目前尚不清楚应用在同一目标物种中的两个基因驱动会如何在分子水平上相互作用；这些驱动可能会相互抵消，使彼此的效果变得复杂，或者更有可能根本不会相互作用。

报告还分析总结了在基因驱动开发和部署过程中亟待解决的几个主要问题：①计算机模型预测基因驱动传播和行为的效应及动态的准确性有其固有局限性。②每个新的潜在基因驱动应用都有不同风险。③同一区域释放基因驱动缺乏协调可能会带来风

---

① Esk C，Lindenhofer D，Haendeler S，et al. A human tissue screen identifies a regulator of ER secretion as a brain-size determinant[J]. Science，2020，370（6519）：935-941.

② University of Abertay Dundee. Bioethics expert calls for research into genetically modified babies[EB/OL]. [2020-11-02]. https://medicalxpress.com/news/2020-01-bioethics-expert-genetically-babies.html.

③ GAO. CRISPR GENE EDITING [EB/OL]. [2020-03-23]. https://www.gao.gov/products/gao-20-478sp

④ Johns Hopkins Center for Health Security. Gene Drives：Pursuing Opportunities，Minimizing Risk[EB/OL]. [2020-12-02]. https://www.centerforhealthsecurity.org/our-work/pubs_archive/pubs-pdfs/2020/200518-Gene-Drives-Report.pdf

险。④利益相关者的参与至关重要。⑤现行法规中很少明确提到基因驱动。⑥基因驱动是生物入侵的一种类型。⑦目前还没有针对基因驱动的非基因驱动对策。⑧《禁止生物武器公约》应禁止有害的基因驱动。⑨应对有害基因驱动进行溯源。

4. 在人类胚胎中进行基因编辑产生意外后果

Nature 于 2020 年 6 月 28 日对发表在预印本平台 bioRxiv 上的三项评估早期胚胎中基因编辑可行性的研究成果进行了综述和点评[①]。文章称，来自英美的三项研究分别发现，使用 CRISPR-Cas9 修饰人类胚胎基因突变的修复效率低，镶嵌率高，且可能对靶位点或其附近的基因组造成不必要的大变化。第一项研究利用 CRISPR 移除胚胎中的 *POU5F1* 基因，但结果产生超过预期的数千个碱基缺失；第二项研究试图纠正 *EYS* 基因突变，结果意外发现有大段 *EYS* 基因丢失；第三项研究试图纠正 *MYBPC3* 基因突变，在修复了 86 个胚胎突变的同时，对目标基因所在染色体产生大区域的负面影响。三项研究结果均显示，在基因编辑目标序列周围区域出现了大规模的、非预期的 DNA 缺失和重排。

5. 美国、英国共同发布《遗传性人类基因组编辑》报告

基因工程与生物技术新闻（GEN）网站于 2020 年 9 月 3 日发布消息称，美国国家医学院、美国国家科学院和英国皇家学会通过共同组建的国际人类生殖细胞基因组编辑临床应用委员会发布《遗传性人类基因组编辑》报告[②]。报告提出，若一个国家决定允许开展可遗传的人类基因组编辑（HHGE），则最初的 HHGE 使用应仅限于预防严重的单基因疾病，如囊性纤维化和地中海贫血症等。该委员会定义了一个从严格的临床前研究到临床应用的转化途径，包括严格评估临床前研究以高可信度证明胚胎已按预期正确编辑，建立专门的监管机构来审批和跟踪临床试验，以及对已出生儿童成年后的长期随访等。该报告为各国和国际社会科学治理与监督 HHGE 提供了基本指导。报告也将为 WHO 提供参考，后者正在为遗传性和非遗传性人类基因组编辑研究和临床应用制订合理的机制。

6. 美国政府发布报告称基因驱动蚊子对生态环境影响微小

美国国会研究服务部（CRS）官网于 2020 年 9 月 8 日发布《基因工程蚊子：减少病毒传播的媒介控制技术》报告。报告阐述了经基因修饰的蚊子可减少寨卡病毒、黄热病毒、登革病毒和基孔肯亚病毒传播的技术原理；简述了英国 Oxitec 公司研发的"基因驱动蚊子"（OX513A）在开曼群岛、巴西和巴拿马等地进行野外投放实验的情况。报告称，实验结果证明，OX513A 蚊子对生态环境造成的影响"微乎其微"[③]。

7. 核威胁倡议组织讨论政府对监督生物技术研究的必要性

Homeland Preparedness News 网站于 2020 年 9 月 22 日发布消息称，核威胁倡议（NTI）组织召开了一次由全球范围内 40 多位专家参加的会议，讨论更好地对生物技

---

① Ledford H. CRISPR gene editing in human embryos wreaks chromosomal mayhem[EB/OL]. [2020-12-22]. https://www.nature.com/articles/d41586-020-01906-4.

② Davies K. New Report Charts a Course for Heritable Human Genome Editing[EB/OL]. [2020-12-25]. https://www.genengnews.com/insights/new-report-charts-a-course-for-heritable-human-genome-editing/.

③ DRS，Davies K. Genetically Engineered Mosquitoes：A Vector Control Technology for Reducing Virus Transmission[EB/OL]. [2020-12-14]. https://crsreports.congress.gov/product/pdf/IF/IF10401.

术研究进行监督的问题[1]。生物技术研究对于减少流行病威胁和支持全球健康至关重要。但是，生命科学技术的进步，如 DNA 合成和基因编辑，已经超过了政府提供有效监督的能力。此外，没有国际机构来维护和监督生物安全规范，减少与生物技术有关的风险及加强生命科学研究监督的最佳做法。没有这种监督，生物技术领域很容易受到故意或意外滥用生物技术的危害。

该会议的与会者来自联合国、生物技术行业、慈善机构、学术界和非政府组织。联合国裁军事务厅副秘书长兼裁军事务高级代表 Izumi Nakamitsu 和世界经济论坛塑造健康和保健未来的负责人 Arnaud Bernaert 发表了讲话，与会者讨论了建立监督国际生物安全规范和最佳做法的国际机构的计划。这种机构将对全球生物技术领域产生系统性影响，弥补工业界、民间社会和政府制订的治理方法之间的差距。

8. 美军学者分析合成生物学潜在威胁

美国空军中校马库斯·A. 坎宁安（Marcus A. Cunningham）和美国空军战争学院教授约翰·P. 盖斯二世（John P. Geis II）在《战略研究季刊》（Strategic Studies Quarterly）2020 年秋季版上联合发表文章《合成生物学国家战略》[2]。文章专门分析了合成生物学时代的潜在安全威胁，并提出了制订合成生物学国家战略的具体路线图和关键细节问题。

文章表明，合成生物学技术包括基因测序、基因编辑及基因合成。这些创新生物技术推动了合成生物学快速发展，并可能带来新威胁。

（1）可能引发经济战。CRISPR 技术可用于族群基因改造。将基因驱动技术用于细菌和昆虫等快速繁殖的动物，有可能消灭整个物种，使生态系统崩溃。基因编辑导致的性状特征可能需要数代时间才能完成，结果显现的缓慢性可为不良科学行为提供掩护，合成生物学也因此可能成为恶意行为体"设计"经济战的方式之一。

（2）可能被用以制造致命病毒。2018 年，加拿大阿尔伯塔大学研究人员通过邮购 DNA 片段，制造了活马痘病毒；也有团队从冷冻肺组织中合成了 1918 年西班牙流感病毒。

（3）可能带来意外恶果。澳大利亚科学家试图将鼠痘病毒作为载体引入一种不孕不育基因，结果制造和释放了一种致命病毒。根据加德纳技术成熟度曲线（Gartner hype cycle），自 2018 年生物黑客已成为自主生物科研（DIY）的主流趋势。网络信息的普及和生物实验材料价格的大幅度下跌，促使民间生物学研究"遍地开花"，这可能会刺激恶意行为体的不良科研行为，增加意外恶果出现的可能性。

（4）存在监管漏洞。包括《禁止生物武器公约》在内的生物安全监管机制通常强调研究结果，而忽略过程的合理合法性。美国政府根据生物剂的两用性，制订了管制剂清单，但其更新速度常滞后于各类新型病原体的出现速度。

① Kovaleski D. NTI convenes global experts on need for government oversight of biotechnology research[EB/OL]. [2020-11-29]. https://homelandprepnews.com/stories/56043-nti-convenes-global-experts-on-need-for-government-oversight-of-biotechnology-research/.

② Marcus A. Cunningham, John P. Geis II. A National Strategy for Synthetic Biology[EB/OL].[2021-01-05]. https://www.airuniversity.af.edu/Portals/10/SSQ/documents/Volume-14_Issue-3/Cunningham.pdf.

9. 美国智库分析生物技术的福与祸

美国卡内基国际和平基金会于 2020 年 11 月 20 日发布题为《生物技术带来的福与祸》的报告[①]，对生物技术的安全和安保问题，以及全球范围内生物技术监管准则和机制进行了探讨。该报告认为生物技术带来的生物安全挑战主要包括以下 4 个方面。

（1）病原体的意外释放。生物技术带来的安全威胁有可能源自实验室的意外事故。例如，生物安全实验室的研究人员想通过研究埃博拉病毒的弱毒株，以了解其流行病学特征，进而协助疫苗或其他治疗方法的开发，但实际操作过程中可能意外产生具有新特征的致病毒株。实验室的病原微生物或者基因编辑生物也有可能意外地从实验室泄漏出来，如附着在实验人员衣服上或通过实验室排水系统释放到外部环境，进而给人类社会或生态环境造成巨大安全隐患。例如，2001 年，澳大利亚科学家希望对鼠痘病毒进行基因工程改造，使实验室小鼠不育，却偶然产生了致命的鼠痘病毒；2002 年，纽约州立大学的研究人员根据公开遗传信息开发出了脊髓灰质炎病毒的合成株；2005 年，美国科学家复活了引起 1918 年流感大流行的病毒。

（2）基因编辑生物对自然环境的影响。出于善意目的引入自然环境的基因编辑生物有时会产生意外后果。例如，尽管 CRISPR-Cas9 基因驱动技术有可能根除某些依托媒介传播的疾病，应对入侵物种及控制害虫，但基因驱动技术的自我传播性质及它们意外扩散或影响非目标物种的可能性，已经引起了监管机构的关注。

（3）人为恶意使用生物技术。合成生物学可在实验室中人工创建生物体，具有发展生物武器的潜在风险，恐怖分子很容易获得制造生物武器所需的信息。先前开发生物武器依托于从实验室或自然界获取病原体，现在可以通过在线订购 DNA 片段或者利用公开的基因组信息，从头合成致命病原体。此外，不良动机者可以利用实验室和私人公司网络防御中的漏洞来获取对敏感信息的访问。例如，1984 年两名加拿大人因涉嫌非法将肉毒梭菌和破伤风毒株偷运到加拿大而被捕；1995 年，日本邪教组织奥姆真理教试图从非洲中部获得埃博拉病毒毒株，以开展该组织的生物武器计划，但未成功。

10. 美国政府发布报告称生物技术会对国家安全造成影响

美国国会研究服务部（CRS）网站于 2020 年 12 月 1 日发布《国防入门：新兴技术》报告[②]。报告指出，人工智能、致命的自主武器、高超声速武器、定向能武器、生物技术及量子技术等新兴技术可能在未来几年对美国国家安全产生破坏性影响，也将对美国国防拨款、军事行动概念和未来战争产生重大影响。报告分析了上述新兴技术的定义、最新进展和潜在军事应用，如人工智能技术用于无人驾驶、深度伪造，基因编辑工具 CRISPR-Cas9 用于改变军事人员效能，合成生物学技术用于制造伪装和隐身装置，量子技术用于量子雷达系统、潜艇探测等。

---

① Langer R，Sharma S. The Blessing and Curse of Biotechnology：A Primer on Biosafety and Biosecurity[EB/OL]. [2021-01-10]. https://carnegieendowment.org/2020/11/20/blessing-and-curse-of-biotechnology-primer-on-biosafety-and-biosecurity-pub-83252.

② CRS. Defense Primer：Emerging Technologies[EB/OL]. [2020-12-20]. https://crsreports.congress.gov/product/pdf/IF/IF11105.

11. *Cell* 发文称 CRISPR 编辑人类胚胎存在高风险

2020 年 12 月，哥伦比亚大学儿科和 Naomi Berrie 糖尿病中心的 Dieter Egli 实验室研究人员在《细胞》（*Cell*）上发表题为《人类胚胎 Cas9 切割后等位基因特异性染色体去除》的论文 [①]。文章对 CRISPR-Cas9 技术修复人类胚胎中致病遗传变异的各种可能后果进行了系统梳理。研究指出，在人类胚胎中，CRISPR-Cas9 技术难以诱导内源性的同源重组修复以实现致病变异的修正。

研究者选取 *EYS* 基因含单碱基 G 缺失突变的视网膜色素变性男性患者作为精子供体开展相关实验。研究者设计出针对该突变的高特异性向导 RNA（gRNA），可精准靶向父源突变型 *EYS* 基因拷贝。此外，父源 *EYS* 基因拷贝附近有多个 SNPs 位点可用于评估同源染色体间重组修复发生的可能性。研究发现，使用 CRISPR-Cas9 技术编辑人类胚胎都会导致部分胚胎的细胞中只能检测到母源的野生型 *EYS* 拷贝。这一现象有 3 种可能的解释：父源突变型 *EYS* 拷贝未能修复，修复后的父源突变型 *EYS* 拷贝无法检测或同源染色体间的重组修复。

研究者还对人类胚胎中 CRISPR-Cas9 技术的脱靶风险进行了细致的评估，结果显示，除引发小片段的插入缺失突变外，CRISPR-Cas9 系统在部分脱靶位点处还会导致染色体的部分缺失。

三、实验室生物安全

（一）美国白宫请愿网站指出美国陆军传染病研究所关停事件等

2020 年 3 月 10 日，白宫请愿网站"我们即人民（We the people）"出现署名为 B. Z. 的请愿帖，其中罗列了自 2019 年 7 月以来的诸多"不一般"事件：2019 年 7 月，位于迪特里克堡的美国陆军传染病研究所关停；2019 年 8 月，一场所谓的大规模流感席卷美国，超过 1 万人因此死亡；2019 年 10 月，美国中央情报局副局长参与组织 201 全球流行病演习；2019 年 12 月，中国武汉发现不明原因肺炎病例；2020 年 2 月，新冠肺炎疫情蔓延全球；2020 年 3 月，有关迪特里克堡美国陆军传染病医学研究所关闭的大量英语新闻报道被删除。

位于马里兰州迪特里克堡的美国陆军传染病医学研究所隶属于美国陆军医学研究与发展部（USAMRDC），是 1978 年建成的美国第一所 BSL-4 实验室，是美国生物防御研究的核心要地，主要从事针对生物战威胁和传染病的医学防护研究，包括相关的政策、产品、信息、规程和培训。其所研发的医学产品用于军事人员的生物战剂防护，包括疫苗、药物、诊断能力和各种医学管理规程。

请愿帖要求和敦促美国政府公布关闭迪特里克堡的美国陆军传染病研究所的真正原因。此前，美国疾病控制与预防中心（CDC）下令关停该研究所的原因是"该中心没有足够完善的系统对最高等级安全实验室的废水进行净化处理"。而该文认为，该研究所需公布更多事实，以澄清其是否为新冠肺炎的研究单位，查明是否存在病毒泄漏问题。

---

① Zuccaro M V，Xu J，Mitchell C，et al. Allele-specific chromosome removal after Cas9 cleavage in human embryos[J]. Cell，2020，183（6）：1650-1664.

（二）法国实验室技术人员在实验室暴露 7 年后被诊断患有克 - 雅病

Gizmodo Australia 网站于 2020 年 7 月 9 日发布消息称，2010 年的一次实验室事故可能导致一名女性实验室技术员在 10 年后死亡。这名实验室技术员于 2010 年 5 月的一天，使用镊子处理病毒感染的大脑时，镊子意外刺入她的拇指并导致出血，当年该技术员年龄为 24 岁。2017 年 11 月，该技术员感到右肩和脖子灼痛。第二年，她的病情恶化，到 2019 年 1 月，她的右侧大脑记忆力减退，出现幻觉和肌肉僵硬症状，最终在症状发作 19 个月后死亡。死亡前的测试表明她患有克 – 雅病，这一情况在事后得到确认[①]。

四、人类遗传资源安全

（一）美国计划收集边境被拘留移民的 DNA 样本并保存

2020 年 1 月 3 日，美国国土安全部发布《对海关边境保护局和移民海关执法局 DNA 收集工作的隐私影响评估》备忘录。其中提到，美国政府将启动一项试点计划，从边境地区的移民拘留所中收集 DNA 样本。

备忘录称，在最初的 90 天试点中，美国边境巡逻队将从底特律附近的加拿大边境和得克萨斯州西南部伊格尔帕斯入境口岸逮捕的人员中收集 DNA，巡逻队不会从合法入境人员或接受额外审查但未被拘留的人员中收集 DNA。收集的样本将被送往联邦调查局，储存在"联合 DNA 索引系统（CODIS）"数据库中。拒绝接受 DNA 拭子检查者可能受刑事指控。司法官员表示，此举有助于减少犯罪，支持犯罪调查。该项目后续还将扩大，此次试点是未来 3 年"五个阶段试点方法"的第一步，该项目最终将适用于所有美国边境地点及潜在美国公民[②]。

（二）世界经济论坛发布《基因组数据政策和道德规范：释放所有人的基因组医学价值》报告

2020 年 7 月 21 日，世界经济论坛发布《基因组数据政策和道德规范：释放所有人的基因组医学价值》报告[③]。世界经济论坛与 30 位全球领导人合作，制订了具有前瞻性、可扩展的政策框架和道德规范，并提出了可供政策制定者、商业领袖、研究人员和社区成员等根据本地环境使用和修改的行为指南。报告还提供了案例研究和问题集，以促进人们对与基因组数据收集和使用有关的道德规范进行更深入的讨论。

---

① Cara E. A Lab Accident Likely Led to a Woman's Death From Brain-Destroying Prions 9 Years Later[EB/OL]. [2020-12-19]. https://www.gizmodo.com.au/2020/07/a-lab-accident-likely-led-to-a-womans-death-from-brain-destroying-prions-9-years-later/.

② DHS，DHS/ALL/PIA-080 CBP and ICE DNA Collection [EB/OL]. [2020-12-19]. https://www.dhs.gov/publication/dh-sallpia-080-cbp-and-ice-dna-collection.

③ Genomic Data Policy and Ethics；Unlocking the Value of Genomic Medicine for All[EB/OL]. [2020-12-25]. https://www. polity. org. za/article/genomic-data-policy-and-ethics-unlocking-the-value-of-genomic-for-all-2020-07-22.

（三）我国对两家违反人类遗传资源管理规定的机构进行处罚

1. 爱恩康临床医学研究（北京）有限公司

2020 年 12 月 20 日中华人民共和国科学技术部对爱恩康临床医学研究（北京）有限公司（以下简称"爱恩康"）进行了处罚，具体情况如下[①]。

根据《人类遗传资源管理暂行办法》《中华人民共和国行政许可法》和《中华人民共和国行政处罚法》等有关规定，中国人类遗传资源管理办公室对爱恩康违反人类遗传资源管理规定一案进行调查，现已调查终结。经查明，爱恩康负责人类遗传资源行政许可申请的业务人员，伪造公章和法人签字，向中国人类遗传资源管理办公室提交虚假申请材料，存在违规获得中国人类遗传资源收集（国际合作）活动行政许可的情形。根据《人类遗传资源管理暂行办法》《中华人民共和国行政许可法》和《中华人民共和国行政处罚法》有关规定，决定处罚如下。自本决定书送达之日起停止受理爱恩康涉及我国人类遗传资源国际合作活动申请一年。

2. 百时美施贵宝（中国）投资有限公司

2020 年 12 月 20 日中华人民共和国科学技术部对百时美施贵宝（中国）投资有限公司（简称"施贵宝"）进行了处罚，具体情况如下[②]。

根据《人类遗传资源管理暂行办法》《中华人民共和国行政许可法》和《中华人民共和国行政处罚法》等有关规定，中国人类遗传资源管理办公室对施贵宝违反人类遗传资源管理规定一案进行调查，现已调查终结。

经查明，施贵宝作为申办方委托爱恩康申请我国人类遗传资源国际合作活动行政许可，爱恩康相关业务人员伪造公章和法人签字，向中国人类遗传资源管理办公室提交虚假申请材料。施贵宝存在违规获得中国人类遗传资源收集（国际合作）活动行政许可的情形。根据《人类遗传资源管理暂行办法》《中华人民共和国行政许可法》和《中华人民共和国行政处罚法》有关规定，决定处罚如下。自本决定书送达之日起停止受理施贵宝涉及我国人类遗传资源国际合作活动申请六个月。

五、外来物种入侵与保护生物多样性

（一）IPBES：生物多样性丧失与大流行病风险增加存在明确关联[③]

2020 年 10 月 29 日，联合国生物多样性和生态系统服务政府间科学与政策平台（IPBES）发布了一份专家报告指出，生物多样性丧失与大流行病风险因素增加之间存在明确关联，当前的新冠肺炎危机起源于动物携带的微生物，它与之前的全球性疫情都有一个共同点，即它们的出现完全由人类活动驱动。摆脱疫情是可能的，但需要从应对到预防都做出策略上的巨大转变。

---

① 中华人民共和国科学技术部. 行政处罚决定书国科罚〔2020〕1 号 [EB/OL]. [2020-12-25]. https://fuwu.most.gov.cn/html/tztg/xzxkzx/20201220/123123682.html.

② 中华人民共和国科学技术部. 行政处罚决定书国科罚〔2020〕2 号 [EB/OL]. [2020-12-25]. https://fuwu.most.gov.cn/html/tztg/xzxkzx/20201220/123123683.html.

③ IPBES. IPBES Workshop on Biodiversity and Pandemics Report[EB/OL]. [2020-10-29]. https://www. developmentaid.org/api/frontend/cms/file/2020/10/20201028-IPBES-Pandemics-Workshop-Report-Plain-Text-Final_0. pdf.

报告警示称，全球性疫情与我们正经历的生物多样性危机、气候危机之间存在着明显的关联。大流行病的根源是驱动生物多样性流失和气候变化的因素——人类活动。除非全球从流行病的应对到预防都能转变方法，否则未来的大流行病将比新冠肺炎出现得更频繁，传播得更迅速，对世界经济造成的破坏更大，引起的死亡病例更多。专家估计，疫情风险防范成本比应对投入低100倍，"为转型变革提供了强大的经济激励"。这就需要重新评估人与自然的关系，以及导致生物多样性丧失、气候变化和大流行病的不可持续的消费行为，并采取深刻的转变。

联合国教科文组织高度评价该报告，并表示也将通过自身的生物多样性战略，动员其网络和合作伙伴制订一套价值观和原则，以指导恢复、保护生物多样性和传播生物多样性价值的行动[①]。

（二）澳大利亚山火导致近30亿只动物死亡或失去栖息地[②]

2019年7月以来，高温天气和干旱导致澳大利亚多地山火肆虐，大火持续至2020年2月中旬才彻底熄灭。世界自然基金会（WWF）发布的一项报告显示，澳大利亚大火造成了近30亿只动物死亡或失去栖息地，其中包括约1.43亿只哺乳动物、24.6亿只爬行动物、1.8亿只鸟类和5100万只青蛙。

这项研究报告题为《澳大利亚2019—2020年丛林大火：野生生物损失》，由WWF委托悉尼大学、新南威尔士大学、纽卡斯尔大学等机构的科研人员完成。该研究是首次尝试在整个大洲范围内评估山火对动物的影响，涉及1146万公顷的火灾区域，这一区域几乎相当于英格兰的面积。研究人员表示，并非所有动物都直接死于火焰和高温，火灾过后的食物和饮水缺乏，以及来自其他动物的捕食也造成了大量动物的死亡。此外，"30亿"是一个保守数字，由于缺乏相关数据，该报告尚未统计出受火灾影响的无脊椎动物、鱼类和龟类的数量。

WWF全球总干事Marco Lambertini表示，这次火灾表明人类正在摧毁地球的生物多样性，失去对人类自身安全至关重要的生态系统；澳大利亚分部首席执行官Dermot O'Gorman也表示，这是现代历史上最严重的野生动物灾难之一。已经有多位科学家呼吁在山火之后对濒危物种保护进行全面检查，包括更好地监测生物多样性。

（三）世界自然基金会发布《地球生命力报告2020》

WWF于2020年9月10日发布了《地球生命力报告2020》，该报告由来自世界各地的125位专家参与撰写，全面概述了自然界目前的状况。报告指出，土地用途变化、野生动物利用及贸易等在内的因素加剧了地球应对大流行病的脆弱性，也导致了陆地物种数量急剧下降。报告跟踪了近21 000个种群中近4000种脊椎动物在1970—2016年间的数据，发现自1970年以来，全球哺乳动物、鸟类、两栖动物、爬行动物和鱼类的种群数量平均下降了约68%。在所有生物群系中，淡水野生动物种群数量减幅最大，

---

① ONESCO. Pandemics to increase in frequency and severity unless biodiversity loss is addressed [EB/OL].[2020-10-29]. https://en.unesco.org/news/pandemics-increase-frequency-and-severity-unless-biodiversity-loss-addressed.

② WWF. New WWF report：3 billion animals impacted by Australia's bushfire crisis[EB/OL].[2020-07-28]. https://www.wwf.org.au/news/news/2020/3-billion-animals-impacted-by-australia-bushfire-crisis#gs.rgp1ws.

达到 84%，相当于自 1970 年以来每年减少 4%[1,2]。

WWF 全球总干事 Marco Lambertini 表示，该报告强调了人类对自然的日益破坏不仅对野生动物种群，而且对人类健康和生活的方方面面都造成了灾难性影响。在新冠肺炎疫情全球大流行期间，采取前所未有、协调一致的全球行动，遏制和扭转生物多样性和野生动物数量在全球范围内的急剧下降，保护人类未来的健康和生计，这些工作和责任比以往任何时候都要重要。

WWF 北京代表处副总干事周非表示，这份报告如同地球两年一次的体检报告，从多个角度再次验证了自然正在遭受破坏的事实，并深入分析了造成生物多样性下降的根本原因。如果仍旧忽略来自大自然的警告，那么人类的食物、生计、健康和未来将不可避免地受到影响。

（四）我国已发现 660 余种外来入侵物种

2020 年 6 月 2 日，我国生态环境部发布《2019 中国生态环境状况公报》，公报显示，我国已发现 660 余种外来入侵物种。其中，71 种对自然生态系统已造成或具有潜在威胁，并被列入《中国外来入侵物种名单》。67 个国家级自然保护区外来入侵物种调查结果表明，215 种外来入侵物种已入侵国家级自然保护区，其中 48 种外来入侵物种被列入《中国外来入侵物种名单》[3]。

近年来，外来物种入侵在我国涉及面越来越广。全国多省份有生物入侵发生，涉及农田、森林、水域、湿地、草地、岛屿、城市居民区等几乎所有生态系统。2008—2010 年，中华人民共和国环境保护部开展的第二次全国性外来入侵物种调查显示，我国共有 488 种外来入侵物种。而此次的调查数据较 10 年前增加了 35% 以上。一些外来入侵物种成为新的优势种群，危及生物多样性和生态安全，造成巨大的经济损失。大部分外来物种成功入侵后，生长难以控制，又造成了严重的生物污染。同时，伴随着跨境电商和国际快递等新业态，入侵渠道更趋多样化，造成的生态安全风险明显增加[4]。

（五）联合国《全球生物多样性展望》：10 年 20 个目标中仅部分实现 6 个

2020 年 9 月 15 日，联合国生物多样性公约秘书处发布了第五版《全球生物多样性展望》（Global Biodiversity Outlook 5，GBO-5）报告，对自然保护的现状进行了最权威评估[5]。该报告总结了"2010—2020 年的 20 个全球生物多样性目标"完成情况和所取得进展，值得国际社会警醒的是，全球仅"部分实现"了 20 个目标中的 6 个，没有

① WWF. WWF's Living Planet Report reveals two-thirds decline in wildlife populations on average since 1970[EB/OL]. [2020-09-09]. https://wwf.panda.org/wwf_news/press_releases/?793831/WWF-LPR--reveals-two-thirds-decline-in-wildlife-populations-on-average-since-1970.

② WWF. LIVING PLANETREPORT 2020[EB/OL]. [2020-09-10]. https://wwfeu.awsassets.panda.org/downloads/1__lpr20_full_report_embargo_10_09_20.pdf.

③ 中华人民共和国生态环境部 2019 中国生态环境状况公报[EB/OL]. [2020-09-10]. http://www.mee.gov.cn/hjzl/sthjzk/zghjzkgb/202006/P020200602509464172096.pdf.

④ 半月谈网. 物种入侵威胁加剧，我国外来物种入侵增长快、牵涉面广[EB/OL]. [2020-08-06]. http://www.banyuetan.org/jrt/detail/20200806/1000200033134991596531100197748346_1.html.

⑤ CBD. Humanity at a crossroads[EB/OL].[2020-09-15]. https://www.cbd.int/gbo5.

1 个目标"完全实现"。

在过去十年内，人类"部分实现"的 6 个目标是防止物种入侵、维持现有保护区、获取和分享遗传资源、制定生物多样性战略和行动计划、共享信息和调动资源。与上一个 10 年（2000—2010 年）相比，全球森林砍伐率在 2010—2020 年间下降了 1/3；许多地方已成功根除入侵物种；一些国家出台了良好的渔业管理政策，帮助恢复了因过度捕捞和环境退化而遭受重创的海洋鱼类种群；陆地和海洋自然保护区的数量显著增加。报告指出，若没有采取这些行动，过去 10 年里鸟类和哺乳动物的灭绝数可能会高出 2 ～ 4 倍。

报告同时也警告，在 20 个全球生物多样性目标中，有 13 个没有进展，有些甚至朝相反的方向发展。栖息地的丧失和退化仍然严重，特别是在森林和热带地区；全球湿地正在减少，河流呈现碎片化；污染仍然猖獗，如海洋中的塑料和生态系统中的杀虫剂；自 1970 年以来，野生动植物数量下降了 2/3 以上，并且在过去 10 年中持续下降。

报告还指出，减缓、阻止并最终扭转当前生物多样性的下降趋势还为时不晚，报告概述了人类需要向可持续发展转型的 8 个领域：土地和森林、农业、粮食系统、渔业和海洋、城市和基础设施、淡水、气候行动，以及综合的全球"一体化健康"框架。报告在每个领域内都制定了更具体的步骤。联合国秘书长古特雷斯在报告中直言："生物多样性是地球的生命结构，也是人类生存和繁荣的基础，加强保护和恢复生物多样性将需要人类共同努力。"

（六）*Nature*：全球气候变暖将造成生物多样性断崖式下降

2020 年 4 月 8 日，*Nature* 在线刊登了题为《气候变化导致生态系统突然中断的预测时间》（*The projected timing of abrupt ecological disruption from climate change*）的研究论文，提示全球气候变暖将造成生物多样性断崖式下降[①]。该项研究由南非开普敦大学、美国康涅狄格大学和英国伦敦大学学院的科研人员联合完成。

该文指出，生物多样性不仅具有经济价值，也意味着活力与安全。然而对于大部分动植物来说，全球变暖带来的急剧变化，会导致其无法快速适应而灭绝。研究人员通过模型预测，到 2100 年，如果人类未能达成减排目标，全球生物多样性有可能出现断崖式下降。最乐观的情况是，人类能够在 2100 年将全球变暖的增幅控制在 2℃，那么这对地球大部分区域带来的冲击会相对较小，只有靠近赤道占全球 2% 的区域会经受全球变暖带来的强烈冲击。但当增幅变为 4℃时，受到影响的区域会由 2% 变为 15%。如果没有对全球温室气体的排放加以控制，那么到 2100 年全球平均气温将升高 6℃，这对各地区的生态多样性冲击是巨大的，海洋和陆地都会受到不同程度的影响。

---

① Trisos CH，Merow C，Pigot AL. The projected timing of abrupt ecological disruption from climate change[EB/OL]. [2020-04-08]. https://www.nature.com/articles/s41586-020-2189-9.epdf?no_publisher_access=1&r3_referer=nature.

六、微生物耐药

（一）国际社会应对微生物耐药的重要举措

1. 多个国际组织联合成立全球抗生素耐药性领导小组

根据 Homeland Preparedness News 网站 2020 年 11 月 24 日消息，联合国粮食及农业组织（FAO）、世界动物卫生组织（OIE）和 WHO 联合成立了"同一健康"全球抗生素耐药性领导小组，负责促进全球关注和行动以保护抗生素药物，避免抗生素耐药性带来的灾难性后果。该小组成员包括政府首脑、政府部长及来自私营部门和民间社会的负责人。

WHO 总干事谭德塞表示，抗生素耐药性是当今时代最大的健康挑战之一，不能留给子孙后代来解决。该小组将负责领导应对挑战，保护已拥有的药品及促进新药品开发，在全球、区域和国家层面解决抗生素耐药性。该小组还将为制订和实施政策与立法提供建议，以管理各行业优质抗菌药物的进口、制造、分销和使用[1]。

2. 欧洲议会要求欧盟解决药物污染

根据欧洲议会官网 2020 年 9 月 18 日消息，欧洲议会 9 月 17 日通过了一项决议，要求欧盟采取新措施来应对药物污染。药物污染对生态系统造成了长期破坏，降低了药物利用效率，并增加了对抗生素的抵抗力。欧洲议会呼吁欧盟各国更加谨慎地使用药物，发展绿色制造，完善废弃药品的管理[2]。

该决议强调，医药产品既损害生态系统，也会降低其未来的有效性，如导致抗生素耐药性。药物会影响水体，因为废水处理厂无法对其进行有效过滤。尽管药物浓度经常很低，但长期来看，患者的健康有可能受到影响。欧洲议会对欧盟人均药物消费总量的增长感到担忧，并呼吁成员国分享限制预防性使用抗生素和处置未使用的药物的适宜做法，鼓励医生和兽医提供有关如何正确处置未使用药物的信息。该决议还强调要进一步开发更具生物降解性的"绿色药物"，保证药物疗效的同时减轻其对环境造成的危害。

3. 美国更新抗生素耐药性计划

据 Very Well Health 网站 2020 年 10 月 16 日消息，美国政府于 10 月 9 日发布了更新的《国家应对细菌耐药性行动计划》（CARB），该计划旨在对抗耐抗生素细菌及其后的感染。在美国，每年有超过 280 万例感染抗生素耐药细菌者，死亡约 3.5 万例。

《国家应对细菌耐药性行动计划》于 2015 年首次发布，美国政府 2020 年对其进行了更新，目标是减慢耐药性细菌的生长并防止感染扩散，加强监督力度，促进快速诊断测试的开发和使用，加快新抗生素、疫苗和替代疗法的开发，促进全球耐药性预防和控制方面的合作。

该计划希望通过与私营部门的合作来促进抗生素市场在经济上的可持续性。这一目标下的部分措施包括创建一个临床试验网络站点以减少研究上的障碍。同时各部门

---

① HPN. Global health entities target antimicrobial resistance[EB/OL]. [2020-11-24]. https://homelandprepnews. com/stories/57930-global-health-entities-target-antimicrobial-resistance/.

② European Parliament News. Parliament wants the EU to tackle pharmaceutical pollution[EB/OL]. [2020-09-17]. https://www.europarl. europa. eu/news/en/press-room/20200910IPR86826/parliament-wants-the-eu-to-tackle-pharmaceutical-pollution.

和机构需提供年度报告，以记录其制定目标的进展情况[1]。

　　4. 美国国防部全球新发传染病监测计划参与对抗抗生素耐药性

　　据 Global Biodefense 网站 2020 年 11 月 18 日消息称，美国国防部的全球新发传染病监测（Global Emerging Infections Surveillance，GEIS）计划正在美国政府对抗抗生素耐药菌的行动中发挥着关键作用。

　　在《国家应对细菌耐药性行动计划》框架下，GEIS 支持的实验室和利益相关者网络通过监测军人正在或可能部署的伙伴国家中重要抗生素耐药基因的存在和移动来增强军队的健康保护。具体做法：GEIS 网络从抗药性感染者中收集样本，并与华尔特里德陆军研究所的多药耐药性生物体库和监测网络合作，进行集中和标准化的基因组表征。这种广泛而集成的监测网络有助于更好地了解抗生素耐药性的地理分布。GEIS 计划还与美国海军、海军陆战队公共卫生中心及陆军药物警戒中心等机构紧密合作，旨在识别和减缓军队内部抗生素耐药性细菌的引入，更好地保障军队人员健康[2]。

　　5. 全球知名药企计划 10 年内研发 2～4 种针对抗生素耐药性的抗生素

　　根据 Contagion Live 网站 2020 年 7 月 10 日消息，超过 20 家生物制药公司共同发起了一项计划，目标是在 10 年内开发出针对抗生素耐药性（AMR）的 2～4 种抗生素。为此，国际药品制造商协会联合会（IFPMA）、生物制药公司首席执行官（CEO）圆桌会议，以及 WHO、欧洲投资银行和惠康基金会等机构合作发起 AMR 行动基金。礼来公司董事长兼 CEO、IFPMA 会长 David Ricks 表示，通过 AMR 行动基金，制药行业将投资近 10 亿美元来维持濒临崩溃的抗生素产业。IFPMA 总干事 Thomas Cueni 表示，AMR 行动基金是制药业有史以来规模最大、最雄心勃勃的合作计划之一，旨在应对全球公共卫生威胁。

　　基金组织者还制订了资助 AMR 研究措施，包括投资规模较小的生物技术公司，专注于开发创新的抗菌疗法，以解决最优先的公共卫生需求，在临床实践中发挥重大作用并挽救生命；为资助公司提供技术支持，使其可以利用大型生物制药公司的专业知识和资源，以促进抗生素开发，并支持获取和合理使用抗生素；将包括慈善机构、开发银行和多边组织在内的行业和非行业利益相关者组成广泛联盟，帮助政府创造市场条件，以实现对抗生素产业的可持续投资[3]。

（二）应对微生物耐药的技术进展

　　1. 纳米颗粒有望帮助击败耐药细菌

　　加拿大多伦多大学网站 2020 年 8 月 24 日发布消息称，该校研究人员开发的一种新疗法，可能更有效地杀死致命耐药性超级细菌。新疗法主要通过使用由聚多巴胺制成的纳米颗粒借助两种途径杀死细菌，聚多巴胺是一种天然存在的激素和神经递质，与人体高度相容。纳米颗粒的表面覆盖着一层抗菌肽（AMP），可通过与细菌的细胞

　　① ASPE. The projected timing of abrupt ecological disruption from climate change[EB/OL]. [2020-10-08]. https://aspe.hhs. gov/reports/national-action-plan-combating-antibiotic-resistant-bacteria-2020-2025.

　　② Global Biodefense Staff. DoD Biosurveillance Program Collaborates to Combat Antibiotic Resistance[EB/OL]. [2020-11-18]. https://globalbiodefense. com/2020/11/18/dod-biosurveillance-program-collaborates-to-combat-antibiotic-resistance/.

　　③ John Parkinson. Bringing 2 to 4 Antibiotics for AMR to Market by 2030[EB/OL]. [2020-07-11]. https://www. contagion-live. com/view/bringing-2-to-4-antibiotics-for-amr-to-market-by-2030.

膜结合并破坏细菌的稳定性来锁定并杀死细菌。由于多巴胺基颗粒也具有很高的光敏性，因此当暴露于低功率激光时它们能够被加热，从而杀死细菌，而不会伤害周围的健康细胞。该研究发表在《先进功能材料》（*Advanced Functional Materials*）上。研究人员对某些可能会导致严重健康问题的大肠杆菌进行了新疗法测试，同时正在寻找减小纳米颗粒尺寸的方法，使其更适合在生物体内使用[①]。

2. 针对耐药细菌感染的新疗法

根据 ScienceDaily 网站 2020 年 9 月 2 日消息，美国达特茅斯学院的研究人员设计了一种可以在人类免疫系统中隐藏起来的新型抗菌剂，可能会治疗威胁生命的耐甲氧西林金黄色葡萄球菌（MRSA）感染，相关详细信息发表在 9 月 2 日的《科学·进展》（*Science Advances*）上。

近年来，溶素这种由微生物和相关病毒自然产生的酶已显示出治疗金黄色葡萄球菌的潜力，被认为是最有前途的下一代抗生素之一。除了杀死对药物敏感和耐药的细菌，溶素还可能潜在地抑制新的耐药表型，并且具有与激光类似的精确性。但由于担心其会促使人类免疫系统产生抗药抗体，以及具有包括威胁生命的超敏反应在内的不良反应，因此溶素的开发速度缓慢。

此次达特茅斯团队研发并获得专利的基于溶素的新型抗菌剂 F12，基本上能够在人类免疫系统中隐藏（由于 T 淋巴细胞表位的缺失），因此不会引起与未修饰的天然溶素相同的不良反应。这是一种基于溶素的治疗方法，可在同一例患者身上多次使用，是治疗特别顽固的耐药性和药物敏感性感染的适宜选择。研究人员预计，这种新型抗菌剂最早可在 2023 年开展人体临床试验[②]。

3. 研究发现使细菌对抗生素更敏感的新方法

根据 ScienceDaily 网站 2020 年 8 月 12 日消息，美国麻省理工学院在新加坡的研究机构新加坡－麻省理工研究与技术联盟（SMART）的研究人员发现了一种新方法，可通过使用硫化氢（H_2S）逆转某些细菌对抗生素的耐药性，该研究成果发表在《微生物学前沿》（*Frontiers in Microbiology*）上。

在大多数研究的细菌中，内源性 H_2S 的产生显示会引起细菌对抗生素的耐受性，因此被认为是细菌抵抗抗生素的普遍防御机制。SMART 抗生素耐药性（AMR）跨学科研究小组的一个团队通过向鲍曼不动杆菌中添加释放 H_2S 的化合物来测试该理论。鲍曼不动杆菌是一种不能自行产生 H_2S 的致病菌，研究人员发现，外源 H_2S 不会引起抗生素耐受性，而是使鲍曼不动杆菌对多种抗生素敏感。外源 H_2S 甚至能够逆转鲍曼不动杆菌对庆大霉素的耐药性。

研究人员表示，该研究首次表明 H_2S 实际上可以提高对抗生素的敏感性，甚至可以逆转

---

① Don Campbell. Nanoparticles show promise in defeating antibiotic-resistant bacteria，U of T researchers find[EB/OL]. [2020-07-11]. https://www. utoronto. ca/news/nanoparticles-show-promise-defeating-antibiotic-resistant-bacteria-u-t-researchers-find.

② SoienceDaily. New treatment for drug-resistant bacterial infections[EB/OL]. [2020-09-02]. https://www. sciencedaily. com/releases/2020/09/200902182421. htm.

不能天然产生 H₂S 的细菌的耐药性，这或许可为治疗许多耐药性感染提供方法上的突破[①]。

4."抗进化"药物作为抗生素耐药性的新策略

据 Phys.Org 网站 2020 年 8 月 10 日消息，英国牛津大学的科研人员通过量化不同病原体菌株之间进化性的差异，以及寻找能加速耐药性进化的"增强子"基因，验证了某些细菌可能在遗传上有进化耐药性的倾向这一假设。该研究相关成果发表在《自然·通讯》（*Nature Communications*）。

科研人员对 200 多株对抗生素环丙沙星耐药性不断进化的金黄色葡萄球菌分离株进行研究。结果表明，不同的菌株产生耐药性的速率差异很大。科研人员利用基因组重测序和基因表达谱分析，鉴定了与金黄色葡萄球菌分离株高度进化相关的关键候选基因。然后，对金黄色葡萄球菌的基因工程菌株进行实验，进而确认关键候选基因 *norA*（该基因可将抗生素从细菌细胞中泵出）的重要性。最后，科研人员证明了通过化学抑制 *norA* 外排泵可以防止金黄色葡萄球菌在实验室中进化出耐药性，并希望该项成果能有助于临床科研人员在感染过程中测试外排泵在耐药性进化中的作用[②]。

5.抗菌肽使耐药细菌再次对抗生素敏感

据 ScienceDaily 网站 2020 年 8 月 6 日消息，新加坡南洋理工大学的科学家开发出一种合成肽，当与传统抗生素一起使用时，该合成肽可以使耐多药的细菌再次对抗生素敏感，从而为解决某些抗生素耐受性的联合治疗策略提供希望。单独使用时，这种合成的抗菌肽也可以杀死对抗生素产生耐药性的细菌。

这种名为 CSM5-K5 的新型抗菌肽由壳聚糖和赖氨酸的重复单位组成。科研人员认为，壳聚糖与细菌细胞壁的结构相似性有助于该肽与细胞壁相互作用并嵌入其中，导致细胞壁和膜中的缺陷，从而最终杀死细菌。研究小组在生物膜上测试了这种肽，在实验室中预先形成的生物膜和小鼠伤口上形成的生物膜中，这种肽在 4～5 小时内杀死了至少 90% 的细菌。与单独使用 CSM5-K5 相比，当 CSM5-K5 与抗生素一起使用时，可杀死更多细菌，这表明该肽使细菌易感于抗生素。这种联合疗法中使用的抗生素也低于通常规定的浓度。该研究结果发表在《ACS 传染病》（*ACS Infectious Diseases*）上[③]。

七、防范生物恐怖袭击与防御生物武器威胁

（一）俄罗斯面临致命炭疽芽孢重新释放的风险

根据 DALLY STAR 网站 11 月 10 日消息，俄罗斯境内一个苏联时期的秘密生物武器实验室于 1979 年发生过炭疽芽孢泄漏事件，而现在俄罗斯面临致命炭疽芽孢被重新释放的风险。

1979 年的泄漏事件造成了历史上已知的最致命的吸入性炭疽病暴发。当时，被污染的牛被埋在斯维尔德洛夫斯克市（现叶卡捷琳堡市）周围。最近，在其中一个大规

① Science Daily. New way to make bacteria more sensitive to antibiotics discovered[EB/OL]. [2020-08-12]. https://www. sciencedaily. com/releases/2020/08/200812115250. htm.

② University of Oxford. A novel strategy for using compounds as 'anti-evolution' drugs to combat antibiotic resistance[EB/OL]. [2020-8-10]. https://phys. org/news/2020-08-strategy-compounds-anti-evolution-drugs-combat. html.

③ Science Daily. Peptide makes drug-resistant bacteria sensitive to antibiotics again[EB/OL]. [2020-8-6]. https://www. sciencedaily. com/releases/2020/08/200806101806. htm.

模掩埋场附近，一个住宅开发项目获得了规划许可。这一决定引发了抗议活动，当地居民担忧致命生物武器炭疽杆菌的芽孢可能会被再次释放。兽医专家警告，炭疽病是一种传染性很强的疾病，炭疽杆菌的芽孢可以活跃 500 年之久。在炭疽病牛掩埋地附近开发住宅项目确实是一个很大的生物威胁。如果意外"打扰"了这些掩埋场，有任何迹象表明这些芽孢有活动迹象，就必须停止施工进行非常彻底的生物学研究[①]。

（二）网络生物攻击可以"欺骗"生物学家合成危险毒素

目前人们认为，犯罪分子需要与危险物质进行物理接触才能生产和交付危险物质。然而，以色列内盖夫本－古里安大学的研究人员发现，一种端到端的网络生物攻击恶意软件可以很容易地替换生物工程师计算机上的 DNA 短子串，从而使他们无意中合成出产生毒素的序列。相关研究发表在《自然·生物技术》（*Nature Biotechnology*）上。

研究人员表示，为了防止有意或无意间产生危险物质，大多数合成基因提供商都会对 DNA 订单进行筛选，这是目前抵御此类攻击的最有效防线。美国加利福尼亚州是 2020 年第一个引入基因购买监管立法的州，但在该州之外，生物恐怖分子可以从不筛选订单的公司购买危险 DNA。并且即使是在筛选订单的公司，筛选准则也没有进行及时调整以反映合成生物学和网络战的最新发展。

研究人员发现，美国卫生与公众服务部（HHS）针对 DNA 提供者的指南中存在缺陷，其允许使用通用的混淆程序规避筛选协议，使得筛选软件难以检测到能产生毒素的 DNA。研究人员使用上述技术，采用 HHS 指南进行筛选时，50 个混淆的 DNA 样本中有 16 个没有被检测到。此外，由于合成基因工程工作流程具有可访问性和自动化特点，再加上网络安全控制不足，恶意软件可以干扰实验室内的生物工程流程，对 DNA 分子进行篡改和利用。

DNA 注入攻击展示了恶意代码改变生物工程流程的重大新威胁。攻击者可在生物工程工作流程的软件、生物安全筛选和生物协议这 3 个层面利用多个漏洞，这凸显了在生物安全和基因编码等新情境中应用网络安全技术的机会和必要性。研究人员警告，随着网络安全成为所有商业部门日益关注的问题，黑客可能出于恶意目的采购 DNA，而许多实验室没有网络基础设施来确保安全。对此，研究人员提出了 5 项建议：①实施网络安全协议，如订单上的电子签名。②将目前 200bp 的筛选窗口减少至保真所需的最短同源定向修复模板的长度。③当出现新信息时，重新审视已完成的订单。④在保护隐私的前提下共享数据，以便能够发现恶意订单。⑤应通过立法和条例执行强化的协议[②]。

（三）乌克兰媒体称美国生物实验室对当地人口造成威胁

据乌克兰英文新闻平台 112.international 网站 2020 年 9 月 23 日消息，美国已经拨款超过 20 亿美元，用于资助其在乌克兰的秘密生物实验室，而且只有美国人有权限接触其中进行的实验。乌克兰当局甚至也将这些实验室的存在隐藏起来。而乌克兰国会议员 Viktor Medvedchuk 和 Renat Kuzmin 首先就美国实验室的存在向乌克兰国家安全局

---

① Will Stewart. Russia 'in danger of re-releasing deadly anthrax spores' leaked from lab in 1979[EB/OL]. [2020-11-10]. https://www. dailystar. co. uk/news/world-news/russia-in-danger-re-releasing-22985057.

② Rani Puzis，Dor Farbiash，Oleg Brodt，et al. Increased cyber-biosecurity for DNA synthesis[EB/OL]. [2020-11-27]. https://www. nature. com/articles/s41587-020-00761-y.

发出刑事诉讼，他们认为鉴于人口中严重传染病的发病率不断上升，有充分理由相信在乌克兰境内存在与烈性病原体相关的秘密活动和不透明活动。

尽管乌克兰国家安全局否认美国在乌克兰设有实验室，但是美国大使馆透露的消息显示，美国国防部的生物威胁降减计划正在与乌克兰政府合作，上述实验室按照乌克兰卫生部和美国国防部2005年关于减少生物威胁的协议运行。根据该协议第5条，乌克兰卫生部在美国资助的实验室中收集和储存危险病原体，相关活动直接向美国国防部报告，并将危险病原体转移到美国国防部进行进一步研究。协议期限截至2020年12月，在此之前，五角大楼的代表有权检查实验室的工作及参加乌克兰设施的活动[①]。

（四）尼日利亚媒体称美国在非洲进行病原体研究

据尼日利亚媒体《蓝图报》（*Blueprint Newspaper*）官网2020年9月24日消息，在新冠肺炎疫情背景下，美国政府正利用其在非洲的生物实验室开展以下活动：对所在地区的卫生和流行病情况进行所谓的全面控制；预测使用各种形式大规模杀伤性武器可能造成的损害；研究烈性病原体，以开发生物战剂；利用当地人口进行不良反应不明的新药试验。

该报道称，为了及早发现高致病性病原体，美国使用了所谓的传染病暴发应对系统，该系统包括遍布非洲境内的34个生物实验室，以建立生物材料"收集站"。这些实验室中的大多数位于忠于美国外交政策的国家，主要由美国国防部威胁减少管理局负责，重点关注危险病原体研究和新药测试。美国更倾向于在非洲开展这些研究活动，因为大多数国际法律规范对于非洲大多数地区来说不是强制性的。由于缺乏相关法律框架，美国生物实验室雇员可以在尚未确定安全性和有效性的情况下开展生物新药的临床试验。通常，这些研究涉及的志愿者由于受教育程度低而无法了解其健康风险，大多数情况下，他们只满足于获得少量现金报酬，并且在进行试验时也不填写正式的调查登记表，因此部分因这些研究而死亡的事实被隐瞒了下来[②]。

（军事科学院军事医学研究院　陈　婷　周　巍）
（中国人民解放军疾病预防控制中心　李晓倩）
（国际技术经济研究所　肖　尧　刘发鹏）
（中国科学院武汉文献情报中心　梁慧刚　黄　翠）

① U. S. biolaboratories in Ukraine：Deadly viruses and threat for population[EB/OL]. [2020-09-23]. https://112.international/society/us-biolaboratories-in-ukraine-how-dangerous-are-they-for-population-54975. html.

② Sachi Idiri. USA Pathogen research and Africa[EB/OL]. [2020-9-24]. https://www. blueprint. ng/usa-pathogen-research-and-africa/.

第二章

国外生物安全管理

在新冠肺炎疫情全球大流行背景下，国际社会更加重视生物安全问题。欧盟委员会提出建立欧洲卫生联盟等生物安全区域治理建议，联合国、智库研究机构等不断对全球生物多样性保护、全球共域生物安全、基因编辑技术治理等进行深入研究。高等级生物安全实验室安全问题饱受争议，围绕基因编辑、基因驱动、合成生物学等颠覆性技术所带来的不确定性，加强监管的必要性不断攀升。

一、国际生物安全多边与双边关系

2020 年，因新冠肺炎疫情全球肆虐，《禁止生物武器公约》专家组会和缔约国会未能如期召开。面对迅猛发展的疫情，一些国家我行我素、以邻为壑，削弱了 WHO 的权威性，全球生物安全治理与逆全球化趋势相互角力，人类社会迎战生物威胁的共同努力正步入关键十字路口。

（一）各方加强生物安全国际规约建设

2020 年 5 月 19 日，第 73 届世界卫生大会在全球抗疫背景下闭幕。WHO 总干事谭德塞在闭幕致辞中表示，WHO 将继续发挥战略引领作用，协调全球应对疫情，支持各国努力；继续向世界提供流行病学信息和分析，并向民众和社区提供其需要的信息；继续向世界各地运送诊断设备、个人防护装备和其他医疗物资；继续把世界各地的主要专家聚集在一起，以科学为基础，提出技术建议，并继续推动相关研究和开发。2020 年 9 月 28 日，联合国《生物多样性公约》秘书处发布了第五版《全球生物多样性展望》（GBO-5），针对自然现状提供了最权威评估。报告公布了"2010—2020 年的 20 个全球生物多样性目标"的完成情况和进展。报告呼吁，全球亟须进行 8 项变革，包括土地和森林转型、可持续农业转型、可持续粮食系统转型、可持续渔业和海洋转型、城市和基础设施转型、可持续淡水转型、可持续气候行动转型、包含生物多样性的"一体化健康"转型，以拯救地球，确保人类福祉。该报告对联合国制定 2021—2030 年一系列新的全球生物多样性目标提供了理论依据[①]。2020 年 4 月 30 日，美国国际战略研究中心（CSIS）发表文章《共享还是不共享？公海海洋遗传资源的生物安全风险》，

---

① United Nations. Global Biodiversity Outlook 5[EB/OL]. [2020-09-25]. https://www.cbd.int/gbos.

讨论了在公海发现的海洋遗传资源的所有权归属问题。文章指出，科学的进步使遗传数据的价值和可用性日益凸显，但是广泛获取具有潜在危险的化合物可能会带来风险。联合国《公海公约》的谈判代表应将不断发展的生物安全问题与"公海自由"和"人类共同遗产"方法中的因素相平衡，制定公平、审慎的战略，以确保安全和所有人的可及性^①。

　　2020年11月11日，欧盟委员会提出一系列生物安全区域治理建议，一是建立欧洲卫生联盟，以加强欧盟卫生安全框架及其主要机构，即欧洲疾病预防和控制中心（ECDC）和欧洲药品管理局（EMA）的危机准备和应对作用，并在危机中为欧盟及其成员国提供高质量救护；二是制定新的欧盟卫生安全框架，加强防范和监测，以及提高成员国的医疗服务和报告能力等，以应对严重的跨境健康威胁；三是于2021年底建立未来卫生应急管理局（HERA）。

　　2020年9月3日，美国国家医学院、美国国家科学院和英国皇家学会通过共同组建的国际人类生殖细胞基因组编辑临床使用委员会，发布了一份《遗传性人类基因组编辑》（*Heritable Human Genome Editing*）的报告。报告提出，若一个国家决定允许开展可遗传的人类基因组编辑（HHGE），应仅限于预防严重的单基因疾病，如囊性纤维化和地中海贫血症等。该委员会定义了一个从严格的临床前研究到临床应用的转化途径，包括严格评估临床前研究以高可信度证明胚胎已按预期正确编辑，建立专门的监管机构来审批和跟踪临床试验，以及对已出生儿童成年后的长期随访等。该报告为国家和国际社会科学治理与监督HHGE提供了基本要素方面的指导，也将为WHO人类基因组编辑专家咨询委员会提供参考，后者正在为遗传性和非遗传性人类基因组编辑研究和临床应用开发适当的治理机制。2020年5月18日，美国约翰斯·霍普金斯大学发布《基因驱动：寻找机会并最小化风险》报告，该报告分析了基因驱动技术的现状，在野外部署的方式和风险，以及监管政策的情况。报告指出，由于缺乏国家政策和法规，与其他转基因生物相比，基因驱动生物带来了独特的风险。野外部署基因驱动生物可能产生巨大的不良影响和复杂的、级联性的后果。报告要求制定法律法规，其中包括建立基因驱动研究、测试、部署，以及监测相关的国家注册系统，评估风险，在野外部署之前应开发出逆向驱动器等。

　　2020年6月17日，俄罗斯安全理事会副主席梅德韦杰夫在《全球政治中的俄罗斯》杂志撰文，呼吁国际社会在新冠肺炎流行期间加强国际合作与执法，确保经济运行相对稳定安全。梅德韦杰夫特别强调美国应充分执行《禁止生物武器公约》规定，提高生物研究的透明度，并不点名地批评某些国家从竞选利益的角度出发，不断将国内抗疫不利的责任转移到其他国家。2020年5月26日，在独联体集体安全条约组织（集安组织）成员国外长视频会议上，俄罗斯提醒各国注意美国的生物威胁。美军在海外资助建立的生物实验室成为俄方重要关切。俄罗斯指出，美军以打击生化犯罪分子为幌子，不惜斥巨资在世界各地建造生物实验室，这样的做法具有双重目的，一方面是为了研究所在地的生物和病毒物种；另一方面是为了加强与所在国在生化领域的合作，最终

---

　　① CSIS. To share or not to share? Biological security Risks for marine genetic Resources on the high seas[EB/OL]. [2020-05-20] https://ocean.csis.org/commentary/to-share-or-not-to-share-biological-security-risks-for-marine-genetic-resources-on-the-high-seas/.

影响所在国政治走向。

（二）美国加强生物科技领域对外制裁

2020 年 4 月 17 日，美国国务院发布 2020 年度《军控、防扩散和裁军遵约》报告摘要版，对俄罗斯、叙利亚、朝鲜等国《禁止生物武器公约》的履约遵约情况表示质疑，秉持其一贯的不信任态度。2020 年 10 月 27 日，美国国务院国际安全与防扩散局和减少合作威胁办公室（ISN/CTR）发布声明，要加强对"修正主义扩散国"发展生化武器（CBW）能力的管控。声明指出，修正主义扩散国可能试图从只以营利为目的或其他科学机构采购敏感设备，破坏国际核武器、生化武器等防扩散制度，操纵或利用生化两用科学专长，为非法生化武器寻求危险病原体和武器材料。为应对这些威胁，ISN/CTR 的特别项目组寻求有创意和竞争力的建议，利用开源信息来绘制潜在的修正主义扩散国非法生化武器采购网络，制定有针对性的干预措施，以破坏其获得两用生化材料和设备的机会，并限制其对必要的生化科学知识的访问。2020 年 7 月 9 日，美国司法部宣布，美国俄亥俄州立大学风湿病和免疫学专家郑颂国（SongGuo Zheng）于 2020 年 5 月 22 日从美国机场准备飞往中国时，被美国联邦调查局（FBI）逮捕，随后被起诉。2020 年 8 月 26 日，美国商务部工业与安全局以涉嫌研发化学和生物武器为由，宣布制裁俄罗斯国防部下属的 5 所研究机构，对其施加出口、再出口和转移限制。这 5 所机构分别为第 33 科研测试所、国家有机化学技术研究所，以及第 48 中央科研所下属的基洛夫分所、塞尔吉夫·波萨德分所和叶卡捷琳堡分所。俄罗斯政府于 2020 年 8 月 11 日批准上市了全球首款新冠病毒疫苗"人造卫星 V"（Sputnik V），而遭受美国制裁的第 48 中央科研所参与了该疫苗的研发工作，美国此举被认为是对俄罗斯新冠病毒疫苗的打压[①]。

二、生物安全与生物防御政策规划制定

美国通过全球卫生安全议程（GHSA）等举措，谋求在全球生物安全治理体系中的领导地位，并加紧强化单边生物防御战略体系。

（一）美国推动全球生物安全治理举措

2020 年 3 月 16 日，美国国会研究服务部（CRS）发布报告《全球卫生安全议程（GHSA）：2020—2024》[*The Global Health Security Agenda（GHSA）2020-2024*]，重申了国际卫生条例（IHR）的重要作用、全球卫生安全议程的进展，以及美国防范传染病全球大流行的工作。2018 年 11 月，全球卫生安全议程指导委员会推出《GHSA2024 工作框架》。GHSA 第二阶段，即 GHSA2024，将从 2019 年持续至 2024 年（第一阶段是从 2014 年到 2019 年）。美国在全球卫生安全议程的发展和实施中发挥了领导作用。时任总统奥巴马除了与 WHO 共同发起该倡议外，还主持了一系列有关 GHSA 的

---

① Ben Norton. US Sanctions Russian Research Institute that Denelopeel COVID-19-Vaccine[EB/OL]. [2020-12-05]. https://sputniknews.com/world/202008261080284502-us-sanctions-russian-defence-ministry-research-institute-that-worked-on-covid-19-vaccine/.

高级别会议，其中包括宣布美国承诺在 5 年内投资超过 10 亿美元，以帮助至少 30 个国家达到 GHSA 的目标。在 2015 年的七国集团峰会期间，七国集团领导人同意兑现美国的承诺，向至少 60 个国家提供支持。2016 年，奥巴马签署了一项行政命令，宣布美国 11 个机构和部门在实施 GHSA 中的作用和职责。2019 年，美国总统特朗普发布了美国政府《全球卫生安全战略》（*United States Government Global Health Security Strategy*），重申了美国对全球卫生安全议程的支持，维持美国政府在 GHSA 中的作用和职责。

2020 年 5 月 28 日，美国参议院外交关系委员会主席提出《2020 年全球卫生安全与外交法案》（*Global Health Security and Diplomacy Act 2020*）。该法案概述了美国全球卫生安全领导层的重组计划，提议在国务院设立一个新的全球卫生安全协调员，并在 2021—2025 财年间为全球卫生安全提供 30 亿美元的资金。这项立法旨在促进美国的全球卫生安全和外交目标，加强为实现全球卫生安全而实施美国对外国援助的联邦部门和机构之间的协调，并更有效地加强和维持伙伴国家卫生系统和供应链的弹性。

（二）俄罗斯出台生物安全法

2020 年 12 月 30 日，俄罗斯总统普京正式签署《俄罗斯生物安全法》，这是俄罗斯首次制定关于国家生物安全的纲领性法规。该法规阐述了俄罗斯保障生物安全的法律依据、基本原则、主要活动，规定了政府机构、组织和公民在保障生物安全领域的职责、权利和义务，明确了主要生物威胁类型，确定了在防控传染病疫情、获取与使用细菌病毒等病原微生物、预防生物设施事故和规范两用生物技术活动、开展生物风险监测、构建国家生物安全信息系统，以及加强国际生物安全合作等方面采取的战略举措。俄罗斯一直非常重视生物安全问题，2013 年签署了《俄联邦 2025 年前及未来化学和生物安全政策原则》总统令，2015 年出台了《俄联邦化学和生物安全体系建设 2015—2020 专项计划》，2017 年启动了生物安全立法工作，《俄罗斯生物安全法》的正式出台标志着俄罗斯将生物安全上升至国家安全的高度。

（三）美国强化单边生物防御战略体系

2020 年 6 月 1 日，美国智库传统基金会发布了《明确的责任划分将促进国家生物防御战略的实施》报告。报告指出，目前关于《国家生物防御战略》的讨论很少，但该战略应该是联邦政府对大流行做好准备和应对的基础；生物防御参与方非常分散，需要联邦政府更高一级的严格协调；美国政府和国会应为联邦生物防御工作创造更好的预算可见度和更高的权限。报告建议：白宫要为《国家生物防御战略》的实施划分明确的责任界限；管理和预算办公室（OMB）应该开发一个资金跟踪系统；白宫要评估联邦生物防御工作的任务及其当前的分布；国会应要求制定预算和明确职责界限。2020 年 6 月 11 日，美国参议员提出《永不再暴发国际疫情预防法》，要求外国建立报告和监测新型疾病暴发的系统，并将制裁不良行为者及审查 WHO 的行动。具体而言，该法案将要求建立国际"前哨监视"系统，以收集数据、识别疫情，并监测疾病。在这种制度下，法案将要求各国在 3 天内报告所有新病例。该法案将剥夺故意导致国际社会大流行国家的主权豁免权。美国公民可以在美国法院对外国提起诉讼，要求赔偿损失。该法案将要求正式调查 WHO 对新型冠状病毒肺炎（COVID-19）的响应行动。美国驻联合国大使也将要求联合国内部监督事务厅与 G20 国家的代表建立一个小组，以审查 WHO 对 COVID-19 的响应。

（四）美国加强大规模灾难评估技术研究

2020 年 9 月，美国国家科学院、美国国家工程院和美国国家医学院联合发布《大规模灾难后的死亡率和发病率评估框架》研究报告。报告指出，在大规模灾难之后，准确及时地提供有关死亡率（或与灾难有关的死亡）及重大发病率（与灾难有关的疾病或伤害）的信息至关重要。这些信息可以支持灾难管理机构的态势感知，推动公共卫生行动以挽救生命并防止进一步的卫生影响。如"飓风玛利亚"这样的灾难，以及最近发生的 COVID-19 大流行，已经证明了多种评估死亡率和发病率的方法会如何造成混乱或者留下对数据进行操纵的印象。当前探索评估大规模灾难后的死亡率和重大发病率的实践、系统和工具时，面临一些持续的系统性挑战：①在美国全国范围内，州、地方、部落和区域（SLTT）的死亡率和重大发病率的数据收集、记录和报告做法普遍存在差异；②利益相关者未能就死亡率和重大发病率准确一致地收集、记录、报告、分析和使用数据；③数据系统功能差，无法在多个利益相关者之间统一有效地捕获、记录和报告死亡率及发病率数据；④需要为死亡调查法医系统专业人员和 SLTT 机构提供有关数据收集、记录和报告，以及其他支持的更好培训；⑤个体计数和人口估计数据的利用和可用性差，无法为灾难管理提供参考，并且无法获得 SLTT 机构的可操作数据；⑥需要进行其他研究，以开发用于评估死亡率和发病率的分析方法，并创建测试新工具。为了在大规模灾难后将死亡率和发病率数据概念化和统一评估方法，报告制定了一个框架，作为可在所有系统和辖区中采用的初始指南。该框架结合了两种主要的估计死亡率和发病率的方法（个体计数和人口估计数），并阐明了案例标性，以统一地描述如何将个人死亡或发病率归因于灾难。美国科学院建议美国联邦和州机构采用这种框架，并支持利益相关者将该框架应用到实践中，包括统一案例定义，以及数据收集、记录和报告[①]。

三、生物安全综合管控措施

虽然高等级生物安全实验室安全问题饱受争议，但其建设并未因此停步。基因编辑、基因驱动等颠覆性技术的发展带来了不确定性，在加强风险管控的同时，需强化生物技术创新与成果转化。

（一）实验室生物安全管理

2020 年 4 月 1 日，美国陆军传染病医学研究所（USAMRIID）迪特里克堡（Fort Detrick）实验室获美国疾病控制与预防中心（CDC）批准，恢复其全部运营能力。由于蒸汽灭菌设备故障等生物安全问题，美国 CDC 于 2019 年 7 月暂停了 USAMRIID 在《联

---

① National Academies of Sciences，Eagineering and Medicine. A Framework for Assessing Mortality and Morbidity After Large-Scale Disasters[M]. Washington DC：The National Academies Press，2020.

邦管制生物剂计划》（*Federal Select Agent Program*）中的注册身份，责令其关闭迪特里克堡实验室，并进行改造。2019 年 11 月，CDC 发布了解除部分禁令的决定，使迪特里克堡实验室重新开放和恢复了部分运作。在进行实地考察后，CDC 于 2020 年 3 月 27 日完全恢复了 USAMRIID 在《邦管制生物剂计划》的注册身份，至此，USAMRIID 恢复了其全部运营能力。据悉，在此期间，USAMRIID 开展的新型冠状病毒（SARS-CoV-2）研究及相关合作项目从未受到影响。

（二）两用生物技术风险管控

2020 年 10 月 30 日，美国哥伦比亚大学的科研人员系统梳理了使用基因组编辑系统 CRISPR 编辑人类胚胎基因后会引发的不良后果，相关研究成果发表于《细胞》（*Cell*）[①]。研究发现，在人类胚胎发育早期将 CRISPR 用于修复 *EYS* 致盲基因，通常会造成整个或很大一部分染色体出现异常。并指出，在人类胚胎中利用 CRISPR-Cas9 技术开展基因编辑存在破坏染色体结构乃至基因组整倍性等的高风险。目前对 CRISPR-Cas9 系统的编辑特点和安全风险认识不足，因此仍需开展更多研究以保证其在未来临床应用中的安全性。2020 年 9 月 8 日，美国国会研究服务部（CRS）发布《基因工程蚊子：减少病毒传播的媒介控制技术》报告。报告概述了通过基因工程改造的蚊子有助于减少寨卡病毒、黄热病毒、登革病毒和基孔肯亚病毒传播的技术原理；介绍了英国 Oxitec 公司研发的"基因驱动蚊子"（OX513A）在开曼群岛、巴西和巴拿马等地进行野外投放实验的情况，并指出相关实验证明了野外投放 OX513A 蚊子对生态系统的影响"微乎其微"，也不太可能产生转基因扩散风险。报告最后介绍了美国在基因工程蚊子是否可进行野外投放实验方面面临的争议：2020 年 5 月，美国环境保护署（EPA）批准了英国 Oxitec 公司在美国佛罗里达州和得克萨斯州进行 OX513A 蚊子的实验性释放；6 月，美国食品安全中心（CFS）指控 EPA 违反《濒危物种法》第 7 条，要求 EPA 撤销在美国进行基因驱动蚊子释放的审批。

美国空军学者在《战略研究季刊》（*Strategic Studies Quarterly*）2020 年秋季版上联合发表文章《合成生物学国家战略》。文章指出，合成生物学将重塑世界，必将对未来大国竞争及美军军事优势塑造带来深刻影响。作者阐释了推动合成生物学快速发展的技术创新因素，分析了合成生物学时代的潜在安全威胁，提出了制定合成生物学国家战略的具体路线图和关键细节问题。作者指出，2018 年、2020 年美国国家科学院先后发布《合成生物学时代的生物防御》《保卫生物经济》报告，明确了相关公共行业和私营经济需联合应对的策略方针，但政府层面并没有与之相匹配的战略文件，实际治理效果有待斟酌。

（三）生物防御科研机制创新

2020 年 2 月 10 日，美国卫生与公众服务部（HHS）启动了美国第一家生物技术铸造厂，以提供技术解决方案，帮助美国预防和应对卫生安全威胁，增强日常医疗保

[①] Zuccaro MV，Xu J，Mitchell C，et al. Allele-specific chromosome removal after Cas9 cleavage in human embryos[J]. Cell，2020，183（6）：1650-1664.e15.

健能力和美国生物经济。铸造厂将聘请专家，并提供一个概念实验室、多个干湿实验室、制造厂间和一个生物制药研发单元（美国 DEKA 公司提供），以及建模仿真技术的学习区。铸造厂还将创建和管理一个商业化计划，以吸引私营部门合作伙伴的参与。该铸造厂的第一个项目将转化美国国防部高级研究计划局（DARPA）的"战地医学和成功救护"项目，致力于开发成熟的小型便携式自动化设备，这些设备可被便捷地运送到灾区，以就地制作必需药品。DARPA 资助的疾病大流行预防平台（P3）项目取得了积极进展，并在抗击新冠肺炎疫情中发挥了作用。P3 项目于 2017 年启动，专注于快速发现、鉴定、生产、测试和交付针对传染病的 DNA 和 RNA 编码的有效医疗对策。该项目研究可在 90 天内快速识别出新冠肺炎抗体，该过程通常需要几年才能完成。2020 年 11 月 10 日，该项目执行者 AbCellera 宣布，一种人类抗体被纳入 P3 项目，并与美国国家过敏与传染病研究所疫苗研究中心（VRC）和礼来公司的单克隆抗体 Bamlanivimab 合用，已获美国食品药品监督管理局（FDA）的紧急使用授权，用于治疗 12 岁及以上轻中度新冠肺炎患者。2020 年 10 月 14 日，美国战略与国际研究中心发布《美国可采取什么措施来预防另一场病毒大流行？》报告，指出新冠肺炎大流行暴露出美国卫生安全政策中的漏洞，表明了建立多功能、高效的全球疫苗开发基础设施的必要性。为应对新冠肺炎大流行及季节性流感的长期挑战，美国应大力支持通用流感疫苗（UIV）的开发。在实现 UIV 之前，美国应采取具体步骤，使季节性流感疫苗生产实现现代化，提高疫苗的市场需求和公众接受度，并确保与全球流感系统合作伙伴的密切合作。

（军事科学院军事医学研究院   刘   术）

第三章

国外生物安全应对能力建设

2020 年，面对新冠肺炎疫情，世界各国投入大量资金资助开展新冠病毒疫苗和药物研发，在疫苗和药物方面取得了重大突破性进展。截至 2020 年底，全球已有 6 种疫苗获批使用。

一、生物安全平台建设

（一）美国新建动物四级实验室即将投入运营

由于普拉姆岛动物疾病中心（PIADC）建造年代久远且运行条件落后，美国农业部（USDA）和美国国土安全部（DHS）协调在堪萨斯州曼哈顿市建立国家生物与农业防御设施（NBAF）[①]，将所有普拉姆岛动物疾病中心的项目转移到 NBAF，现有的普拉姆岛设施将关闭。美国国土安全部计划在 NBAF 建成后，将其管理权移交给美国农业部，由美国农业部农业研究局和美国动植物卫生检疫局共同承担运营任务。美国农业部预计大约有 400 名员工将进入该设施工作，相当于普拉姆岛动物疾病中心的人员编制。根据时间安排，NBAF 将在 2022 年 12 月实现满负荷运转。美国国土安全部计划该设施的建设总成本为 12.5 亿美元。

NBAF 建成后将成为美国最大的大型动物生物安全四级实验室，可用于研究大型动物中特别危险的人畜共患病病原体，提高美国的疫苗研发能力，增强疾病诊断能力，防止美国食品供应、农业经济和公共健康受到跨界动物疾病和新发与外来人畜共患病的威胁。研究主要涉及人畜共患疾病或可传染人的动物疾病。美国农业部已经拟定了该设施将进行研究的疾病和病毒，包括非洲猪瘟、猪瘟、牛传染性胸膜肺炎、口蹄疫、亨德拉病毒、日本脑炎（乙脑）病毒、尼帕病毒和裂谷热等。它还将成为美国第一个拥有生物制剂开发模块（BDM）的设施，加快科研成果（如疫苗、抗病毒药物和检测试剂盒）的商业转化。该设施建设后的总面积将超过 65 800 平方米，主实验室大楼有 53 300 平方米的综合实验室，其他建筑总面积 12 500 平方米，包括中央公用设施、游客中心、中转大楼和污水处理厂。

（二）美国国防部成立新的生物技术制造创新中心

[①] Homeland Security. National Bio and Agro-Defense Facility[EB/OL]. [2020-05-22]. https://www.dhs.gov/science-and-technology/national-bio-and-agro-defense-facility.

2020 年 3 月 4 日，美国国防部负责研究与工程的副部长迈克·格里芬表示，美国国防部正在建立一个新的生物技术制造创新中心，旨在研究如何在工业规模上实现"自然制造工厂"，克服研究与商业化间不可逾越的鸿沟[①]。该创新中心是美国第九个国防部制造技术中心（ManTech），也是第二个专注于生物技术的中心。第一个生物技术中心于 2016 年成立于美国新罕布什尔州，旨在开发用于修复和替换细胞及组织的下一代制造技术。迈克·格里芬强调新的生物技术制造创新中心可能为国防部带来创造性突破，如其开发的技术或可帮助美国国防部利用合成生物学方法制造燃料等。

（三）美国国土安全部将其生物识别数据库迁移至亚马逊云

Nextgov 网站于 2020 年 5 月 6 日发布消息称，美国国土安全部（DHS）正在将其中央生物识别数据库（用于存储、管理和传播美国公民和外国国民的生物识别数据）迁移至亚马逊网络服务"GovCloud"[②]。2015 年，DHS 生物识别身份管理办公室（OBIM）决定将其几十年的自动生物识别系统"IDENT"升级为"国土高级识别技术"（HART）系统，HART 系统将引入新功能并将全部转移到亚马逊云中。HART 系统建设分为 4 个阶段，阶段 1 聚焦于基础架构的开发，并确保 IDENT 中使用的数据和应用程序顺利过渡到亚马逊云。OBIM 已于 2020 年 2 月完成阶段 1 中的"云迁移"隐私影响评估。

（四）美国国立卫生研究院成立新发传染病研究中心

美国国立卫生研究院（NIH）网站于 2020 年 8 月 27 日发布消息称，NIH 宣布成立"新发传染病研究中心"（CREID），并将与其他 28 个国家的同行机构合作在全球开展多学科调查，以监测病毒和其他病原体的分布及病毒外溢风险等[③]。NIH 将在未来 5 年内向该中心投资 8200 万美元，主要用于病毒监测、新发病毒预警、病毒外溢机制研究、诊断方法和试剂的开发及人类免疫反应研究等。CREID 在全球不同地区的研究重点不同。例如，中美洲和南美洲主要开展"虫媒病毒"（寨卡病毒、登革病毒等）调查，东非和中非主要研究中东呼吸综合征（MERS）冠状病毒等，西非重点研究埃博拉病毒和拉萨热病毒等，亚洲（尤其是东南亚）主要对冠状病毒和虫媒病毒进行研究。此外，每个地区将随时准备研究新出现的任何病毒，并称其为"病原体 X"。

[①] Hitchens T. DoD Stands Up New Biotech Manufacturing Center：Griffin[EB/OL]. https://breakingdefense.com/2020/03/dod-stands-up-new-biotech-manufacturing-center-griffin/.

[②] Boyd A. The Office of Biometric Identity Mangement veleased a privacy impact assessment as the program begins mooing the nation's biometric database to Amazon's Goocloud[EB/OL]. [2020-07-14]. https://www.nextgov.com/it-moderniza-tion/2020/05/homeland-securitys-biometrics-database-its-way-amazon-cloud/165186/.

[③] Oplinger A. NIH establishes Center for Research in Emerging Infectious Diseases[EB/OL]. [2020-08-30]. https://www.nih.gov/news-events/news-releases/nih-establishes-centers-research-emerging-infectiousdiseases.

（五）澳大利亚将建立疾病预防控制中心

Golobal Biodefense 网站于 2020 年 10 月 10 日发布消息称，澳大利亚工党将建立一个澳大利亚疾病预防控制中心，以加强该国对未来疾病大流行的准备，并加强应对慢性病的工作[①]。工党领袖 Anthony Albanese 在宣布这项倡议时指出，澳大利亚是唯一一没有设立该类中心的经合组织国家。在应对新冠肺炎大流行中，澳大利亚的国家医疗储备过度依赖全球供应链，医疗保健系统也严重欠缺。Albanese 称，澳大利亚对新冠肺炎的响应"太慢、太被动、太不协调"。工党卫生发言人 Chris Bowen 说，30 多年来，澳大利亚卫生专家一直在呼吁建立这样一个中心。拟建立的中心将管理澳大利亚国家医疗储备，并与其他国家合作进行区域和全球准备。该中心将具有三大职能：确保持续的大流行的防范工作；领导澳大利亚联邦政府应对未来的传染病暴发；努力预防非传染性（慢性）及传染性疾病。

二、生物防御产品研发

（一）生物威胁检测诊断设备与产品

1. 美国国防部高级研究计划局资助研发生物威胁传感器

Global Biodefense 网站于 2020 年 1 月 24 日发布消息称，美国巴特尔纪念研究所（Battelle Memorial Institute）获得了美国国防部高级研究计划局（DARPA）"SIGMA＋"项目的 748 万美元合同，用于进一步研究和开发先进的联网生物威胁传感器。"SIGMA＋"项目旨在利用感知、数据融合、分析学及社交和行为建模等领域取得的成果，开发和验证一种实时、持续的早期探测系统，以应对化学、生物及爆炸物等各种威胁[②]。

2. 美国研发出可快速捕获和识别各种病毒毒株的新型设备

2019 年 12 月 23 日，美国宾夕法尼亚州立大学和纽约大学的研究人员表示，已经开发出一种可以快速捕获和识别各种病毒毒株的手持式 VIRRION 设备。目前，已知动物体内有 167 万种未知病毒，其中一些病毒可以传播给人类，如 H5N1、寨卡病毒和埃博拉病毒。WHO 指出，通过快速部署应对措施，早期检测可以阻止病毒传播。VIRRION 利用纳米技术可根据病毒大小捕获不同的病毒，然后利用拉曼光谱法根据病毒的个体振动来识别病毒，从而能够在非常低的浓度下迅速开展病毒鉴定工作。

3. 美国陆军配备生物特征识别自动化工具

美国陆军网站于 2020 年 2 月 18 日发布消息称，美国陆军未来司令部的 C5ISR 中心已经开发并向马里兰州阿伯丁（AberdEEN）基地检查站交付了"陆军生物特征识别自动化工具集（BAT-A）"软件，可促使陆军生物特征处理能力更加现代化[③]。BAT-A

---

① Grattan M. Australia Will Have Its oun Center for Disease Contro L，Labor Party Vows[EB/OL]. [2020-10-30]. https://globalbiodefense.com/2020/10/10/australia-will-have-its-own-centre-for-disease-control-labor-party-vows/.

② Global Biodefense Staff. Battele Awarded DARPA SIGMA+Contract for Biological Threat Sensors[EB/OL]. [2020-03-10]. https://globalbiodefense.com/?s=Battelle+Memorial+Institute.

③ Army modernizes its biometric Processing capabilities[EB/OL]. [2020-04-01]. https://peoiews.army.mil/aircraft-surviv-ability-2-2/.

是一种手持设备，可用来收集和处理生物特征识别信息，如虹膜、指纹和面部图像等。该系统已部署到全球各地的美国军队，并在国防部的"自动生物特征识别系统"中保存了超过 100 万条信息。C5ISR 中心将升级其 BAT-A 数据库，以将这些数据迁移至国防部数据库。

4. 美国 DARPA 发布紧凑型模块化探测器招标公告

2020 年 5 月 13 日，美国 DARPA 发布"用于水和食物污染物的紧凑型模块化探测器"招标公告[①]。该项目旨在开发低功耗、紧凑且功能模块化的设备，以实现快速、低成本、灵敏地检测水和食物中的化学和生物污染物。该项目包括 3 个阶段，至少将持续 36 个月，最终开发出的设备将支持公共、私有和商业领域的食品和水安全测试。

5. FDA 批准同时检测新冠病毒和流感病毒的试剂盒

2020 年 12 月 4 日，FDA 批准了 Quest Diagnostics Infectious Disease 公司生产的 Quest Diagnostics RC COVID-19 +Flu RT-PCR 产品[②]。Quest Diagnostics RC COVID-19 +Flu RT-PCR 是首个可居家收集患者样本，且同时检测患者鼻拭子中新冠病毒、甲型和乙型流感病毒核酸的诊断测试产品。FDA 授权 Quest Diagnostics RC COVID-19 +Flu RT-PCR 检测适用于与新冠肺炎症状一致的疑似感染呼吸道病毒的患者。如果患者的医疗保健提供者确定家庭采集样本是适宜的，根据医疗保健提供者的要求，患者可以在家中自行采集鼻腔样本，然后按照采集试剂盒中的说明，将样本运送到医院进行诊断分析。家庭自行采样适用于 18 岁以上的患者。

该试剂盒的检测结果可用于新冠病毒、甲型和乙型流感病毒的鉴别诊断，但不能检测丙型流感病毒。感染的急性阶段，通常在鼻拭子中能够检测到新冠病毒、甲型和乙型流感病毒的 RNA。阳性结果表明存在新冠病毒、甲型或乙型流感病毒 RNA，确定患者感染状况还需要结合相关临床病史及其他诊断信息。阳性结果并不排除细菌感染或与其他病毒合并感染的可能性。阴性结果也不能排除新冠病毒、甲型或乙型流感病毒感染，必须与临床观察、病史和流行病学信息相结合。患者自行收集的新冠病毒、甲型或乙型流感病毒阳性个体的样本，如果收集不当，可能产生阴性结果。该产品使用一个完整的核酸测试系统，将扩增、检测、数据收集的所有操作步骤进行完全自动化处理。试验包括内部控制、阳性控制和阴性控制，以此监测核酸的捕获、扩增和检测，以及操作员或仪器的错误。所有质控都生成预期结果时，测试结果才被认为是有效的。

（二）生防疫苗研发进展

1. 美国资助研究新型流感纳米颗粒疫苗

根据 GEN 网站 2020 年 1 月 8 日报道，美国国家过敏与传染病研究所资助佐治亚

① DARPA. Small Bussiness Innovation Research（SBIR）and Smal Bussiness Technology Transfer（STTR）Opportunity Announcement[EB/OL]. [2020-05-30]. https://www.darpa.mil/attachments/HR001120S0019-07.pdf.

② FDA. Coronavirus（COVID-19）Update：FDA Authorizes First COVID-19 and Flu Combination Test for use with home-collected samples[EB/OL]. [2020-12-30]. https://www.fda.gov/news-events/press-announcements/coronavirus-covid-19-update-fda-authorizes-first-covid-19-and-flu-combination-test-use-home.

州立大学生物医学科学研究所开发新型纳米颗粒疫苗[1]。最新研究表明，该疫苗可为小鼠提供广泛而持久的免疫力。该疫苗包含流感病毒蛋白 M2e 和神经氨酸酶，这两种蛋白存在于所有流感病毒株，且变异缓慢，可用于开发通用流感疫苗。研究人员在对小鼠接种新型纳米颗粒疫苗后，将小鼠暴露于 6 种流感病毒株，发现该疫苗可保护小鼠免受多种流感病毒株威胁。目前，开发通用流感疫苗是消除流感流行和公共卫生威胁的理想策略。研究人员表示，该疫苗有望保护人类免受不同流感病毒株的侵害。

2. 美国 FDA 批准首个基于 MF59 佐剂和细胞的 H5N1 疫苗

2020 年 2 月 3 日，Seqirus 公司宣布，美国 FDA 已批准其 Audenz［甲型流感（H5N1）单价疫苗，佐剂］用于 6 个月及以上人群的主动免疫，保护其免受 H5N1 的侵害[2]。值得一提的是，Audenz 是旨在用于大流行时预防 H5N1 流感的首个佐剂基于细胞的流感疫苗。2015 年 12 月，FDA 曾授予 Audenz 预防 H5N1 引起的大流行性流感的快速通道资格（FTD）。

Audenz 是一种新型疫苗，结合了两种前沿技术——MF59 佐剂和基于细胞的抗原制造。该疫苗旨在迅速部署以保护美国民众，并可储备以应对流感大流行。使用 MF59 佐剂的流感疫苗可以通过诱导针对已突变病毒毒株的抗体来增强和扩大机体的免疫应答。这种佐剂是大流行预防计划的重要组成部分，因为它可减少产生免疫应答所需的抗原量，增加了疫苗研制的剂量，以便尽快保护大量人群。Audenz 疫苗中所使用的基于细胞的疫苗抗原、MF59 佐剂、配方预充注射器均在北卡罗来纳州霍利斯普林斯最先进的 Sequirus 公司生产设施中生产，这是通过 Sequirus 公司和美国生物医学高级研究与发展管理局（BARDA）之间的多年公私伙伴关系建立并提供支持。

3. 英国 Emergex 生物技术公司研发登革热等的疫苗

2020 年 1 月 9 日，英国 Emergex 生物技术公司筹集 1140 万美元，推动研发治疗登革热、流感和埃博拉出血热等疾病的疫苗。据悉，该公司将对其开发的登革热疫苗进行 I 期临床试验，并将进一步研发通用流感和丝状病毒（埃博拉病毒和马尔堡病毒）疫苗[3]。Emergex 生物技术公司开发的疫苗适用于针对一种病毒家族中的多种疾病，如引起登革热、寨卡病毒病和黄热病的黄病毒。其研发的疫苗不含任何活性成分，与传统抗病毒疫苗不同，具有生产时间短、速度快、成本低等优点，便于储存和制备，可更好地防范新型流行病的暴发，降低生物恐怖主义威胁。

4. 武田登革热疫苗 TAK-003 临床试验效果良好

目前，全球仅有一种登革热疫苗产品上市，即由法国制药公司赛诺菲（Sanofi）耗时 20 年研发的疫苗产品 Dengvaxia，该疫苗于 2015 年 12 月获墨西哥批准，之后陆续获得拉丁美洲、亚洲多个登革热流行国家批准，2018 年 12 月获得欧盟批准，2019 年 5

---

[1] GEN. Nanoparticle Flu Vaccine Provides Protection against Six Viral Strains[EB/OL]. [2020-01-17]. https://www.geneng-news.com/news/nanoparticle-flu-vaccine-provides-protection-against-six-viral-strains/.

[2] Springs H. Seqirus Announces U.S. FDA Approval of Its First-Ever Adjuvanted, Cell-Based Pandemic Influenza A（H5N1）Vaccine[EB/OL]. [2020-02-20]. https://www.prnewswire.com/news-releases/seqirus-announces-us-fda-approv-al-of-its-first-ever-adjuvanted-cell-based-pandemic-influenza-a-h5n1-vaccine-300997595.html.

[3] Moran N. Emergex goes for gold, raises $11M for dengue vaccine[EB/OL]. [2020-01-20]. https://www.bioworld.com/articles/432286-emergex-goes-for-gold-raises-11m-for-dengue-vaccine?v=preview.

月获得 FDA 批准，成为美国市场针对登革热的首个，也是唯一一个医学预防工具。

2020 年 3 月 17 日，《柳叶刀》（The Lancet）发表了 2 篇关于武田登革热疫苗 TAK-003 的论文[①][②]。这两篇论文分别报道了正在进行的Ⅲ期临床试验的 18 个月分析结果，以及Ⅱ期 DEN-204 试验的最终 48 个月分析结果。分析结果与先前报道的 TAK-003 的安全性、免疫原性和疗效数据一致。

TAK-003 是一种减毒的四价登革热疫苗。前期来自Ⅰ期和Ⅱ期研究的数据显示，TAK-003 在横跨各年龄组及血清学阳性和阴性个体中均诱导出了针对 4 种血清型登革病毒的中和性抗体，同时疫苗的安全性和耐受性良好。本次Ⅱ期临床试验的结果显示，TAK-003 在 2～17 岁儿童和青少年中对 4 种血清型登革病毒均产生抗体反应，且抗体可持续 4 年。Ⅲ期临床试验结果显示，TAK-003 在 4～16 岁人群中对经病毒学证实的登革热总疫苗效力为 73.3%。与安慰剂相比，TAK-003 不仅能降低疾病的发病率和严重程度，还降低了住院率。目前，该试验正在继续进行中，将在总共 4 年半的时间内进行安全性和有效性评估。

5. 比尔及梅琳达·盖茨基金会资助霍乱疫苗研发

2020 年 1 月 13 日，比尔及梅琳达·盖茨基金会向国际疫苗研究所资助 140 万美元，以推动疫苗生产商生产口服弱毒活霍乱疫苗，并促进国际疫苗研究所发布国际霍乱疫苗制造标准方案[③]。据悉，现无霍乱疫苗国际制造标准方案，该举措旨在促进疫苗生产商更快速地生产霍乱疫苗，以确保疫情暴发区储备足够疫苗应对霍乱的暴发。

6. 越南与美国合作研制非洲猪瘟疫苗

据国际畜牧网 2020 年 2 月 12 日消息，2 月 10 日至 14 日，越南农业与农村发展部同美国农业部非洲猪瘟疫苗研制专家代表团合作开展工作，越南已提议美方转移已成功研究的病毒品种，旨在在越南组织研究生产非洲猪瘟疫苗活动[④]。根据美国微生物学会的一份报告，美国已研制出一种非洲猪瘟疫苗，并在实验中证明其 100% 有效。该报告表明，这种疫苗是从非洲猪瘟病毒的一种经过基因改造的菌株开发出的，在低剂量和高剂量注射的情况下，在接种后 28 天受到病毒挑战时，该疫苗均被证明可以有效防御病毒。

7. 我国科学家研制出实验性非洲猪瘟候选疫苗

2020 年 3 月 2 日，中国农业科学院哈尔滨兽医研究所的科学家研制出一株人工缺失 7 个基因的非洲猪瘟弱毒活疫苗[⑤]。实验室研究证明，该候选疫苗株具有良好的安全性和有效性，且具备大规模生产条件。研究人员下一步将推进中试与临床试验，以及疫苗生产的各项研究工作。相关研究成果发表于《中国科学：生命科学》。

① Shibadas B, Charissa B T, Luis M V, et al. Efficacy of a tetravalent dengue vaccine in healthy children aged 4-16 years: a randomised, placebo-controlled, phase 3 trial[J]. Lancet, 2020, 395（10234）: 1423-1433.

② Tricou V, Sáez-Llorens X, Yu D, et al. Safety and immunogenicity of a tetravalent dengue vaccine in children aged 2-17 years: a randomised, placebo-controlled, phase 2 trial[J]. Lancet, 2020, 395（10234）: 1434-1443.

③ International Vaccine Institute. IVI to lead critical standard reagents availability for oral cholera vaccine manufacturing [EB/OL]. [2020-01-02]. https://www.eurekalert.org/pub_releases/2020-01/ivi-itl010820.php.

④ 国际畜牧网. 疫苗效果良好越南与美国合作研制非洲猪瘟疫苗 [EB/OL]. [2020-03-01]. http://www.guojixumu.com/newsall.aspx?cid=2&id=16231.

⑤ 李晨. 非洲猪瘟疫苗创制成功 [EB/OL]. [2020-03-05]. http://news.sciencenet.cn/htmlnews/2020/3/436546.shtm.

8. 非洲四国批准使用全球首个埃博拉疫苗 Ervebo

2020 年 2 月 14 日，默沙东（Merck & Co）公司宣布，包括刚果民主共和国（DRC）在内的首批 4 个非洲国家已经批准其埃博拉疫苗 Ervebo（rVSVΔG-ZEBOV-GP，V920，减毒活疫苗）[①]。Ervebo 于 2019 年 11 月 11 日率先在欧盟获得批准，并于 2019 年 12 月 20 日在美国获得批准用于 18 岁及以上人群的主动免疫，以预防由扎伊尔型埃博拉病毒（Ebola Zaire）引起的埃博拉病毒病（EVD）。Ervebo 是全球首个获得监管批准的埃博拉疫苗，需要指出的是，Ervebo 提供的保护持续时间未知，该疫苗不能预防其他种类的埃博拉病毒或马尔堡病毒感染。当与抗病毒药物、免疫球蛋白（IG）和（或）血液或血浆输注同时使用时，疫苗的有效性未知。

Ervebo（V920）采用了一种有缺陷的、能够感染家畜的水疱性口炎病毒，将病毒的一种基因用埃博拉病毒的基因替换。V920 最初是由加拿大公共卫生署（PHAC）研发，之后在 2010 年被授权给 NewLink Genetics 公司。2014 年底，当非洲西部埃博拉疫情达到高峰时，默沙东与 NewLink Genetics 公司签署了一项全球独家授权协议，获得了这款埃博拉疫苗。之后，默沙东一直与一些外部合作者密切合作，在美国政府的部分资助下，开展了一项广泛的临床开发项目，其中包括美国卫生和人类服务部的生物医学高级研究与发展管理局（BARDA）、美国国防部威胁减少管理局（DTRA）和联合疫苗采办计划（JVAP）等。V920 的试验性供给活动由 BARDA 根据合同 HHSO100201700012C 提供部分联邦资金支持。默沙东负责 V920 的研究、开发、制造及监管工作，该公司已承诺与其他利益相关方密切合作，加速疫苗的持续开发、生产和分销。

9. 美国 BlueWillow 生物制药公司将为首批患者接种鼻内炭疽疫苗

2020 年 1 月 7 日 BlueWillow 生物制药公司宣布，继 2019 年 10 月 22 日美国 FDA 批准该公司开发的鼻内炭疽疫苗进入 I 期临床试验阶段后，在 2020 年 1 月为首批患者接种了该疫苗[②]。此鼻内炭疽疫苗是在该公司纳米技术专利平台上生产的，其利用一种新型的水包油纳米乳佐剂，使得少量炭疽疫苗可通过鼻腔吸入发挥作用。该疫苗由美国国家过敏与传染病研究所资助，若疫苗效果良好，BlueWillow 生物制药公司将继续寻求美国国家过敏与传染病研究所的资助以进行后续研究。

10. Altimmune 公司宣布炭疽疫苗进入临床试验

2020 年 6 月 30 日，美国 Altimmune 公司宣布，该公司的 NasoShield 疫苗开展了 I 期临床试验[③]，该项目得到了 BARDA 的资助。该公司还指出 NasoShield 疫苗是 BARDA 支持的唯一一种正在研发的单剂量炭疽疫苗。由于 NasoShield 疫苗可以在单次鼻内给药后预防炭疽，因此它有可能成为唯一获批的炭疽疫苗的便捷替代品，该疫苗须在 1 个月内分 3 次注射。

---

① MERCK. ERVEBO® （Ebola Zaire Vaccine Live）Now Registered in Four African Countries，With in 90 Days of Reference Country Approval and WHO Prequalification[EB/OL]. [2020-02-20]. https://www.merck.com/news/ervebo-ebola-zaire-vaccine-live-now-registered-in-four-african-countries-within-90-days-of-reference-country-approval-and-who-prequalification/.

② Blue Willow Biologics. Vaccine Pipeline[EB/OL]. [2020-01-20]. https://bluewillow.com/.

③ 蔡雪纶.《COVID-19 疫苗》Altimmune 鼻喷剂疫苗 AdCOVID™ 12 月展开一期临床，2021 年 Q1 公布临床数据 [EB/OL]. [2020-12-07]. http://www.genetinfo.com/international-news/item/43634.html.

该临床试验预计将纳入 42 名健康受试者，他们将接受鼻内给药的疫苗或安慰剂，并开展为期 6 个月的随访。试验的主要指标是给药 28 天和 56 天后，保护性抗原和病毒中和抗体的血清滴度。目前，已有受试者开始接种该疫苗。

11. *Science* 发表我国新冠疫苗动物实验结果

2020 年 5 月 6 日，中国医学科学院秦川团队联合北京科兴生物制品有限公司等多家单位，在 *Science* 上在线发表题为 "*Rapid development of an inactivated vaccine candidate for SARS-CoV-2*" 的研究论文 [1]。相关研究已于 4 月 20 日发表于生物预印本平台 bioRxiv。

该研究开发了纯化的灭活新冠病毒候选疫苗（PiCoVacc），PiCoVacc 可以在小鼠、大鼠和恒河猴体内诱导出新冠病毒特异性中和抗体，这些抗体能有效中和 10 种有代表性的新冠病毒毒株，提示该疫苗所产生的抗体可能对世界范围内的新冠病毒具有广谱的中和作用。

在恒河猴攻毒实验中，接种 3μg 灭活疫苗可对恒河猴起到部分保护作用，接种 6μg 灭活疫苗可以起到完全的保护作用且没有任何抗体依赖性增强（ADE）作用。通过监测恒河猴的临床体征、血液学和生化指标，以及进行组织形态学分析，表明 PiCoVacc 是安全可靠的。

12. 我国首个新冠病毒 mRNA 疫苗获批进入临床试验

2020 年 6 月 19 日，中国人民解放军军事科学院军事医学研究院与地方企业共同研发的新冠病毒 mRNA 候选疫苗（ARCoV）正式获得国家药品监督管理局临床试验批准，成为国内首个获批开展临床试验的 mRNA 疫苗。

前期研究表明，ARCoV 疫苗不仅可在小鼠和食蟹猴体内诱导产生高水平中和抗体，还可诱导保护性的 T 淋巴细胞免疫反应。食蟹猴攻毒实验表明，疫苗免疫后的动物可耐受高滴度新冠病毒攻击，有效阻止病毒复制和肺病理进展，显示出良好的保护效果。

项目负责人军事医学研究院秦成峰研究员表示，国产新冠 mRNA 疫苗具有三大优势：①疫苗抗原靶标选择更为精确，诱导产生的中和抗体特异性高，疫苗安全性更好；②核心原料和设备全部实现了国产化，可实现产能迅速放大；③采用单人份预充针剂型，可在室温保存 1 周或在 4℃长期保存，冷链成本低，容易实现人群大规模接种。该新冠 mRNA 疫苗已经按照临床试验要求完成了多批次生产，并在树兰（杭州）医院正式启动 I 期临床试验。

2020 年 7 月 24 日，秦成峰团队在 *Cell* 上在线发表了题为 "*A thermostable mRNA vaccine against COVID-19*" 的研究论文 [2]，介绍了其研发的 ARCoV 疫苗。该疫苗的动物实验结果显示，在小鼠和非人灵长类动物模型中，这种疫苗能够激发免疫反应，诱导产生中和抗体。更重要的是，这款新型疫苗采用了先进的制剂技术，在室温下能够存放至少 1 周。对于疫苗产品而言，该制剂技术有望显著减少运输时对冷链的要求，这对疫苗的运输与可及性极为重要，因此更有应用前景。

---

① Gao Q，Bao L L，Mao H Y，et al. Development of an inactivated vaccine candidate for SARS-CoV-2[J]. Science，2020，369（6499）：77-81.

② Zhang N N，Li X F，Deng Y Q，et al. A thermostable mRNA vaccine against COVID-19[J].Cell，2020，182（5）：1271-1283.e16.

13. 我国高福等团队开发冠状病毒通用疫苗

2020 年 6 月 28 日，高福、严景华、秦川、戴连攀作为共同通信作者在 *Cell* 上发表论文[①]，针对包括中东呼吸综合征（MERS）、新冠肺炎及严重急性呼吸综合征（SARS）在内的 β 冠状病毒感染性疾病开发了通用的疫苗策略。

高福团队早在几年前就开始布局 MERS 冠状病毒疫苗的研发，构建了 MERS 冠状病毒受体结合域（RBD）二聚体抗原，与传统的单体形式相比，能诱导产生更高水平的中和抗体，并保护小鼠抵御 MERS 冠状病毒的感染，缓解肺病理损伤。随后的 X 线晶体结构解析揭示 MERS 冠状病毒 RBD 二聚体完全暴露双受体结合的基序，这也是中和抗体的主要靶标。

目前，中国科学院微生物研究所基于这一设计策略开发了重组蛋白疫苗，并在 hACE2 转基因鼠的攻毒实验中证明其具有明显的保护效果；恒河猴攻毒保护实验结果显示，疫苗免疫能诱导产生高水平的中和抗体，显著降低肺组织病毒载量，减轻病毒感染引起的肺部损伤，具有明显的保护作用。该疫苗已于 2020 年 6 月 19 日获批进入临床试验，是我国新冠疫苗五条技术路线中第一个获得临床批件的重组蛋白疫苗。

14.《柳叶刀》发布我国陈薇院士团队新冠病毒疫苗Ⅰ期临床试验结果

2020 年 5 月 22 日，陈薇院士团队、江苏省疾病预防控制中心朱凤才教授团队在《柳叶刀》（*The Lancet*）发表的研究论文[②]，报道了在我国健康成年人中接种腺病毒 5 型（Ad5）载体新冠病毒疫苗后 28 天内的Ⅰ期临床数据，初步评估了疫苗的安全性、耐受性和免疫原性。结果显示，从接种疫苗后的第 14 天开始就发现了快速的特异性 T 淋巴细胞反应，并在第 28 天对新冠病毒的体液免疫反应达到高峰，且未发现严重不良事件。

Ad5 载体新冠病毒疫苗为液体剂型，每瓶为 0.5ml，含 5×10^{10} 个病毒颗粒。该临床试验是单中心、开放标签、非随机、剂量递增的，在湖北武汉一家康复中心进行。接种疫苗 14 天后，研究团队观察到与 S 蛋白 RBD 相结合的抗体水平升高。接种后第 28 天，平均抗体滴度高剂量组为 1445.8，中剂量组为 806.0，低剂量组为 615.8。研究观察显示，与刺突蛋白 RBD 结合的抗体水平升高至少 4 倍的接种者人数分别为 35 人（低剂量组，97%）、34 人（中剂量组，94%）、36 人（高剂量组，100%）。针对活性新冠病毒的中和抗体在接种当天均为阴性，在接种第 14 天适度增加，在接种后第 28 天达到峰值。接种后第 28 天，高剂量组中和抗体滴度为 34.0，显著高于中剂量组（16.2）和低剂量组（14.5）。同时，在接种疫苗 28 天后，中和抗体水平至少提高 4 倍的参与者人数分别为 18 人（低剂量组，50%）、18 人（中剂量组，50%）、27 人（高剂量组，75%）。文章指出，这款疫苗的安全性特征与陈薇院士团队和康希诺公司此前基于同一平台开发的埃博拉病毒疫苗相当。

---

① Dai L P，Zheng T Y，Xu K，et al. A universal design of betacoronavirus vaccines aganist COVID-19，MERS and SARS[J]. Cell，2020，78（3）：722-723.

② Zhu FC，Li YH，Guan XH，et al. Safety，tolerability，and immunogenicity of a recombinant adenovirus type-5 vectored COVID-19 vaccine：a dose-escalation，open-label，non-randomised，first-in-human trial[J]. The Lancet，2020，395（10240）：1845-1854.

15. 俄罗斯发布新冠病毒疫苗临床试验结果

2020 年 9 月 4 日，俄罗斯科学家在《柳叶刀》发表论文[①]，公布了名为"Gam-COVID-Vac"的新冠病毒疫苗在两项开放标签、非随机Ⅰ/Ⅱ期临床试验中的结果。试验结果表明，这款疫苗表现出良好的安全性和耐受性，并且在成年志愿者中有效激发了抗体和细胞免疫反应。

试验结果显示，在Ⅱ期临床试验中，接受首次疫苗接种后第 14 天，85% 的参与者产生了针对新冠病毒 S 蛋白 RBD 的 IgG 抗体。在接种第 21 天之后，100% 的参与者产生 RBD 特异性抗体。接种第二剂 rAd5-S 疫苗后，参与者的 RBD 特异性抗体滴度显著升高。使用人类新冠病毒进行的中和抗体检测结果表明，在首次接种疫苗第 42 天之后，100% 的Ⅱ期试验参与者均产生了针对新冠病毒的中和抗体，而且中和抗体水平与新冠肺炎康复患者的平均水平类似。

研究人员通过 3 种指标检测疫苗激发的细胞免疫反应：血液中新冠病毒特异性 CD4 阳性 T 淋巴细胞的比例，新冠病毒特异性 CD8 阳性 T 淋巴细胞的比例，以及外周血单核细胞释放的干扰素 -γ（IFN-γ）水平（干扰素 -γ 是 1 型辅助 T 淋巴细胞免疫反应的生物标志物之一）。试验结果显示，Gam-COVID-Vac 的两种剂型都能够显著激发新冠病毒特异性 CD4 阳性和 CD8 阳性 T 淋巴细胞的增殖，以及干扰素 -γ 的释放。这些结果显示，Gam-COVID-Vac 能够有效激发参与者的细胞免疫反应。

《柳叶刀》同时发表了美国约翰斯·霍普金斯大学的 Naor Bar-Zeev 和 Tom Inglesby 教授的评论文章[②]。他们表示，这一研究有几点优势，开发冻干粉剂型意味着这款疫苗能够使用目前世界上已有的冷链技术进行储存和运输，它的稳定性对于保证疫苗能够被最大限度地分配到边远地区非常重要。不过，评论也指出，这项研究与其他候选疫苗的早期研究一样，都具有样本数量小、随访时间短的缺点。而且，疫苗的免疫原性尚无法等同于对新冠病毒感染的保护能力，这些仍然需要Ⅲ期临床试验进行验证。

16.《柳叶刀 - 感染病学》发表我国新冠病毒灭活疫苗Ⅰ/Ⅱ期临床试验结果

2020 年 11 月 17 日，《柳叶刀 - 感染病学》（*The Lancet Infectious Diseases*）发表题为"*Safety, tolerability, and immunogenicity of an inactivated SARS-CoV-2 vaccine in healthy adults aged 18-59 years：a randomised, double-blind, placebo-controlled, phase 1/2 clinical trial*"[③]的文章，报道了北京科兴中维生物技术有限公司研发的新冠病毒灭活疫苗克尔来福（CoronaVac）的早期随机双盲对照临床试验结果。结果表明，该疫苗具备安全性，在 18～59 岁的健康志愿者中成功诱导了抗体反应。

该试验的目的不是为了评估疗效，CoronaVac 疫苗产生的免疫反应是否足以预防新

① Logunov DY, Dolzhikova I, Zubkova OV, et al. Safety and immunogenicity of an rAd26 and rAd5 vector-based heterologous prime-boost COVID-19 vaccine in two formulations：two open, non-randomised phase 1/2 studies from Russia[J]. The Lancet, 2020, 396（10255）：887-897.

② Bar-Zeev N, Inglesby T. COVID-19 vaccines：early success and remaining challenges[J]. The Lancet, 2020, 396（10255）：868-869.

③ Prof Yanjun Zhang, Gang Zeng, Hongxing Pan, et al. Safety, tolerability, and immunogenicity of an inactivated SARS-CoV-2 vaccine in healthy adults aged 18-59 years：a randomised, double-blind, placebo-controlled, phase 1/2 clinical trial[J]. The Lancet Infectious Diseases, 2021, 21（2）：181-192.

冠病毒感染将在很大程度上取决于Ⅲ期临床试验的结果。此外，抗体反应的持久性需要在未来的研究中进行验证，以确定疫苗保护力的持续时间。其次，本研究的参与者仅限于18～59岁的健康成年人。

CoronaVac疫苗是已进入临床试验的48款新冠肺炎候选疫苗之一，是基于最初从中国的一名患者身上分离的病毒毒株而研发的疫苗，是一种通过化学方法灭活的全病毒疫苗。Ⅰ/Ⅱ期临床试验在江苏省展开，所有参与者的年龄都在18～59岁，都没有新冠病毒感染史、没有去过新冠肺炎高发地区，招募时都没有发热迹象。

研究人员发现，28天的接种方案诱导的抗体反应最强：14天接种方案下，低剂量组和高剂量组最后一次接种28天后的平均中和抗体滴度分别为23.8和30.1；28天接种方案下，则上述两种滴度分别为44.1和65.4。然而，CoronaVac疫苗诱导的最高抗体水平也低于新冠肺炎康复患者的抗体水平（平均中和抗体滴度：CoronaVac疫苗65.4；新冠肺炎康复患者163.7）。

CoronaVac疫苗可以储存在2～8℃的标准冰箱中，包括流感疫苗在内的许多疫苗都是这样储存的。该疫苗还可以在长达3年的储存期内保持稳定性，为疫苗分销提供了优势，尤其是对于缺少冷藏条件的地区。此外，研究人员指出了该研究存在的局限性。Ⅱ期试验没有评估T淋巴细胞反应，而T淋巴细胞反应是病毒感染免疫反应的另一重要指征，正在进行的Ⅲ期试验将对此展开研究。

17. 美国Inovio Pharmaceuticals公司发布DNA疫苗Ⅰ期临床试验结果

2020年4月6日，Inovio Pharmaceuticals公司宣布，美国FDA已经接受该公司为新冠病毒候选DNA疫苗INO-4800递交的研究性新药（IND）申请[①]。这是世界上第三款开始进行临床试验的新冠病毒候选疫苗，也是首款进入临床试验阶段的新冠病毒DNA候选疫苗。其Ⅰ期临床试验计划招募40名健康志愿者，将间隔4周接受2次疫苗接种，预计在夏末获得最初的免疫反应和安全性数据。

Inovio Pharmaceuticals公司开发INO-4800的方案基于该公司的DNA药物开发平台，这一平台已经被用于开发治疗人乳头状瘤病毒（HPV）相关疾病、癌症和传染病的创新疗法和疫苗。DNA药物的原理是使用优化的DNA质粒，表达根据计算程序选出的抗原蛋白序列，引发身体的特异性免疫反应。

2020年1月10日，Inovio Pharmaceuticals公司利用其专有的DNA药物平台技术，在获得基因序列后3小时内设计出DNA疫苗INO-4800。随后即开始生产INO-4800，并进行临床前测试。1月23日，Inovio Pharmaceuticals公司从流行病防范创新联盟（CEPI）获得了高达900万美元的拨款，用于资助INO-4800的临床前和初步临床开发。INO-4800的临床前研究表明，小鼠和豚鼠在单次接种疫苗后可诱导产生良好的抗体和T淋巴细胞反应，相关研究结果以"*Rapid development of a synthetic DNA vaccine for COVID-19*"为题发表在ResearchSquare平台上。

12月23日，美国Inovio Pharmaceuticals公司、Wistar研究所和宾夕法尼亚大学医学院等机构的研究人员在《柳叶刀》子刊*EClinical Medicine*发表了题为"*Safety and*

---

① Clinical Trials Archives. Inovio commences Phase Ⅰ trial of DNA vaccine for COVID-19[EB/OL]. [2020-04-07]. https://www. clinicaltrialsarena. com/news/inovio-covid-19-vaccine-trial/.

immunogenicity of INO-4800 DNA vaccine against SARS-CoV-2：A preliminary report of an open-label，Phase 1 clinical trial"[①] 的文章，称美国 Inovio Pharmaceuticals 公司研发的新冠病毒候选疫苗 INO-4800 表现出较好的安全性和耐受性，并且所有受试者均表现出免疫原性，可有效产生体液（包括中和抗体）免疫应答和（或）细胞免疫应答（CD4 和 CD8 T 淋巴细胞）。

INO-4800 的 Ⅰ 期临床试验在美国招募了 40 名 18 ～ 50 岁的健康成人参与者。研究人员将参与者分为 1.0mg 和 2.0mg 剂量组；每位参与者间隔 4 周进行 2 次 INO-4800 接种。两个剂量组均分别在 95% 的受试者中表现出血清转化，在 1.0mg 剂量组中 78% 的受试者检测出中和抗体，在 2.0mg 剂量组中 84% 的受试者检测出中和抗体。

该报告称，INO-4800 具有良好的安全性和耐受性，没有严重不良反应，仅观察到 6 个一级不良反应（AE），主要是注射部位反应。值得注意的是，这些不良反应仅在第一次或第二次给药的当天发生，并且第二次给药后 AE 的频率没有增加。

INO-4800 不仅安全可靠，而且在室温下可以稳定保存 1 年以上，在 37℃的环境下可以保存 1 个月以上，在正常冷藏温度（2 ～ 8℃）下的保质期为 5 年，并且在运输或存储过程中无需冰冻，满足了所有应对新冠肺炎大流行中及时分发疫苗的关键因素。

18. 德国 CureVac 公司疫苗启动 Ⅲ 期临床试验

2020 年 12 月 22 日，德国生物制药公司 CureVac 研发的 CVnCoV 疫苗，开始第一批 Ⅲ 期临床试验接种工作[②]，第一批受试者主要是来自美因茨大学医疗中心的医护人员。CVnCoV 是一种经过优化、未经化学修饰的新冠病毒候选 mRNA 疫苗，编码新冠病毒的融合前稳定的全长刺突蛋白。

该临床试验旨在评估 CVnCoV 疫苗的安全性和免疫原性，分两次用药，剂量为 12μg。该项针对医护人员的临床研究调查了候选疫苗对特定人群的影响，这些人群由于病毒暴露而具有极高的潜在感染风险。该项随机、盲法、安慰剂对照 Ⅲ 期临床试验将纳入超过 2500 名受试者，年龄在 18 岁以上，其是对 CVnCoV 疫苗全球关键 Ⅱb/ Ⅲ 期试验的补充，后者在超过 35 000 名参与者中接种了 CVnCoV 疫苗。

CureVac 公司使用的 mRNA 技术与辉瑞制药有限公司、BioNTech 公司及美国 Moderna 公司的技术类似。此外，CVnCoV 疫苗不需要 –70℃的严苛运输存储条件，在常规冰箱温度下，疫苗维持稳定时间长达 3 个月。该疫苗也是流行病防范创新联盟（CEPI）早期资助的疫苗之一。

19. 我国国药集团公布新冠病毒灭活疫苗 Ⅲ 期临床试验中期结果

2020 年 12 月 30 日，我国国药集团中国生物北京生物制品研究所（简称"国药北生所"）官网公布了新冠病毒灭活疫苗 Ⅲ 期临床试验中期结果[③]。经统计分析，国药北生所新冠病毒灭活疫苗接种后安全性良好，免疫程序两针接种后，疫苗组接种者均产

① Tebas P，Yang SP，Boyer JD，et al. Safety and immunogenicity of INO-4800 DNA vaccine against SARS-CoV-2：A preliminary report of an open-label，Phase 1 clinical trial[J]. EClinicalMedicine，2021，31：100689.

② 许超 . 德国疫苗 CureVac 开启三期临床试验股价盘前上涨 7%[EB/OL]. [2020-12-24]. https://wallstreetcn.com/articles/3613482.

③ 央视网 . 重磅！中国新冠病毒疫苗获批上市保护率为 79.34%[EB/OL]. [2020-12-30]. http://www.sinopharm.com/s/1555-5233-38845.html.

生高滴度抗体，中和抗体阳转率为 99.52%，疫苗对新冠病毒感染引起的疾病的保护效力为 79.34%。数据结果达到 WHO 相关技术标准及国家药品监督管理局印发的《新型冠状病毒预防用疫苗临床评价指导原则（试行）》中相关标准要求。该文件中对有效性要求是目标人群的保护效力最好能达到 70% 以上，至少应达到 50%。12 月 31 日，国家药品监督管理局官网显示，国药北生所研发的新冠病毒灭活疫苗上市申请已获批准，其也是国内首个获得上市批准的新冠病毒疫苗。

20.《柳叶刀》发布牛津大学新冠病毒疫苗Ⅲ期临床试验中期结果

2020 年 12 月 9 日，牛津大学等机构在《柳叶刀》发表研究论文[①]，报道了其新冠病毒肺炎疫苗Ⅲ期临床试验的中期结果。结果表明，这款名为 ChAdOx1 nCoV-19 的新冠病毒疫苗具有可接受的安全性，而且在临床试验中对有症状的新冠肺炎患者有效。该疫苗由牛津大学詹纳研究所等研制，2020 年 4 月下旬疫苗临床试验启动。随后，研究团队与阿斯利康（Astra-Zeneca）制药有限公司达成协议，在该候选疫苗的全球开发、生产及分发方面展开深入合作。

2020 年 7 月 20 日，牛津大学 Andrew J Pollard 团队在《柳叶刀》在线发表论文[②]，对该疫苗Ⅰ/Ⅱ期临床试验的中期结果进行报道，所有受试者均可耐受新冠病毒疫苗 ChAdOx1 nCoV-19 并产生针对新冠病毒的抗体和细胞免疫应答。试验结果表明，在接种一剂 ChAdOx1 nCoV-19 的受试者中，针对新冠病毒刺突蛋白的抗体水平在接种后第 28 天达峰值，并且在接种后第 56 天仍然维持在高水平。在接种两剂疫苗的受试者中，针对刺突蛋白的抗体水平显著高于接种一剂疫苗的受试者。

研究人员使用了多种方法检测患者的中和抗体水平，多种检测方法得到了一致的结果。研究者使用名为 PHE MNA80 的检测方法，在接种后 1 个月检测结果显示，在 91% 的接种一剂疫苗的受试者和 100% 接种第二剂疫苗的受试者中观察到了有效削弱新冠病毒活性的中和抗体。中和抗体水平与新冠肺炎康复期患者相当。研究人员也使用了特异性干扰素 γ 酶联免疫斑点测定对受试者的 T 淋巴细胞免疫反应进行了检测。检测结果表明，受试者在接种疫苗后第 7 天即出现了细胞免疫反应，这一免疫反应在接种疫苗第 14 天后达到峰值，并且在接种后第 56 天仍然维持在较高水平。不过，接种第二剂疫苗虽然明显提高了人体对新冠病毒刺突蛋白的抗体免疫反应，但是并没有进一步提高人体的特异性细胞免疫反应。

在安全性方面，受试者出现了一次性局部和全身反应，与既往试验和其他腺病毒载体疫苗相当。不良反应包括暂时性注射部位疼痛和压痛、轻至中度头痛、疲乏、寒战、发热、不适和肌肉疼痛。试验未报告严重不良事件，预防性使用对乙酰氨基酚（一种镇痛药）后反应减轻，第二次给药后不良事件发生率降低。随后，疫苗的Ⅱ/Ⅲ期临床试验在英国、南非和巴西展开。

---

①　Dphil MV，Clemens SCC，Madhi SA，et al. Safety and efficacy of the ChAdOx1 nCoV-19 vaccine （AZD1222）against SARS-CoV-2：an interim analysis of four randomised controlled trials in Brazil，South Africa，and the UK[J]. The Lancet，2021，397（10269）：99-111.

②　Folegatti PM，Ewer KJ，Aley PK，et al. Safety and immunogenicity of the ChAdOx1 nCoV-19 vaccine against SARS-CoV-2：a preliminary report of a phase 1/2，single-blind，randomised controlled trial[J]. The Lancet，2020，396（10249）：467-478.

21. 辉瑞制药有限公司新冠病毒疫苗在英国获批上市

2020 年 12 月 2 日，英国卫生部门通过了辉瑞制药有限公司新冠病毒疫苗 BNT162b2 的紧急使用授权（EUA）。这款疫苗是全球首款上市的新冠病毒疫苗，同时也是全球首款上市的 mRNA 技术疫苗[①]。2020 年 12 月 8 日，一位 90 岁的英国老人 Margaret Keenan 成为了该新冠病毒疫苗的首位接种者[②]。

2020 年 12 月 10 日，辉瑞制药有限公司和 BioNTech 公司的新冠病毒疫苗团队在 *NEJM* 上发表了该疫苗的Ⅲ期临床试验结果[③]。在这项临床试验中，21 720 例参与者接种了 BNT162b2 疫苗，21 728 例接种了安慰剂。两组均接受了间隔 21 天的两次注射。参与者的选取考虑了肥胖症或其他合并症等因素，超过 40% 的人年龄在 55 岁以上，具有一定的代表性。参与者如果出现新冠肺炎的症状，则会告知研究人员，并接受核酸检测以进一步确诊。参与者自行记录出现的不良事件，主要指标为安全性，以及在第二剂疫苗或安慰剂接种后 1 周是否出现新冠肺炎症状。该文报道了在初始人群中检测到的 170 例新冠肺炎病例，研究人员计划继续对参与者进行随访。在初步分析中，疫苗组仅发现 8 例患者确诊新冠肺炎，而安慰剂组则确诊 162 例患者，总有效率为 95%（95% 可信区间为 90.3% ~ 97.6%）。不良事件基本上与疫苗反应原性一致，主要为注射部位疼痛和红斑等一过性轻度局部反应。这些安全性数据与其他病毒疫苗较为相似，至少以目前的参与者数量和随访时间得到的数据看，不会引起担忧。

22. 我国疫苗在阿联酋获批上市

阿联酋卫生与预防部官网于 2020 年 12 月 9 日发布声明，给予由中国国药集团研发的生物新冠病毒灭活疫苗正式注册[④]。声明称，参与阿联酋国际临床（Ⅲ期）试验的 3.1 万名志愿者来自 125 个国家和地区。试验分析结果显示，该疫苗具有 99% 的中和抗体血清转化率和 100% 的预防中度和重度疾病的有效性，且无明显不良反应。2020 年 9 月，阿联酋政府紧急批准了中国新冠病毒疫苗的使用，在授权后的安全性和有效性研究中，该疫苗显示出与此前相似的结果。阿联酋副总统兼总理阿勒马克图姆、外交部长、卫生部长和内阁事务部长等 10 余名官员已接种中国的新冠病毒疫苗。

23. 美国 FDA 批准两个新冠病毒疫苗紧急使用授权

2020 年 12 月 9 日，美国 FDA 疫苗咨询委员会举行会议，就"基于已有科学证据，辉瑞制药有限公司、BioNTech 公司联合开发的新冠病毒疫苗在 16 岁及以上个体中使用，其收益是否大于风险"进行无记名投票。最终委员会以"17：4：1（赞成：反对：弃权）"的票数通过，疫苗于 12 月 11 日获得该授权[⑤]。

---

① 卢杉. 全球首个！辉瑞 /BioNTech 新冠疫苗在英国获批紧急使用 [EB/OL]. [2020-12-03]. https://finance.sina.com.cn/tech/2020-12-02/doc-iiznezxs4839569.shtml.

② 孟湘君. 英国批准一款疫苗投入使用首名接种者为 90 岁女性 [EB/OL]. [2020-12-09]. http://www.chinanews.com/gj/2020/12-08/9357129.shtml.

③ 钱童心. 辉瑞疫苗三期临床研究数据正式发表 [EB/OL]. https://finance.sina.com.cn/chanjing/cyxw/2020-12-11/doc-iiznezxs6368467.shtml，2020-12-10，accessed on 2020-12-11.

④ 苏小坡. 阿联酋给予中国国药集团新冠疫苗正式注册 [EB/OL]. [2020-12-10]. http://www.xinhuanet.com/world/2020/12/09/c_1126842251.htm.

⑤ FDA. Comirnaty and Pfizer-BioNTech COVID-19 Vaccine[EB/OL]. [2020-12-12]. https://www.fda.gov/emergency-preparedness-and-response/coronavirus-disease-2019-covid-19/pfizer-biontech-covid-19-vaccine.

有专家特别强调了疫苗通过紧急使用授权后的监管措施，包括疫苗咨询委员会对疫苗的监管，需要在特定监管系统中上报不良反应。FDA 批准了紧急使用授权后，在安全性、有效性、疫苗质量方面出现问题，或新冠肺炎疫情出现变化等情况下，紧急使用授权会被撤回。

12 月 19 日，美国 FDA 官网发布消息称，Moderna 公司新冠病毒疫苗获得紧急使用授权，用于 18 岁及以上个体预防新冠肺炎[①]，这是第二个在美国获得紧急使用授权的新冠病毒疫苗。

Moderna 公司新冠病毒疫苗属于 mRNA 疫苗，名称是 mRNA-1273。Moderna 公司曾在 2020 年 11 月 30 日宣布，新冠病毒疫苗 mRNA-1273 在成人中的保护效力达到 94.1%，对重型新冠肺炎的有效率达到 100%。Moderna 公司将向美国 FDA 申请该疫苗的紧急使用授权，并向欧盟药品管理局等全球多家监管机构提交了申请。

支持此次紧急使用授权的有效性数据，是基于美国 28 207 名参与者的分析，这些参与者在第一次注射疫苗之前没有新冠病毒感染的证据。在这些参与者中，14 134 人接种了疫苗，14 073 人接受了安慰剂，最终疫苗组有 11 例病例，安慰剂组有 185 例病例，疫苗的有效率是 94.1%。美国 FDA 表示，在对 196 例新冠肺炎病例进行分析时，在疫苗组中发现了 1 例严重病例。对于疫苗的保护时长，美国 FDA 表示，目前还没有数据确定疫苗能提供多长时间的保护，也没有证据表明疫苗可以防止新冠病毒在人与人之间传播。

（三）生物防御药品装备研发进展

1. 美国军方开发出防御化学和生物战剂的智能、透气面料

Homelandprepnews 网站于 2020 年 5 月 8 日发表消息称，在美国国防部威胁减少管理局（DTRA）Second Skin 计划的支持下，美国劳伦斯·利弗莫尔国家实验室和麻省理工学院科学家合作开发出了防御化学和生物战剂的智能、透气面料[②]。该面料具有一种由数万亿个碳纳米管孔组成的基膜层，以及一种连接到膜表面的具有威胁响应能力的聚合物层。这些碳纳米管可输送水分子通过其内部，同时阻挡所有无法通过微小孔洞的生物威胁因子。由于化学威胁因子通常较小，可穿过纳米管孔，因此碳纳米管表面覆盖了一层聚合物链，当与化学物质接触时，聚合物链会塌陷，从而堵塞管孔。该材料可用于临床医疗及战场环境中防御化学和生物威胁，显著改善舒适性和透气性。

2. 抑制芳香烃受体药物可用于减少寨卡病毒的复制并预防小鼠的小头畸形

Outbreak News Today 网站 2020 年 7 月 21 日发布消息称，芳香烃受体（AHR）是一类具有调节免疫力、维持干细胞和细胞分化功能的蛋白质，巴西圣保罗大学生物医学科学研究所（ICB-USP）、阿根廷布宜诺斯艾利斯大学和美国哈佛医学院的研究人员发现，抑制 AHR 可使免疫系统更有效地抵抗寨卡病毒在生物体内的复制。这种抗病

---

① FDA. Moderna COVID-19 Vaccine[EB/OL]. [2020-12-20]. https://www.fda.gov/emergency-preparedness-and-response/coronavirus-disease-2019-covid-19/moderna-covid-19-vaccine.

② Lawrence Livermore National Laboratory. Second skin protects against chemical biological agents[EB/OL]. [2020-05-30]. https://phys.org/news/2020-05-skin-chemical-biological-agents. html.

毒疗法被证明能够预防在妊娠期间被病毒感染的雌鼠的胎儿出现小头畸形和其他畸形。该研究结果发表在 7 月 20 日的 *Nature Neuroscience* 上[①]。

研究人员在实验室中使用了一种可抑制 AHR 的实验性药物，观察到寨卡病毒和登革病毒的复制均减少。研究人员设计了抗 AHR 疗法，并开发了用于实验的纳米颗粒和抑制剂。在实验室和动物身上进行的测试证实，病毒激活了 AHR 以抑制宿主的免疫反应。当病原体感染肝脏时，会触发色氨酸代谢物犬尿氨酸释放。这种代谢产物激活了 AHR，从而抑制了另一种称为 PML 的蛋白（早幼粒细胞白血病蛋白，对抗病毒免疫反应非常重要）的表达，从而使病毒在细胞中更自由地复制。

研究人员表明，他们用 AHR 激动剂化合物（放大了蛋白质的作用）和 AHR 拮抗剂（抑制了蛋白质的作用）处理了细胞系。通过这种方式，他们证实了该受体的负调控可抑制寨卡病毒的复制。同样，他们证明了正调控作用可以促进细胞中病毒的复制。

3. 美国 FDA 批准首个埃博拉治疗药物

2020 年 10 月 15 日，美国 FDA 批准再生元（Regeneron）公司研发的中和抗体鸡尾酒疗法 Inmazeb 上市，用于治疗成人及儿童埃博拉病毒感染。Inmazeb 是 FDA 批准的首款治疗埃博拉病毒感染的药物[②]。该药物由三种结构相似的单克隆抗体 atoltivimab、maftivimab 和 odesivimab-ebgn 组成，通过靶向埃博拉病毒表面的糖蛋白，从而阻止其侵入人体内。美国政府资助了该药物的研发，并计划将在未来 6 年内购买数千剂药物，用于国家战略储备。

4. 我国研究团队发现 β 冠状病毒广谱中和抗体

2020 年 7 月 23 日，中国科学院生物物理研究所、军事医学研究院等多单位合作，饶子和、王祥喜、秦成峰、王佑春及谢良志作为共同通信作者在 *Science* 上在线发表论文[③]，报道了一种人源化单克隆抗体 H014，并介绍了其中和病毒的结构基础。

该研究团队通过噬菌体展示技术建立了冠状病毒抗体库，经高通量筛选鉴定出一株对 β 家族冠状病毒具有广谱中和能力的抗体 H014。该抗体可以和细胞表面受体（ACE2）竞争性地与新冠病毒和 SARS 病毒结合，有效阻断病毒附着到靶细胞表面，阻断病毒表面 S 蛋白与其受体 ACE2 的相互作用。利用对新冠病毒敏感的小鼠模型对 H014 抗体进行预防和治疗效果评估发现，H014 抗体可以显著降低小鼠肺部病毒载量，减少病毒感染所致的病理损伤，这提示 H014 在预防和治疗新冠肺炎中的临床应用价值。

研究人员进一步通过冷冻电镜单颗粒重构技术解析了 H014 Fab 片段与新冠病毒 S 蛋白三聚体复合物的高分辨率三维结构。该复合物存在三种不同构象，分别对应 1 个开放的 RBD 和 2 个封闭的 RBD（状态 1），2 个开放的 RBD 和 1 个封闭的 RBD（状态 2），3 个 RBD 全部开放（状态 3）。结构显示，只有当 RBD 处于开放构象时，才可与 H014 结合。

---

① 生物谷 . Nat Neurosci：抑制 AHR 受体可以减少寨卡病毒复制，防止小鼠小头畸形 [EB/OL]. [2020-07-23]. https://news.bioon.com/article/6759547.html.

② Caitlyn Stulpin. FDA approves Ebola freatment for the first time[EB/OL]. [2020-10-16]. https://www.healio.com/news/infectious-disease/20201015/fda-approves-ebola-treatment-for-the-first-time.

③ Lv Z，Deng YQ，Ye Q, et al. Structural basis for neutralization of SARS-CoV-2 and SARS-CoV by a potent therapeutic antibody[J]. Science. 2020，369（6510）：1505-1509.

对新冠病毒的多种中和抗体进行结构分析发现，与大多数新冠特异性抗体不同，H014 识别新冠病毒 RBD 的侧面保守性区域，代表了一类全新的广谱性中和表位。这些关键的表位信息为治疗性抗体鸡尾酒疗法和基于结构靶向设计的基因工程新型疫苗的开发提供了重要指导。

5. 美国礼来公司启动新冠抗体疗法Ⅲ期临床试验

2020 年 8 月 3 日，美国制药企业礼来公司宣布启动一项新冠抗体疗法Ⅲ期临床试验，主要测试其研发的 LY-CoV555 抗体能否有效预防新冠病毒感染[①]。LY-CoV555 抗体是从美国一名早期新冠肺炎康复患者的血液样本中分离而来的，是一种针对新冠病毒刺突蛋白的单克隆抗体。它能阻止病毒附着和进入人体细胞，有望起到预防和治疗新冠病毒感染的作用。礼来公司在一份声明中称，这种抗体由该公司和总部位于加拿大温哥华的生物技术企业 AbCellera 公司共同研发。

2020 年 9 月 16 日，礼来公司宣布了 BLAZE-1 研究的中期分析结果[②]，显示使用中和抗体 LY-CoV555 单药治疗新冠肺炎患者可降低住院率。LY-CoV555 是礼来公司与 AbCellera 公司合作开发的用于治疗和预防新冠肺炎的 IgG 单克隆抗体，可以直接结合刺突蛋白，阻断病毒黏附和进入人体宿主细胞，从而起到中和病毒的作用。BLAZE-1 研究是一项随机、双盲、安慰剂对照Ⅱ期概念性验证研究，旨在评估 LY-CoV555 单药或联合 LY-CoV016 治疗新冠肺炎患者的疗效和安全性，计划招募 800 例受试者。该研究的 LY-CoV555 单药治疗组入组 452 例新确诊的轻至中度新冠肺炎患者，分别给予安慰剂和 LY-CoV555 700mg、2800mg 和 7000mg，主要终点是第 11 天的病毒载量较基线水平的变化，其他终点还包括从入组至第 29 天新冠肺炎患者相关的住院、急诊或死亡。

结果显示，包括安慰剂组在内的大多数患者在第 11 天都能达到病毒接近完全清除的状态。另有病毒学数据分析结果显示，LY-CoV555 可以在更早的时间（第 3 天）改善病毒清除率，并且降低后续时间点的较高病毒载量患者的比例。各剂量组聚合分析数据发现，LY-CoV555 治疗患者中住院或急诊的发生率为 1.7%（5/302），安慰剂组为 6%（9/150），提示 LY-CoV555 可使轻至中度新冠肺炎患者的住院和急诊风险降低 72%。

此前的临床研究在新冠肺炎住院患者中发现了年龄、BMI 等风险因素，提示治疗方案对一些高危人群治疗效果可能更佳，BLAZE-1 研究也支持这一推测。BLAZE-1 研究中，所有治疗组（包括安慰剂组）没有患者进展为机械通气或死亡。探索性分析结果表明，LY-CoV555 治疗相比安慰剂可使患者的症状得到更快的改善，进一步支持了 LY-CoV555 可降低住院率的结论。LY-CoV555 耐受性良好，未见治疗相关不良事件报道。各剂量组的治疗相关紧急不良事件与安慰剂组相似。病毒 RNA 测序显示，安慰剂组和各剂量治疗组的病毒均发生了 LY-CoV555 耐药变异，LY-CoV555 组的耐药发生率高于安慰剂组（8% vs. 6%）。

---

① Lilly Investors. Lilly Initiates Phase 3 Trial of LY-COV555 for Prevention of COVID-19 at Long-Term care Facilities in Partnership with the National Institute of Allergy and Infectious Diseases（NIAID）[EB/OL]. [2020-08-05]. https://investor.lilly.com/news-releases/news-release-details/lilly-initiates-phase-3-trial-ly-cov555-prevention-covid-19-long.

② 辛雨. 美国公布新冠中和抗体治疗Ⅱ期数据：降低患者 72% 住院风险[EB/OL]. [2020-9-18]. http://news.sciencenet.cn/htmlnews/2020/9/ 445729.shtm.

6. 美国新冠病毒抗体 VIR-7831 启动Ⅲ期临床试验

2020 年 12 月 18 日，美国生物技术公司 Vir Biotechnology（Vir）和葛兰素史克公司（GSK）共同宣布，双方合作开发的新冠病毒中和抗体 VIR-7831（又称 GSK4182136）完成了在 ACTIV-3 试验中的首位患者给药[①]。ACTIV-3 试验于 2020 年 8 月启动，是加快新冠肺炎治疗干预和疫苗（ACTIV）计划的一部分，由美国国立卫生研究院（NIH）下属的国家过敏与传染病研究所（NIAID）负责。

除了 ACTIV-3 试验外，VIR-7831 还在全球开展的名为 COMET-ICE 的Ⅱ/Ⅲ期临床试验中对 1300 例早期症状性患者进行评估，目的是评估单剂 VIR-7831 注射能否有效预防病毒。

7. 国内首个新冠病毒治疗性抗体进入临床试验

2020 年 6 月 5 日，我国国家药品监督管理局正式批准中国科学院微生物研究所研制的新冠病毒全人源单克隆抗体（JS016）的临床试验申请。6 月 7 日，复旦大学附属华山医院完成首例Ⅰ期临床试验受试者给药。该临床试验是一项随机、双盲、安慰剂对照研究，由复旦大学附属华山医院张菁教授与张文宏教授联合主持，以评价 JS016 静脉输注给药在中国健康志愿者中的耐受性、安全性和药代动力学特征及免疫原性，为探索 JS016 在人体中抗新冠病毒的治疗与预防疗效提供依据。这是国内首个获批开展新冠肺炎临床试验的治疗性抗体药物，也是全球首个完成非人灵长类动物实验后，在健康人群中开展的新冠肺炎治疗性抗体临床试验[②]。

中和抗体被国内外学术界普遍认为具有对抗新冠肺炎的潜力，是一种治疗性抗体，可以通过中和或抑制病原体的生物学活性来保护细胞免受侵害。凭借特异性和高亲和力特点，中和抗体能够抢先与病毒刺突蛋白（S 蛋白）结合，从而阻断病毒与宿主细胞结合，病毒无法感染正常细胞，就很容易被免疫系统清除。

研究者首先使用单细胞测序技术，从恢复期患者外周血单个核细胞（PBMC）中分离出 11 个新冠病毒中和性单克隆抗体（mAb），经流式细胞技术（FACS）进行阻断试验分析，筛选出 CA1、CB6 两种单克隆抗体，可特异性结合新冠病毒刺突蛋白转染的 HEK293T 细胞，两者均在后续的细胞实验中表现出良好的中和活性。

为进一步测试抗体的治疗与预防潜力，研究人员采用新冠病毒感染恒河猴模型的方法，将 9 只恒河猴分为 3 组（对照组、预防组和治疗组）。其中，对照组注射安慰剂，预防组在病毒感染前一天注射 CB6 抗体，治疗组则在病毒感染后第 1 天和第 3 天注射同剂量 CB6 抗体。结果显示，在感染后的第 4 天，治疗组的恒河猴病毒效价显著降低，表现出明确的治疗效果。在预防组中，恒河猴感染新冠病毒后仅检测到最低水平的病毒，表明 CB6 中和抗体在新冠病毒环境下具有很强的预防保护作用。

该研究报告了两株具有良好中和活性的单克隆抗体，其中代号为 CB6 的抗体在体外实验中表现出更强的阻断能力，不仅比宿主细胞受体的亲和力高 100 ～ 200 倍，并

---

① Yahoo. Vir Biotechnology and GSK Announce start of NIH-Sponsored ACTIV-3 Trial Evaluating VIR-7831 in Hospitalized Adults with COVID-19[EB/OL]. [2020-12-19]. https://finance.yahoo.com/news/vir-biotechnology-gsk-announce-start-210100352.html.

② 国内首个新冠肺炎治疗性抗体药物进入临床试验[EB/OL]. [2020-06-10]. https://www.jksb.com.cn/html/news/hot/2020/0607/163125.

且与病毒结合区域高度重叠，使得病毒与宿主细胞结合的可能性显著降低。同时，该研究团队还通过非人灵长类动物实验证明了 CB6 抗体的治疗和预防能力，表明这一针对新冠病毒的候选药物颇具前景，有望在临床试验中得到进一步验证。

8. 再生元制药公司和罗氏公司合作生产、销售抗体鸡尾酒疗法

2020 年 8 月 19 日，再生元（Regeneron）制药公司与罗氏（Roche）公司联合宣布，双方将联手对抗新冠肺炎，开发、制造并向全球各地推广再生元制药公司的在研抗病毒抗体鸡尾酒疗法 REGN-COV2[①]。这款疗法用于治疗和预防新冠病毒感染，有望为已经出现新冠肺炎症状的患者提供一种治疗选择，其具有在已暴露于病毒的高风险人群中预防感染的潜力，有望减缓全球大流行的蔓延。通过此次合作，双方预计将使 REGN-COV2 供应量增加至少 3.5 倍。

REGN-COV2 是由两种抗体组成的一种鸡尾酒疗法。两种抗体分别针对新冠病毒刺突蛋白受体结合区域的两个独立的、不重叠的位点，具有协同作用，可降低病毒变异逃逸的风险。非人灵长类动物数据显示，REGN-COV2 可以预防新冠病毒感染，并通过加速病毒清除治疗被感染的动物。目前，有两项 Ⅱ / Ⅲ 期临床试验正在评估该疗法治疗新冠肺炎的效果，一项 Ⅲ 期临床试验正在评估用于预防新冠肺炎的效果。如果在临床试验中证明其安全有效并获得监管机构的批准，再生元制药公司将负责美国国内的分销和记录，罗氏公司将负责美国以外地区的销售。

REGN-COV2 的研发、制造和临床试验部分由美国卫生与公众服务部（HHS）生物医学高级研究与发展管理局（BARDA）资助。此外，根据与 BARDA、美国国防部签署的一项协议，再生元制药公司获得了一份价值 4.5 亿美元的合同，其向美国政府供应 REGN-COV2。该协议规定，再生元制药公司将从 2020 年夏季开始制造固定数量批次的 REGN-COV2 原料药，并于今年第三季度开始灌封及储存。通过该协议生产的 REGN-COV2 将由美国联邦政府所有。

根据合作协议条款，再生元制药公司和罗氏公司均承诺每年为 REGN-COV2 投入一定的生产量，双方已经开始技术转让程序，并将在各自指定的区域内自行承担分销费用。双方共同资助和执行正在进行的 Ⅲ 期预防研究和 Ⅰ 期健康志愿者安全性研究，以进一步评估 REGN-COV2 在治疗或预防新冠肺炎方面的潜力。在获得欧洲药品管理局（EMA）的初步批准后，罗氏公司将主要负责获得美国境外监管机构的批准，并开展美国境外监管机构批准所需的额外研究。

9. 研究表明托珠单抗治疗新冠肺炎有一定效果

法国卫生和医学研究所 2020 年 10 月 20 日发布新闻公报称，法国多家医学研究机构经临床试验证实，接受托珠单抗治疗的新冠肺炎患者对呼吸机的需求更低，14 天内病亡率也更低。这一试验结果已于同日发表在 *JAMA Intern Med* 上[②]。

托珠单抗是一种可阻断白细胞介素 6 受体的单克隆抗体，既往常用于治疗类风湿

① 生物谷. 新冠疫情：2230 万！罗氏 / 再生元合作向全球供应抗体鸡尾酒 REGN-COV2：治疗 & 预防 COVID-19[EB/OL]. [2020-08-20]. https://news.bioon.com/article/6777340.html.

② Hermine O，Mariette X，TharauxPL，et al. Effect of Tocilizumab vs Usual Care in Adults Hospitalized With COVID-19 and Moderate or Severe Pneumonia：A Randomized Clinical Trial[J]. JAMA Internal Medicine，2021，181（1）：32-40.

关节炎。新冠肺炎疫情暴发以来，包括中国在内的一些国家已临床试用托珠单抗治疗，并取得了一定成效。法国卫生总署表示，法国在治疗新冠肺炎患者的临床研究方面取得了"令人鼓舞的成果"，法国巴黎公立医院集团发现药物托珠单抗在抑制"细胞因子风暴"（即免疫系统过度反应）方面的显著效果。

法国卫生和医学研究所声明，新发表的临床试验最终结果印证了此前公布的初步试验结果。2020年3月底，该研究所在巴黎公立医院集团、巴黎萨克莱大学等机构配合下，开展了托珠单抗等免疫调节药物治疗新冠肺炎患者有效性的临床试验。研究人员随机选择130例平均年龄64岁的中度或重度症状的新冠肺炎患者，他们在入院时需使用呼吸机，但不需进重症监护室。这些患者被分成两组，其中67人接受一般治疗，63人采取一般治疗结合托珠单抗的措施。

结果表明，14天内接受一般治疗的患者中，需使用无创呼吸机、插管治疗或死亡的病例占36%；而托珠单抗组为24%。14天内接受一般治疗的患者转入重症监护室的比例为36%，而托珠单抗组为18%。28天内，两组的病死率差别不明显，但托珠单抗组出院的患者更多。

公报还称，验证其他免疫调节药物治疗效果的临床试验仍在进行中，其中包括托珠单抗结合地塞米松的疗法。

10. 美国FDA批准开展CD24Fc的新冠肺炎Ⅲ期临床试验

2020年4月8日，美国FDA批准了OncoImmune公司开展CD24Fc融合蛋白治疗新冠肺炎住院患者的Ⅲ期临床试验（SAC-COVID），以研究该药物的安全性和有效性[1]。SAC-COVID是一个双盲、随机、多中心临床试验，包括两项中期分析，以评估其安全性、生物学活性及治疗效果。230例重型受试者被随机分成单剂量CD24Fc（480 mg IV）组和安慰剂组，随访14天后评估其临床改善情况。

OncoImmune公司的主要产品CD24Fc是一种新型治疗药物，用于调节宿主对组织损伤性炎性反应的应答，可有效治疗自身免疫性疾病、代谢综合征和移植物抗宿主病（GvHD）。公司首席医疗官Pan Zheng博士表示，CD24Fc强化了先天免疫检查点，可防止组织损伤引起的过度炎性反应。该试验将CD24Fc与其他治疗方法联合使用，在全球范围内测试CD24Fc对住院患者康复的临床效果。

11. 瑞德西韦可缩短新冠肺炎患者恢复时间和降低死亡率

2020年4月，三项瑞德西韦的临床试验几乎同时发布结果。我国随机双盲试验提前终止，数据未能显示对重型新冠肺炎患者有益处；美国国家过敏与传染病研究所（NIAID）赞助的临床试验结果显示，瑞德西韦显著缩短了住院新冠肺炎患者的恢复时间；吉利德科学（Gilead Sciences）公司宣布SIMPLE Ⅲ期临床试验中，瑞德西韦5天和10天给药方案对重型患者疗效相似。

2020年5月22日，NIAID赞助的这项名为ACTT-1的全球随机双盲试验的初步报告正式在国际顶级医学期刊 *The New England Journal of Medicine* 在线发表[2]，较此前新

① Businesswire. OncoImmune Receives FDA Approval for COVID-19 Clinical Trial[EB/OL]. [2020-04-10]. https://www.businesswire.com/news/home/20200408005667/en/OncoImmune-Receives-FDA-Approval-COVID-19-Clinical-Trial.

② Beigel J，Chang KK，Colombo R，et al. Remdesivir for the Treatment of COVID-19——Preliminary Report[J].New England Journal of Medicine，2020，383（10）：992-993.

闻宣布带来了更详细的结果和数据更新，文章仍然支持瑞德西韦显著缩短新冠肺炎住院成人患者的恢复时间，且有改善死亡风险的潜在获益。

该试验为适应性设计、随机双盲、含安慰剂对照的全球性Ⅲ期临床试验。研究团队观察发现，根据试验前病情严重程度的不同，患者接受瑞德西韦治疗的效果也有差异：试验前无需吸氧但需持续医疗服务的患者（127 例）中，瑞德西韦组恢复时间缩短了 38%；试验前需住院吸氧的患者（421 例）中，瑞德西韦组恢复时间缩短了 47%，获益最明显；试验前需住院进行无创通气或使用高流量氧气装置的患者（197 例）中，瑞德西韦组恢复时间缩短了 20%。试验前已经需要机械通气或体外膜肺氧合（ECMO）的患者（272 例）中，瑞德西韦组没有显著加快康复。由于截至数据分析时间，治疗 29 天内仍然有大量患者尚未恢复，仍在随访中。研究团队也表示，将在完成随访后进行更多指标分析。

研究团队也提出了这项研究与中国临床试验的差异，中国试验因提前终止仅纳入237 名患者，试验组和安慰剂组按 2 ：1 分组，而 ACTT-1 试验规模更大，且为 1 ：1 随机分组，数据可能更具有统计效力。

总的来看，这些初步发现支持瑞德西韦用于新冠肺炎住院且需要吸氧的患者，考虑到疾病的高死亡风险，仅进行抗病毒治疗是不够的，未来治疗策略应评估与其他治疗方法联合应用的效果。

12. 美国启动瑞德西韦和干扰素联合治疗新冠肺炎临床试验

2020 年 8 月 6 日，美国国立卫生研究院（NIH）发表声明，NIH 已启动一项使用抗病毒药物瑞德西韦和干扰素 β-1a 联合治疗新冠肺炎的临床试验[①]。瑞德西韦是美国吉利德公司研发的一种抗病毒药物，最初用于治疗埃博拉出血热和中东呼吸综合征等疾病。美国 FDA 此前已发布一项紧急使用授权，允许美国医疗机构治疗新冠肺炎重型患者时"紧急使用"瑞德西韦。干扰素是细胞在被病毒或某些细菌入侵后产生的具有广泛抗病毒和免疫调节作用的活性蛋白。实验室研究表明，一些新冠肺炎患者的干扰素生成受到抑制。

NIH 在声明中称，这项随机双盲对照试验旨在证实瑞德西韦和干扰素联合疗法治疗新冠肺炎的安全性和有效性。试验采用的干扰素 β-1a 是德国制药企业默克生产的治疗多发性硬化症的药物，已在美国等 90 多个国家获批。声明称，试验将在美国及海外约 100 个地点招募 1000 多例成年新冠肺炎住院患者，这些患者由于感染新冠病毒导致肺部损伤，需要吸氧支持、胸部 X 线检查及使用呼吸机等。轻型患者和无症状感染者不在招募之列。

据介绍，受试者将被随机分为两组，一组接受瑞德西韦和干扰素 β-1a 联合治疗，另一组接受瑞德西韦和安慰剂治疗。两组受试者均接受等量瑞德西韦静脉注射，首日 200mg，其后每日 100mg，最多使用 10 天。同时，一组受试者将在第 1、3、5、7 天分别接受皮下注射 44μg 干扰素 β-1a，共 4 剂；另一组将接受等量安慰剂注射。研究人员

① NIH. NIH clinical trial testing remdesivir plus interferon beta-1a for COVID-19 treatment begins[EB/OL]. [2020-08-07]. https://www.nih.gov/news-events/news-releases/nih-clinical-trial-testing-remdesivir-plus-interferon-beta-1a-covid-19-treatment-begins.

将评估联合疗法能否缩短患者康复出院的时间。

NIH 表示，一个由多学科专家组成的独立的数据和安全监督委员会将跟踪该临床试验结果，确保受试者安全及研究的完整性。

13. 瑞德西韦获 FDA 正式授权成为新冠肺炎治疗药物

2020 年 10 月 22 日，吉利德科学公司的抗病毒药物瑞德西韦获美国 FDA 批准用于治疗新冠肺炎住院患者，成为美国首个正式获批的新冠肺炎治疗药物[①]。

瑞德西韦将以 Veklury 商品名出售，用于治疗美国 12 岁以上的新冠肺炎住院患者。吉利德科学公司称，目前该药物可以满足美国住院患者的即时需求。值得注意的是，WHO 此前曾表示，瑞德西韦等对降低新冠肺炎住院患者病死率作用不大。

吉利德科学公司在 2020 年 10 月 8 日公布了瑞德西韦Ⅲ期临床数据，这些数据来自美国国家过敏与传染病研究所（NIAID）领导的生物随机、双盲、安慰剂对照Ⅲ期试验，涵盖了全球约 1060 例住院患者。数据显示，接受瑞德西韦治疗的住院患者平均恢复时间较常规治疗缩短了 5 天，而对于有严重疾病患者，则缩短了 7 大，这些重病患者占研究总数的 85%。

14. WHO 称瑞德西韦对新冠肺炎死亡率没有影响

2020 年 10 月 15 日，据 WHO 官网发布的新闻称，在短短 6 个月时间里，全球最大的随机对照临床试验已经为新冠肺炎重组药物的有效性提供了确凿证据。证据表明，抗病毒药物瑞德西韦对新冠肺炎住院患者的死亡率几乎没有影响，而且似乎也不能帮助患者更快地恢复。

2020 年 12 月 2 日，由 WHO 协调的"团结"试验的中期结果已在《新英格兰医学》（NEJM）杂志上发表[②]。WHO 在 30 个国家的 405 个医院，对 11 266 例新冠肺炎患者进行了对比试验，随机选择一定数量的患者分别使用瑞德西韦、羟氯喹、洛匹那韦、干扰素、干扰素加洛匹那韦治疗，其余患者则不使用试验药物作为对照。受试者中，共有 2750 例患者使用瑞德西韦，954 例患者使用羟氯喹，1411 例患者使用洛匹那韦，651 例患者使用干扰素加洛匹那韦，1412 例患者只使用干扰素，4088 例患者不使用研究药物。该研究试图探索不同药物对住院患者的总体死亡率、启用呼吸机和住院时间的影响。

研究结果显示，使用瑞德西韦的重型患者中有 301 例死亡，与之对照的 2708 例重型患者中则有 303 例死亡，两组患者死亡率比为 0.95，28 天试验期的死亡率曲线高度重合，几乎无明显差距。其他几种药物的结果也大同小异，研究数据表明，瑞德西韦、羟氯喹、洛匹那韦和干扰素方案似乎对新冠肺炎住院患者的 28 天死亡率或住院病程几乎没有或没有影响。关于这些药物的其他用途，如在社区治疗患者或用于预防，仍需要通过不同的试验来验证。

---

① GILEAD. US. Food and Drug Administration Approves Gilead's Antiviral Veklury（remdesivir）for Treatment of COVID-19[EB/OL]. [2020-10-23]. https://www.gilead.com/news-and-press/press-room/press-releases/2020/10/us-food-and-drug-administration-approves-gileads-antiviral-veklury-remdesivir-for-treatment-of-covid19.

② Pan H，Peto R，Henao-Restrepo AM，et al. Repurposed Antiviral Drugs for Covid-19 - Interim WHO Solidarity Trial Results[J].New England Journal of Medicine，2021，384（6）：497-511.

15. 低剂量地塞米松可降低新冠肺炎重型患者死亡率

2020 年 6 月 16 日，英国 RECOVERY 大型随机对照临床试验宣布，低剂量地塞米松（一种人工合成的皮质类固醇）在该临床试验中可降低新冠肺炎重型患者死亡率[①]。根据 RECOVERY 临床试验网站的数据，这是目前唯一在大型临床试验中表现出可以显著降低新冠肺炎重型患者死亡率的治疗手段。基于这一数据，英国政府于 2020 年 6 月 17 日批准英国国家卫生系统（NHS）下属医院使用地塞米松治疗新冠肺炎重型患者。

RECOVERY 临床试验是由牛津大学等机构与英国政府联合进行的一项随机对照临床试验，旨在测试治疗新冠肺炎的一系列潜在疗法，包括低剂量地塞米松治疗。英国超过 175 家 NHS 系统中的医院入组了超过 11 500 例患者。截至 6 月 8 日，共有 2104 例患者随机接受地塞米松（6mg，每天 1 次，疗程为 10 天）治疗，并与 4321 例随机接受常规治疗的患者进行比较。在仅接受常规治疗的患者中，28 天死亡率在需要接受机械通气的患者中最高（41%），在仅需要吸氧的患者中居中（25%），在不需要任何呼吸干预的患者中最低（13%）。地塞米松使机械通气患者的死亡率降低了 1/3，使单纯吸氧患者的死亡率降低了 1/5，不需要呼吸支持的患者没有获益。

2020 年 6 月 17 日，WHO 在其官网上表示：WHO 对英国有关治疗新冠肺炎患者的初步临床试验结果表示欢迎，该项试验结果表明，皮质类固醇药物地塞米松可以挽救新冠肺炎重型患者的生命。研究人员向 WHO 提供了有关试验的初步结果，期待接下来收到完整的数据分析。此前关于是否对新冠肺炎患者使用类固醇进行治疗一直存在争议。在新冠肺炎疫情暴发初期，《柳叶刀》上发表的评论文章指出，治疗新冠肺炎患者，皮质类固醇需谨慎使用[②]。随后，中国临床一线医师发表观点文章[③]，反对滥用激素，但是对重型患者，可以尝试短程、中小剂量的激素。双方都指出，期待未来能有高质量的随机对照试验，为临床治疗提供高质量的证据。

（军事科学院军事医学研究院　李丽娟）

[①]　University of Oxford. Low-cost dexamethasone reduces death by up to one third in hospitalised patients with severe respiratory complications of COVID-19[EB/OL]. [2020-06-17]. https://www.ox.ac.uk/news/2020-06-16-low-cost-dexamethasone-reduces-death-one-third-hospitalised-patients-severe.

[②]　Russell CD，Millar JE，Baillie JK. Clinical evidence does not support corticosteroid treatment for 2019-nCoV lung injury[J]. The Lancet，2020，395（10223）：473-475.

[③]　Shang LH，Zhao JP，Hu Y，et al. On the use of corticosteroids for 2019-nCoV pneumonia[J]. The Lancet，2020，395（10225）：683-684.

第二篇

新冠肺炎疫情专题报告

2

第四章

世界卫生组织"新型冠状病毒肺炎战略防范和应对计划"解读

2020 年 2 月 5 日，为了防止新型冠状病毒肺炎（简称新冠肺炎）疫情在全球进一步传播，世界卫生组织（WHO）发布了一项涵盖 2020 年 2 月至 4 月的"新型冠状病毒肺炎战略防范和应对计划"①，并在 4 月 14 日更新了该计划②。计划的目标是指导各个国家和地区应对突发公共卫生事件新冠肺炎（COVID-19），控制疫情在中国和其他国家的传播流行，减轻新冠肺炎大流行对世界的影响，计划更新为正在准备从广泛传播向低水平或无传播稳态分阶段过渡的国家提供了指导。

一、计划的目标

全球战略目标：

（1）动员（mobilize）所有社区力量，确保政府和社会的上上下下通过注意个人卫生、保持社交距离来应对和预防疾病。

（2）控制（control）散发的病例和聚集，迅速发现和隔离所有病例并追踪、隔离所有接触者，防止社区传播。

（3）遏制（suppress）社区传播，采取的措施包括适当的预防控制措施，人群水平的人际隔离措施，限制非必要的国内和国际旅行。

（4）降低（reduce）死亡率的方法包括为受感染的患者提供适当的临床护理，确保卫生和社会服务的连续性，保护一线医护人员和弱势群体。

（5）开发（develop）可大规模提供、按需分配、安全有效的疫苗和治疗方法。

二、计划的主要内容

计划文件共 28 页，包括疫情态势评估、应对战略、计划执行监测框架和资源需求 4 部分内容。

---

① WHO. Strategy and planing[EB/OL].[2020-02-04]. https://www.who.int/emergencies/diseases/novel-coronavirus-2019/strategies-and-plans.

② WHO. COVID-19 Strategy update[EB/OL].[2020-04-14]. https://www.who.int/publications/m/item/covid-19-strategy-update.

（一）疫情态势评估

WHO 评估认为，截至 2020 年 2 月新冠肺炎大概的临床病死率超过了 3%。临床病死率随着年龄的增长而增加，在 80 岁以上的患者中上升至约 15% 或更高。

各国和各地区处于疫情暴发的不同阶段。在那些已提早采取行动、公共卫生措施全面（如在快速识别、快速检测和隔离的情况下全面追踪密切接触者）的国家和地区，采取的防疫政策已将新冠肺炎的传播率、死亡率降至卫生医疗系统救治能力阈值以下。在疫情已接近指数纹增长的国家，政府已采取广泛的人群水平的人际隔离措施和行动限制，但这些措施会使社会和经济生活接近停滞，从而对个人、社区和社会产生深远的负面影响。采取广泛的人际隔离措施和全民行动限制的国家，迫切需要统筹规划，逐步解除此类限制，同时将持续性的病毒传播率控制在一个较低的水平。

（二）应对战略

（1）迅速建立国际协调机制。为了有效协调各方力量，WHO 将根据需要成立全球、地区和国家层面的事件管理小组，指导并协助国家应急管理机构实施加强监测建议，向公众通报有关风险，以及应对当地疫情。WHO 已与合作伙伴迅速采取行动，建立一个全球检测系统。此外，联合国已迅速召集了一个供应链特别工作组。该工作组将紧急优先建立一个新的全球紧急供应链系统（EGSCS），向各国提供与新冠肺炎响应相关的基本物资供应。工作组将供应链系统优先驱动于卫生与医疗事务，确保及时发现与填补供应方面的关键缺口。

（2）扩大国家防范和应对行动。各国都应该在以下几个方面做好充分准备：动员社区参与，提高人群对疾病的认识；实施适当的公共卫生措施，减缓传播和控制散发的病例；加强快速发现、诊断和治疗患者的能力；在医疗环境中预防和控制感染，为医疗卫生系统超负荷运转和死亡率上升做准备，维持基本医疗卫生服务，保护医护工作者；制定国家应急计划，确保基本公共功能的连续性。

（3）加快重点研究和创新。全球需要建立一个紧急机制来协调各国研发中的利益相关者，促进信息共享，激励资助者、产品研发人员分享候选疫苗、疗法和诊断的方法。WHO 于 2020 年 2 月举办新冠肺炎国际研究和创新论坛，邀请了受疫情影响国家的研究人员参与制定重点项目，并就临床试验、标本共享和数据共享创定通用标准。

（三）计划执行监测框架

WHO 将与各国政府和合作伙伴建立完整体系，定期监测各国疫情应对的关键指标，以反映"新型冠状病毒肺炎战略防范和应对计划"的执行情况。监测指标主要包括各国流行病学现状，全球应对疫情的方案管理、物资供应、研发成果，国家的反应能力、监管和快速检测情况，传染病预防控制与生物安全，地区疫情信息交流和社区参与度等。

（四）资源需求

该计划所需资金 6.75 亿美元，需求期限为 2020 年 2 月 1 日至 2020 年 4 月 30 日，分别投入在以下 3 个方面：①迅速建立国际协调和行动支持机制，3057.8 万美元；

②扩大国家防范和应对行动，6.4 亿美元；③加速重点研究和创新，474.1 万美元。

三、计划的特点分析

（一）强调建立国际协调机制

在新闻发布会上，WHO 总干事谭德塞多次提及，要尽快建立国际协调和合作机制，分享最新的疫情信息，保持经常和通畅的信息交流。WHO 已经采取了一系列措施，启动多家实验室建立全球检测网络。2020 年 2 月 4 日，联合国危机管理小组（UN Crisis Management Team）成立，负责联合国应对新冠肺炎的整体协调。3 月 25 日，联合国人道主义事务协调办公室发布了新冠肺炎全球人道主义响应计划，并启动了机构间常设委员会的扩大议定书，以动员整个人道主义系统。

（二）重视"信息疫情"应对

WHO 在计划中特别提及"信息疫情"（infodemic）。信息疫情指的是过多的信息导致人们难于发现可靠的信息来源和可以依靠的指导，相关的谣言或虚假信息更有可能误导人们的认知。WHO 计划投入 561.6 万美元用于风险交流和管理"信息疫情"，包括利用流行病信息网络积极追踪各种语言的不实信息，通过官网和社交媒体发布辟谣内容，与脸书、谷歌、腾讯、百度、微博等社交媒体合作过滤错误信息等。

（三）支持创新性研究

WHO 计划投入 474.1 万美元用于支持新冠肺炎相关的创新性研究，并通过建立全球新冠病毒研究路线图的方式，激励研发人员分享候选疫苗、疗法和诊断方法。WHO 于 2020 年 2 月 11 日至 12 日在日内瓦举办了全球研究和创新论坛，重点围绕疫苗、药物和诊断技术等方面开展交流，包括确定病毒的来源及分享生物样本和基因序列等。目前，一个全球加速疫苗风险投资项目已经建成，以此协调利益攸关方与 WHO 之间的伙伴关系，同时能够围绕一个专门的疫苗总体规划协调整个生态系统，并把握每一个机会，最大限度地提高创新速度和疫苗交付规模。

（军事科学院军事医学研究院　金雅晴　李丽娟　王　磊　生　牲）

第五章

全球新冠病毒疫苗研发动态和大国竞争态势

新冠肺炎疫情暴发以来，截至 2020 年底全球累计确诊病例超过 8000 万，累计死亡人数超过 180 万。疫苗对于结束疫情至关重要，因此受到各个国家的高度重视。本章梳理了目前全球新冠病毒疫苗研发的最新进展，分析了当前主要国家在新冠病毒疫苗研发方面的国际博弈情况，对疫苗研发的重大意义及研发竞争带来的安全性进行讨论。

一、全球新冠病毒疫苗研发概况

在人类漫长的、与病毒作斗争的历程中，疫苗是应对相关疾病时最有效的抑制和消灭手段。许多在历史上给人类带来巨大灾难的病毒，伴随着疫苗的成功研发都变得不那么可怕了。牛痘疫苗、狂犬疫苗、脊髓灰质炎疫苗……越来越多疫苗的出现，使人类在对抗相关疾病时，可以不仅仅依靠预防这个单一的手段。目前，人们通常将已经研发出的疫苗分为减毒活疫苗、灭活疫苗、抗毒素、亚单位疫苗（含多肽疫苗）、载体疫苗和核酸疫苗等。针对新冠病毒，全球新冠病毒疫苗的研发主要基于 7 条技术路线：灭活疫苗（inactivated）、病毒样颗粒疫苗或纳米颗粒疫苗（virus-like particles）、蛋白亚单位疫苗（protein subunit）、病毒载体疫苗（virus-vectored）、DNA 疫苗、mRNA 疫苗、减毒活疫苗（live-attenuated）。疫苗的研发路线已经从传统的灭活疫苗和减毒疫苗，拓展到第二代的重组蛋白疫苗和亚单位疫苗、第三代的核酸疫苗和腺病毒载体疫苗，其中，核酸疫苗包括 RNA 疫苗和 DNA 疫苗。

截至 2021 年初，全球共有 11 款新疫苗获批上市或经授权限制使用（表 5-1），其中 5 款疫苗正式获批，6 款疫苗经紧急授权在限制条件下使用。处于研发阶段的疫苗中，共计 87 种新冠病毒疫苗已进入人体临床试验阶段，其中 40 种疫苗处于临床 I 期，27 种疫苗处于临床 II 期，20 种疫苗已进入临床 III 期的最后测试阶段。此外，还有 78 种新冠病毒疫苗处于临床前的动物实验阶段。疫苗在进入临床之前通常需要多年的研究和测试，但目前，各国科学家均争相在 2022 年之前生产出一种安全有效的疫苗。

全球许多国家现在都处在疫苗研发竞赛的赛道上，其中中国、美国和俄罗斯等国家走在疫苗研发的前列，并取得了一定的成就。

目前，全球已经有两款疫苗通过了所在国监管部门的批准。第一款获批的疫苗由康希诺生物（CanSino Biologics）股份公司与中国军事科学院军事医学研究院生物工程研究所合作研发，该疫苗已获得我国卫生部门批准，并允许投入紧急使用。根据《中华人民共和国疫苗管理法》规定，国家卫生健康委员会可以在一定范围、一定时限内紧急使用疫苗，以保障医务人员、防疫人员、边检人员等特殊人群。

　　第二款获批疫苗是在未进行第三阶段人体试验的情况下，经俄罗斯卫生部批准提前投入使用的疫苗，被称为"卫星五号"（Sputnik V）。尽管许多疫苗专家对俄罗斯此种风险行为予以谴责，但仍已有部分国家主动订购了数百万剂俄罗斯的新冠病毒疫苗，白俄罗斯总统新闻发言人 2020 年 8 月 24 日表示，白俄罗斯将成为首个进口俄罗斯新冠病毒疫苗的国家。

表 5-1　全球已正式获批上市或授权紧急使用的新冠病毒疫苗

序号	研发国家	研发企业	疫苗类型	应用阶段
1	美国、德国	美国辉瑞制药有限公司与德国 BioNTech 公司	mRNA	已在多个国家 / 地区获得批准 在美国、欧盟和其他国家 / 地区紧急使用
2	美国	美国 Moderna 公司	mRNA	在瑞士获得批准 在美国、英国、欧盟和其他国家紧急使用
3	中国	国药集团中国生物北京生物制品研究所	灭活疫苗	在中国、阿联酋、巴林获得批准 在埃及和其他国家紧急使用
4	中国	北京科兴生物制品有限公司	灭活疫苗	在中国获得批准 在巴西和其他国家 / 地区紧急使用
5	中国	康希诺生物股份公司、军事科学院军事医学研究院	腺病毒 Ad5	在中国获得批准 在其他国家紧急使用
6	美国、德国	美国强生公司	腺病毒 Ad26	在美国、巴林紧急使用
7	俄罗斯	Vector Institute	蛋白质	在俄罗斯早期使用
8	俄罗斯	Gamaleya	腺病毒 Ad26、Ad5	在俄罗斯早期使用 在其他国家紧急使用
9	英国、瑞典	牛津大学与阿斯利康制药公司	ChAdOx1 重组病毒载体疫苗	在英国、欧盟和其他国家 / 地区紧急使用
10	中国	国药集团中国生物武汉生物制品研究所	灭活疫苗	在中国、阿联酋限制使用
11	印度	Bharat Biotech	灭活疫苗	在印度紧急使用

二、全球新冠病毒疫苗博弈情况

　　各国正加快疫苗研发的速度，以期对本国疫情有所抑制，从而稳定社会经济生活。但更重要的是，新冠病毒疫苗已经成为外交活动的重要筹码，能够在后疫情时代提升大国国际地位并掌握更多话语权。然而，大国在竞赛中对疫苗资源的争夺、对安全性的忽略等，最终牺牲的仍是全人类共同的利益。病毒无界，疫苗也应如此，本着开放、合作的态度，共同努力度过疫情危机才是一个大国该有的责任与担当。

（一）各国政府加大疫苗研发投资力度

新冠肺炎作为罕见的全球大流行疾病，已严重损害了各国经济，并抑制了人们对经济复苏的信心。而新冠病毒疫苗的研发成本高、风险大，若仅仅依靠市场规律，很少有企业能全力投身疫苗研发。此外，疫苗研发周期一般较长，只有依靠政府不计成本的巨额投资，才能推动疫苗的快速研发。目前，各国政府纷纷加大对新冠病毒疫苗的投资力度，以争取尽快研发出疫苗，恢复经济发展。

美国生物医学高级研究与发展管理局（BARDA）不拘泥于企业的国籍，已开始对有能力量产疫苗的企业实施出资，英国的阿斯利康（AstraZeneca）制药公司、葛兰素史克公司及法国的赛诺菲公司均是其资助的对象。2020 年 2 月，韩国投资 8 亿韩元正式启动疫苗研发工作；7 月 9 日，韩国政府继续投入 1936 亿韩元的补充预算以支持国产新冠肺炎特效药与疫苗的研制项目。2020 年 6 月 17 日，欧盟委员会宣布，将动用达 20 亿欧元的紧急资金，与制药公司签署一系列预购候选疫苗协议，并将暂时放宽涉及转基因生物的药物试验规则，以加快新冠肺炎疫苗开发。此外，日本政府也在 2020 年度第二次补充预算案中纳入 500 亿日元预算，为疫苗研发机构等提供资金支持，并准备了 1400 亿日元的基金，帮助民间企业进行设备投资等，使生产体系建设与研发同时进行。

（二）"疫苗利己主义"正对全球抗疫合作造成干扰和破坏

面对疫情的严峻形势，疫苗被视为遏制疫情的强有力手段，但疫苗同样成为一些国家窃取利益、污蔑他国和政治竞争的工具。2020 年 4 月份以来，越南黑客组织 APT32 持续攻击中国的卫生医疗机构，目的是窃取中国新冠病毒疫苗研发的最新数据，最终被中国 360 公司成功拦截并追踪。5 月 24 日。美国无端攻击"中国盗窃美国疫苗技术和数据"，将中国疫苗研发工作诬称为开展"疫苗外交"。类似做法严重干扰了他国的疫苗研发工作。

此外，美国特朗普政府一再表明在疫苗研究中遵循"美国优先"的方法，美国拒绝在世界卫生大会上分享疫苗研发的成果，甚至退出了 WHO，拒绝参加全球疫苗峰会，也拒绝参加国际疫苗研究。战略与国际研究中心（CSIS）全球卫生政策中心主任 J.Stephen Morrison 批评美国的做法破坏了疫苗研发方面的国际努力，降低了疫苗的研发速度。

一些发达国家正分秒必夺地争取疫苗使用主导权，纷纷签署疫苗采购预订协议，企图优先抢占资源。据《科学》披露，美国政府已与多家制药公司签署了价值 60 多亿美元的疫苗采购协议。2020 年 7 月，英国获得了由 BioNTech 公司和辉瑞制药有限公司生产的多达 3000 万剂潜在疫苗，与阿斯利康制药公司分别签署了 1 亿剂疫苗的协议，并与葛兰素史克公司和赛诺菲巴斯德（Sanofi Pasteur）公司达成了 6000 万剂的协议。实际上，除了研发这一关，新冠病毒疫苗从获批上市到大规模接种，还要经过批量生产、冷链运输、预约接种等多个环节。初步估计，全球新冠病毒疫苗需求量至少在 10 亿剂以上，如此大量的需求势必在短时间内难以完全覆盖。因此，这些发达国家抢先签署预订协议，将可能使稀缺资源不能得到公平分配，也就意味着，对于世界其他地区及那些没有钱或没有自主研发能力的国家来说，可供使用的疫苗资源将非常稀少。

（三）为争取率先研发出疫苗，许多国家跳过疫苗研发关键步骤

为了解决不断升级的疫情危机，美国特朗普政府在2020年4月就推出了所谓的"曲速行动"（OWS）。"曲速行动"中，美国国立卫生研究院（NIH）已与18余家生物制药公司合作，以加快新冠病毒候选药物和疫苗的研发。通常情况下，疫苗研发最快需要12～18个月。鉴于目前任务紧迫，在"曲速行动"计划下，联邦政府将在疫苗获批前就投资生产最有希望的候选疫苗。在美国政府的不断催促之下，美国一些参与疫苗研发的公司，为缩短时间，已跳过了关键的动物试验步骤，直接开始进行人体试验。

此外，俄罗斯虽然在极短时间内完成了新冠病毒疫苗的研发，但同样跳过了一个十分关键的步骤——第Ⅲ期临床试验。这个步骤对于确定疫苗的安全性和有效性至关重要。对此，一些外界科学家批评俄罗斯的这种方法太过激进，如此危险地谋求疫苗研发领先，其安全性将引发广泛担忧。

三、新冠病毒疫苗研发的重要意义与安全性

（一）新冠病毒疫苗研发的重要政治意义

新冠病毒疫苗的研发不仅对保障人民的健康和安全有着十分关键的作用，对国际政治竞争也同样意义重大。日内瓦全球健康研究中心研究生院联合主任苏丽·穆恩（Suerie Moon）指出，获得疫苗可以增强一个国家的忠诚度、政治地位和声望。谁能率先研发并大规模量产新冠病毒疫苗，谁就能率先从疫情泥潭中摆脱出来，迅速提升国家实力和国际影响力。但在疫苗供应方面，重要的是挽救生命，而不是使其成为自己的特权。

在2020年5月的第73届世界卫生大会上[①]，中国国家主席习近平强调，中国始终秉持构建人类命运共同体理念，既对本国人民生命安全和身体健康负责，也对全球公共卫生事业尽责。在中国开发和部署的新冠病毒疫苗（如果有的话）将成为全球公益，这将是中国对确保发展中国家疫苗可及性和可负担性的贡献，表明了一个大国的慷慨。根据WHO的数据，至2020年9月4日，已有9种候选疫苗开始了Ⅲ期临床试验，其中3种由中国研发。中国一直是全球研发疫苗的先行者，2020年1月12日，中国与WHO分享了新冠病毒的基因组序列信息，为国际疫苗研发奠定了基础；2020年3月，中国的所有5种疫苗技术路线均向国际合作开放；2020年5月的世界卫生大会期间，中国与140多个国家共同通过了"新冠疫情决议"，进一步加强应对新冠肺炎疫情的全球合作；韩联社2020年8月25日消息称，中国驻韩国大使邢海明25日访问国际疫苗研究所（IVI）本部并代表使馆捐款2万美元，用于新冠疫苗的研发。

---

① 央视网.习近平在第73届世界卫生大会视频会议开幕式上的致辞（全文）[EB/OL].[2020-12-18].http://m.news.cctv.com/2020/05/18/ARTIEti42tP8mHOSZKy4H/Sa200518.shtml.

（二）新冠病毒疫苗竞争引发安全与伦理道德讨论

尽管疫苗的研发意义重大，各国的疫苗竞赛也正愈演愈烈，但疫苗毕竟是一种应用于健康人体内的特殊制剂，它的安全性是首要的，务必要保障其安全性而不能因为任何原因而降低标准。目前我们尚无法判断俄罗斯此次宣布注册的新冠病毒疫苗是否安全可靠，但俄罗斯此举势必会对其他国家的疫苗研发带来紧迫感，引发研发工作的"唯速度"论，而使疫苗的安全性"大打折扣"。对此，各国政府都应提高重视，正如中国科技部生物中心主任张新民所言：疫苗研发必须遵循科学规律及严格的管理规范，需要给科研人员一定的时间来开发出安全、有效的疫苗产品，从而切实有效地让疫情消退，更好地保障全球人类的健康与安全。

（国际技术经济研究所　刘发鹏　刘　瑾　翟丽影）

第六章

全球新冠病毒疫苗研发进展

2019 年 12 月底，湖北省武汉市暴发了一场由新型冠状病毒（2019-nCoV）引起的肺炎[①]。2020 年 1 月 30 日（日内瓦时间），WHO 发表声明宣布新冠肺炎疫情为全球关注的突发公共卫生事件[②]。2020 年 2 月 11 日，WHO 将这种新型冠状病毒引起的疾病正式命名为 COVID-19（corona virus disease 2019），而不久之后，国际病毒分类学委员会的冠状病毒研究小组将导致 COVID-19 的病毒正式命名为严重急性呼吸综合征冠状病毒 2（SARS-CoV-2）[③]。面对突如其来的新冠肺炎疫情，全球都经受了前所未有的巨大威胁和严峻挑战。WHO 2020 年 12 月 31 日公布的数据显示，全球累计新冠肺炎确诊病例达 81 475 053 例。

全球为应对这场共同的严峻考验付出了诸多努力，以挽救生命、保护人类、恢复发展。为开发和部署与新冠肺炎相关的创新产品和干预措施，全球开展了大量的重要工作、投资和举措。在采取公共卫生措施的同时，在创纪录的时间内，以创纪录的规模和可获得性，加快新冠肺炎的诊断、治疗和疫苗的开发，以拯救生命和结束这场大流行。

2020 年 4 月 2 日，WHO 发起为加速开发、生产和公平获取新冠肺炎诊断、疗法和疫苗的全球合作机制"获取 COVID-19 工具加速计划"。由全球疫苗免疫联盟（GAVI）、流行病防范创新联盟（CEPI）和 WHO 共同领导的 COVAX（新冠肺炎疫苗全球获取机制）作为"获取 COVID-19 工具加速计划"的疫苗支柱，旨在加速新冠病毒疫苗的开发和生产，并保证世界上每个国家都能公平合理地获得疫苗，至 2021 年底前公平分配 20 亿剂疫苗，结束全球大流行的严重阶段。COVAX 通过投资组合多元化、财力和科学资源的汇集，以及参与的政府和集团对支持失败候选疫苗的风险进行对冲，提供相关国家至少 20% 人口所需疫苗；多样化和积极管理的疫苗组合；一有疫苗就立即

[①] 朱小丽，黄翠，马丽丽，等 . 新型冠状病毒病（COVID-19）研究进展[J]. 中国生物工程杂志，2020，40（Z1）：38-50.

[②] WHO. Statement on the second meeting of the International Health Regulations （2005）Emergency Committee regarding the outbreak of novel coronavirus （2019-nCoV）[EB/OL]. [2021-02-23]. https://www.who.int/news/item/30-01-2020-statement-on-the-second-meeting-of-the-international-health-regulations-（2005）-emergency-committee-regarding-the-outbreak-of-novel-coronavirus-（2019-ncov）.

[③] Nature. Coronavirus disease officially named COVID-19[EB/OL]. [2020-02-12]. https://www.nature.com/articles/d41586-020-00154-w. 2021-02-23.

交付；结束大流行的急性期；重建经济。2020 年 4 月 17 日，美国国立卫生研究院（NIH）宣布"加速新冠肺炎治疗干预和疫苗（Accelerating COVID-19 Therapeutic Interventions and Vaccines， ACTIV）"公私合作计划，以制定协调的研究战略，优先考虑并加快开发最有前途的治疗方法和疫苗。2020 年 5 月 15 日，美国政府发起"曲速行动"计划，目的是加快疫苗的开发，并且能够达成大规模制造和销售。2020 年 6 月 17 日，欧盟提出"新冠病毒疫苗战略"，以确保疫苗的质量、安全性和效力；确保会员国及其人民迅速获得疫苗，同时领导全球团结努力；确保尽早公平地获得负担得起的疫苗。欧盟的"新冠病毒疫苗战略"基于两大支柱，通过紧急资助工具与疫苗生产商签订预购协议，确保欧盟的新冠病毒疫苗生产，并为其成员国提供充足的供应；此外调整欧盟的监管框架，以适应当前的紧迫性，并利用现有的监管灵活性，加快疫苗的开发、授权和供应，同时保持疫苗质量、安全性和功效的标准。本章介绍了疫苗研发的几种主要策略，并梳理了全球新冠病毒疫苗研发概况。

一、疫苗研发主要技术路线

1796 年，英国医生爱德华·詹纳用从感染牛痘的挤奶女工身上获得的脓液对一名 8 岁男孩进行了天花免疫接种[1]。按照技术发展历程，疫苗大致可分为三代：第一代疫苗包括减毒活疫苗和灭活疫苗，利用病原体整体诱导生物体的免疫应答。第二代疫苗主要代表是亚单位疫苗和病毒载体疫苗，利用病原体的提取物或合成物作为抗原诱导生物体的免疫应答。第三代疫苗主要是核酸疫苗，包括 mRNA 疫苗和 DNA 疫苗，将编码抗原蛋白的基因序列与载体组合后直接递送至人体细胞内，使细胞产生抗原蛋白，并利用人体细胞作为抗体生产工厂来制造抗体。每种策略都有各自的优势和挑战（表 6-1）。然而，任何疫苗策略都需要实现两个主要目标：疫苗的安全性和产生强大的适应性免疫反应，从而通过理想的一剂疫苗针对病原体进行长期保护[2]。

表 6-1　主要疫苗研发技术路线比较

类型	原理	优点	缺点	获批的代表性疫苗
灭活疫苗	将病原体灭活使其无法复制，但仍保留免疫原性	技术成熟，安全性好；可稳定运输，甚至不需要冷藏	免疫力不够持久，需要多次免疫；可能存在抗体依赖性增强效应；生产条件要求高、生产周期长、产量有限	流感、脊髓灰质炎、甲型肝炎和狂犬病毒疫苗
减毒活疫苗	病原体经处理后毒性减弱或丧失，但仍保留免疫原性	产量高，免疫力持久	保存和运输条件要求高；对老年人或有免疫系统缺陷的人安全性略差	脊髓灰质炎、黄热病、水痘、腮腺炎、麻疹、轮状病毒、风疹疫苗

　　①　Plotkin S. History of vaccination[J]. PNAS, 2014, 26；111（34）：12283-12287.

　　②　Kyriakidis NC, López-Cortés A, González EV, et al. SARS-CoV-2 vaccines strategies：a comprehensive review of phase 3 candidates[J]. NPJ Vaccines, 2021, 6（1）：28.

续表

类型	原理	优点	缺点	获批的代表性疫苗
蛋白亚单位疫苗	提取病原体免疫活性片段，刺激机体产生抗体	安全性好，稳定性好	免疫原性较低，通常需要佐剂配合使用	乙肝、丙肝、流感、无细胞百日咳、人乳头状瘤病毒疫苗
病毒样颗粒疫苗	模拟病毒结构，从而引发针对其表面抗原的强烈免疫反应	兼具减毒活疫苗的功效和亚单位疫苗的安全性；可规模化生产。这种疫苗的大小使其成为抗原提呈细胞的适宜选择	颗粒组装有时很有挑战性	人乳头状瘤病毒、乙肝疫苗
病毒载体疫苗	将抗原基因以无害的微生物作为载体，导入体内诱导免疫反应	可有效诱导机体产生高效价中和抗体，可诱导细胞免疫反应，安全性较高	如果接种对象曾经感染过载体病毒，则疫苗可能对接种者无效	埃博拉病毒疫苗
核酸疫苗（DNA和RNA疫苗）	将编码抗原蛋白的基因片段直接导入人体，在细胞内合成抗原蛋白，诱导免疫应答产生抗体	制备简单、快速，可大批量生产，成本低；免疫力持久，保护力强	DNA疫苗可能存在DNA片段融入人体自身基因的风险；作为新兴技术，可能对生物体具有未知或远期的风险；RNA疫苗储藏条件苛刻，但比DNA疫苗安全性高	

（一）病毒灭活疫苗

病毒灭活是一种成熟的生产疫苗的方法，目前广泛使用的几种病毒灭活疫苗包括针对流感、脊髓灰质炎、甲型肝炎和狂犬病病毒的疫苗[①]。病毒灭活疫苗可避免减毒活疫苗给药后所造成的严重不良反应，其使用病原体的死亡形式，因此比减毒活疫苗更具安全性。

然而，生产病毒灭活疫苗需要具备培养大量病原体的能力。由于病毒不能在宿主细胞外复制，疫苗病毒需要在连续的细胞系或组织中培养。此外，化学、辐射或热灭活的病原体，有时会失去免疫原性，使得这种策略不如减毒活疫苗有效。病毒灭活疫苗通常不能诱导细胞适应性反应，除非添加佐剂这种充当免疫细胞刺激剂和免疫反应增强剂的特定化合物。

尽管生产安全有效的病毒灭活疫苗面临挑战，但病毒灭活疫苗的生产已经有几十年的历史，生产程序也很完善且相对简单。

（二）减毒活疫苗

巴斯德于1880年首先针对细菌开发了传统的减毒活疫苗。通常，为了获得减毒的

[①]　Moss W，Privor-Dumm L. Types of COVID-19 vaccines[EB/OL]. [2021-02-25]. https://coronavirus.jhu.edu/vaccines/report/types-of-covid-19-vaccines.

病原体株，需要长时间的细胞或动物培养。通过在外来宿主中复制，野生型病毒需要积累突变以适应新的宿主，并潜在地削弱其在人类宿主中的毒力，这一过程可能需要数年时间。如果产生减毒差的菌株，这些毒株有可能迅速在遗传上回复到最初的野生型基因型。这种策略的另一个缺点是，减毒活疫苗不能应用于免疫缺陷个体，因为减毒毒株一旦在不受控制的繁殖环境，在极少数情况下，会回复到野生型表型，导致严重疾病。

（三）亚单位疫苗

亚单位疫苗开发的基本原理是不需要利用整个病原体来引起强烈的免疫反应，而仅仅是免疫原性片段。蛋白亚单位疫苗、多糖疫苗和结合疫苗，以及病毒样颗粒疫苗都被认为是不同形式的亚单位疫苗类型。这几种亚单位疫苗在所用抗原的化学性质、用于给药抗原的平台及使用佐剂有效激活免疫系统的必要性方面有所不同。

1. 蛋白亚单位疫苗

蛋白亚单位疫苗是在大量培养病原体后，通过重组合成蛋白质抗原或蛋白质分离纯化方法产生的。这种策略消除了发生严重不良反应的可能性，但经常需要加强剂量和优化添加的佐剂，以实现更强和更持久的免疫接种，其中最著名的例子可能是流感亚单位疫苗。1980 年以来，基因工程技术的快速发展促进了体外克隆和加速抗原生产的能力，允许在酵母细胞中生产大量的乙肝表面抗原，这一突破实现了乙肝疫苗的生产。

蛋白亚单位疫苗应用广泛，长久以来其安全性和有效性均得到保证。有多种方法可生产重组病毒蛋白，包括在酵母或昆虫细胞中生产病毒蛋白。蛋白亚单位疫苗也可以采用不同方式包装，并与疫苗佐剂（少量添加剂）混合，以改善或增强免疫应答。

2. 病毒样颗粒疫苗

病毒样颗粒疫苗领域探索的是在疫苗表面呈现多个相同抗原拷贝的空病毒颗粒的免疫原性和安全性。它们模拟病毒结构，从而引发针对其表面抗原的强烈免疫反应。病毒样颗粒疫苗缺乏病原体的遗传物质，因而具有良好的安全性。然而，这一特性也意味着这种疫苗研发的复杂性，因为组装在技术上具有挑战性。20 世纪 90 年代中期，两个独立小组的工作使 L1 人乳头状瘤病毒（HPV）蛋白自组装成 VLP，为葛兰素史克公司和默克公司设计 HPV 疫苗提供了平台。

（四）病毒载体疫苗

病毒载体是目前疫苗研发的最新策略之一，通过对不同的病毒进行改造以降低其毒性，通常还会降低其复制潜力，但会保持其感染人类细胞的能力。已有研究证明病毒载体疫苗可在单次给药时引发强有力的免疫反应。

腺病毒、麻疹病毒和水疱性口炎病毒载体通常用于此类设计，有两大类病毒载体用于疫苗生产，即具有复制能力和复制缺陷的病毒载体。具有复制能力的载体需要较低的剂量来引发强烈的反应，因为增殖载体可以增强抗原提呈。相反，具有复制缺陷的载体应该以更高的剂量给药，因为它们缺乏自我繁殖能力。

目前为止，有两种病毒载体疫苗获得了批准。一种是包含编码埃博拉病毒糖蛋白的遗传信息的重组水疱性口炎病毒载体疫苗，即"rVSV-ZEBOV"或"Ervebo"，于 2019 年 12 月获得批准[①]。另一种是同样针对扎伊尔埃博拉病毒毒株的异源腺病毒 26（Ad26）和改良型痘苗病毒安卡拉株（MVA）载体疫苗（商业名为 Zabdeno 和 Mvabea），于 2020 年 7 月 1 日获得欧洲药品管理局（EMA）的上市授权[②]。

（五）核酸疫苗

疫苗研发的最新趋势之一是开发编码病原体抗原的核酸平台。目前尚无批准用于人类的 DNA 或 RNA 疫苗，然而有一些基于基因的疫苗被美国农业部许可用于兽医用途。核酸疫苗是体液和细胞适应性免疫反应的有效诱导剂，并且部署非常快，因为它们生产所需的唯一成分是编码病毒抗原的遗传序列和递送平台。

1. DNA 疫苗

DNA 疫苗有不同的应用途径，可以通过皮内递送，短电脉冲（电穿孔）使抗原提呈细胞（APC）如巨噬细胞、单核细胞和树突状细胞对 DNA 疫苗进行摄取和处理，并将其提呈到次级淋巴器官中的幼稚 T 淋巴细胞，从而增强细胞适应性免疫反应。新合成的抗原也将到达这些器官，并启动幼稚 B 淋巴细胞激活，从而产生抗体。皮下注射 DNA 会导致成纤维细胞和角质细胞的摄取，这些细胞随后将合成并释放抗原，这些抗原会被 APC 识别和吞噬。经皮给药的 DNA 将主要由驻留在组织中的朗格汉斯细胞摄取，这些细胞将表达、处理和提呈转基因。另外，通过静脉注射给药的 DNA 将系统地到达次级淋巴器官，而通过电穿孔增强的 DNA 疫苗的肌内施用可以主要导致肌细胞内的递送。肌细胞随后将合成并分泌新生抗原，该抗原随后将被能启动适应性免疫反应的 APC 吸收。最后，DNA 疫苗的雾化将导致诱导黏膜免疫的肺 APC 激活，而以类似的方式，以细菌质粒的形式口服给药的 DNA 疫苗将促进肠上皮细胞的吸收。DNA 分子通常相当稳定，DNA 疫苗允许在 4℃储存，从而简化了疫苗的运输和分发流程。

2. RNA 疫苗

RNA 疫苗的递送途径与 DNA 疫苗相同，不同的是 RNA 只需要到达细胞质或内质网核糖体就可以转化为蛋白质，因此 RNA 分子可以封装在脂质纳米粒（LNP）载体中给药，它可以有效地封装核酸并有力地实现组织穿透，以促进遗传信息在宿主细胞中的传递，从而使外来抗原蛋白合成得以启动。RNA 疫苗随后诱导的免疫反应与 DNA 疫苗相似。

但是，RNA 分子稳定性明显比 DNA 差。因此，RNA 疫苗通常需要在 -70～-20℃的温度下长期储存，这使得该类疫苗的分销物流变得复杂。为了解决这些问题，在 RNA 疫苗分子中加入特异性突变和稳定化学修饰，允许 RNA 候选疫苗在 2～8℃的温度下短期储存。

---

① Monath TP，Fast PE，Modjarrad K，et al. rVSVΔG-ZEBOV-GP（also designated V920）recombinant vesicular sto-matitis virus pseudotyped with Ebola Zaire Glycoprotein：Standardized template with key considerations for a risk/benefit assess-ment[J]. Vaccine X, 2019，1：100009.

② European Medicines Agency. Zabdeno[EB/OL]. [2021-02-24]. https://www.ema.europa.eu/en/medicines/human/EPAR/zabdeno.

二、全球新冠病毒疫苗研发进展

根据 WHO 网站截至 2021 年 2 月 23 日公布的由其编制的全球新冠肺炎候选疫苗列表显示[①]，全球有 73 种候选疫苗进入临床评估阶段，而处于临床前评估阶段的候选疫苗有 182 种。在 73 种进入临床评估阶段的疫苗中，数量最多的是蛋白亚单位疫苗，有 24 种（32.8%）；其次是病毒载体（非复制型）疫苗和 DNA 疫苗，各有 11 种；另外数量较多的还有病毒灭活疫苗（10 种）和 RNA 疫苗（8 种）。这些疫苗大多采用两剂接种方案，间隔时间一般为 2～4 周（表 6-2）。

表 6-2　进入临床评估阶段的疫苗类型和剂量方案统计

平台类型	数量（比例）	剂量方案			
		1 剂	2 剂	3 剂	其他
蛋白亚单位	24（32.8%）	2	17	3	2
病毒载体（非复制型）	11（15.1%）	4	3		4
DNA	11（15.1%）	1	7	1	2
病毒灭活	10（13.7%）		9		1
RNA	8（11.0%）		7		1
病毒载体（复制型）	3（4.1%）	3			
病毒样颗粒	2（2.7%）		2		
病毒载体（复制型）+ 抗原提呈细胞	2（2.7%）	1		1	
病毒减活	1（1.4%）				1
病毒载体（非复制型）+ 抗原提呈细胞	1（1.4%）	1			
合计	73	12	45	5	11

值得关注的是，有 16 种疫苗处于Ⅲ期临床试验阶段，包括 6 种灭活疫苗、4 种腺病毒载体疫苗、2 种蛋白亚单位疫苗、3 种 RNA 疫苗、1 种 DNA 疫苗。此外还有 2 种蛋白亚单位疫苗、2 种 DNA 疫苗及 1 种病毒样颗粒疫苗处于Ⅱ / Ⅲ期临床试验阶段（表 6-3）。

进入Ⅲ期临床试验的疫苗中，我国自主研发的疫苗有 6 种，包括 4 种灭活疫苗、康希诺生物股份公司和军事医学研究院生物工程研究所联合研发的 1 种腺病毒载体疫苗，以及安徽智飞龙科马生物制药有限公司、中国科学院微生物研究所联合研发的 1 种蛋白亚单位疫苗。此外，上海复星医药集团与德国 BioNTech 公司、美国辉瑞制药有限公司合作研发了 1 种 RNA 疫苗。美国自主研发的疫苗有 3 种，包括 Moderna 公司和美国国家过敏与传染病研究所联合研发的 1 种 RNA 疫苗、强生公司旗下杨森制药研发的 1 种腺病毒载体疫苗、诺瓦瓦克斯公司研发的 1 种蛋白亚单位疫苗。

---

①　WHO. Draft landscape and tracker of COVID-19 candidate vaccines[EB/OL]. [2021-02-24]. https://www.who.int/publi-cations/m/item/draft-landscape-of-covid-19-candidate-vaccines.

表 6-3　截至 2021 年 2 月 23 日处于临床Ⅲ期的新冠病毒疫苗概况

疫苗	研发机构	研发国家	类型	剂量方案	保护效力	储存条件	获批状况
BBIBP-CorV	国药集团北京生物制品研究所	中国	灭活	2 剂	79.34%		在阿联酋、巴林和匈牙利上市；在中国获批附条件上市
新型冠状病毒灭活疫苗（Vero 细胞）	国药集团武汉生物制品研究所	中国	灭活	2 剂	72.51%		在中国获批附条件上市
克尔来福®	北京科兴中维生物技术有限公司	中国	灭活	2 剂	50% 以上		在中国获批附条件上市
科维福 TM 新型冠状病毒灭活疫苗	中国医学科学院医学生物学研究所	中国	灭活	2 剂	暂未获得		尚未获批
COVAXIN®	Bharat Biotech 公司	印度	灭活	2 剂	暂未获得		印度批准用于紧急用途
QazCovid-in®-COVID-19 灭活疫苗	哈萨克斯坦生物安全问题研究所	哈萨克斯坦	灭活	2 剂	暂未获得		尚未获批
AZD1222	牛津大学、阿斯利康制药有限公司	英国	非复制型病毒载体	1～2 剂	70.4%	2～6℃，6个月	在欧盟获批附条件上市
卫星 -V	Gamaleya 研究所	俄罗斯	非复制型病毒载体	2 剂	92%	2～8℃	在俄罗斯、伊朗、阿根廷、玻利维亚、塞尔维亚、阿尔及利亚、巴勒斯坦、委内瑞拉、巴拉圭、土库曼斯坦及匈牙利等国获批
Ad26.COV2.S	美国强生公司旗下杨森制药有限公司	美国	非复制型病毒载体	1～2 剂	66%	-20℃，2 年	在美国获得紧急使用授权
重组腺病毒 5 型载体新冠疫苗	康希诺生物股份公司，军事医学研究院生物工程研究所	中国	非复制型病毒载体	1 剂	暂无		在中国获批附条件上市
NVX-CoV 2373	诺瓦瓦克斯公司	美国	蛋白亚单位	2 剂	89.3%		尚未获批

续表

疫苗	研发机构	研发国家	类型	剂量方案	保护效力	储存条件	获批状况
ZF2001	安徽智飞龙科马生物制药有限公司，中国科学院微生物研究所	中国	蛋白亚单位	2～3剂	暂未获得		尚未获批
mRNA-1273	Moderna公司，美国国家过敏与传染病研究所	美国	RNA	2剂	94.5%	-20℃，6个月	在美国、加拿大、英国及欧盟获批
BNT162b2	BioNTech公司、上海复星医药集团、辉瑞制药有限公司	德国、中国、美国	RNA	2剂	95%	-70℃	在美国、英国、加拿大、瑞士、澳大利亚、新西兰等国家获批
CVnCoV疫苗	CureVac公司	德国	RNA	2剂	暂未获得	2～8℃，3个月	尚未获批
nCov疫苗	Zydus Cadila公司	印度	DNA	3剂	暂未获得	室温1周	尚未获批
INO-4800+electroporation	Inovio公司、国际疫苗研究所（IVI）、艾棣维欣（苏州）生物制药公司	美国、中国	DNA	2剂			
AG0301-COVID19	日本AnGes公司、Takara生物公司、大阪大学	日本	DNA	2剂			
SCB-2019（CpG 1018加铝佐剂）	三叶草制药公司、葛兰素史克公司、美国Dynavax公司	中国、英国、美国	蛋白亚单位	2剂			
UB-612	美国联合生物医学公司及其子公司COVAXX	美国	蛋白亚单位	2剂			
病毒样颗粒疫苗CoVLP	加拿大Medicago公司	加拿大	病毒样颗粒	2剂			

其余进入Ⅲ期临床试验的疫苗为英国牛津大学和阿斯利康制药有限公司研发的 1 种腺病毒载体疫苗、俄罗斯 Gamaleya 研究所研发的 1 种腺病毒载体疫苗、印度 Bharat Biotech 公司研发的 1 种灭活疫苗、印度 Zydus Cadila 公司研发的 1 种 DNA 疫苗、哈萨克斯坦生物安全问题研究所研发的 1 种灭活疫苗、德国 CureVac 公司研发的 1 种 RNA 疫苗。

截至 2021 年 2 月 23 日，至少已有 7 种疫苗在一些国家推出，脆弱人群是最优先接种对象[①]。2020 年 12 月 2 日，BioNTech 和辉瑞制药有限公司联合研发的新冠 RNA 疫苗 BNT162b2 获得了英国的紧急使用临时授权，成为全球首个被批准的新冠疫苗，也是全球首个被批准的 RNA 疫苗。此后，包括我国自主研发的 3 种灭活疫苗和 1 种病毒载体疫苗在内的 10 种新冠疫苗获得紧急使用授权或附条件上市。

（一）获批的新冠病毒灭活疫苗

1. 国药集团的新冠病毒灭活疫苗

进入Ⅲ期临床试验的 6 种灭活疫苗中，有 2 种是由我国国药集团下属的北京生物制品研究所和武汉生物制品研究所分别研发的。

国药集团北京生物制品研究所开发的新冠病毒灭活疫苗 BBIBP-CorV 是通过 β-丙内酯介导的 SARS-CoV-2f 毒株 19nCoV-CDC-Tan-HB02 的灭活而研发的[②]。据国药集团官网介绍，这种新冠病毒灭活疫苗在阿联酋、巴林等国进行的大规模Ⅲ期临床试验接种人数接近 6 万，接种人群样本涵盖了 125 个国籍。2020 年 12 月 30 日，北京生物制品研究所公布了该新冠病毒灭活疫苗Ⅲ期临床试验中期分析数据。结果显示，这种新冠病毒灭活疫苗接种后安全性良好，两针免疫程序接种后，疫苗组接种者均产生高滴度抗体，中和抗体阳转率为 99.52%，疫苗针对新冠肺炎的保护效力为 79.34%。2020 年 12 月 9 日、13 日，阿联酋、巴林按照 WHO 相关技术标准，审核批准了该疫苗正式注册上市。12 月 30 日，该疫苗在我国获批附条件上市。2021 年 1 月 3 日，埃及发布了该疫苗的紧急授权[③]。

武汉生物制品研究所研发的灭活疫苗是通过从武汉金银潭医院的患者中分离出 SARS-CoV-2 的 WIV04 毒株而研发的，然后在 Vero 细胞系中繁殖并用 β-丙内酯灭活病毒毒株。最后，对疫苗进行明矾佐剂吸附程序。2020 年 8 月 13 日发布了该疫苗针对 18 ～ 59 岁健康成人的Ⅰ期和Ⅱ期临床试验中期报告[④]。结果表明，该候选疫苗具有良好的安全性，仅记录到轻微的不良反应（主要是注射部位疼痛和发热），接受候选疫苗的参与者都产生了高滴度的抗 SARS-CoV-2 中和抗体，在间隔 3 周进行第二次接种

① WHO. COVID-19 vaccines[EB/OL]. [2021-02-24]. https://www.who.int/emergencies/diseases/novel-coronavirus-2019/covid-19-vaccines.

② Xia S，Zhang Y，Wang Y，et al. Safety and immunogenicity of an inactivated SARS-CoV-2 vaccine，BBIBP-CorV：a randomised，double-blind，placebo-controlled，phase 1/2 trial[J]. The Lancet Infectious Diseases，2021，21（1）：39-51.

③ Arab News. Egypt approves Chinese Sinopharm COVID-19 vaccine[EB/OL]. [2021-02-25]. https://www.arabnews.com/node/1786531/middle-east.

④ Xia S，Duan K，Zhang Y，et al. Effect of an inactivated vaccine against SARS-CoV-2 on safety and immunogenicity outcomes：interim analysis of 2 randomized clinical trials[J]. JAMA，2020，324（10）：951-960.

的组中抗体滴度明显更高。

2021 年 2 月 24 日，国药集团武汉生物制品研究所官网发布公告称，2020 年 7 月 16 日起，其在阿联酋等多个国家开展了新冠病毒灭活疫苗Ⅲ期临床试验。经统计分析，Ⅲ期临床试验中期分析数据结果显示，该候选灭活疫苗接种后安全性良好，两针免疫程序接种后，疫苗接种者均产生高滴度抗体，中和抗体阳转率为 99.06%，疫苗针对新冠肺炎的保护效力为 72.51%。武汉生物制品研究所已正式向国家药品监督管理局提交附条件上市申请，并于 2 月 27 日获得许可。

2. CoronaVac®（克尔来福®）

北京科兴中维生物技术有限公司开发的新冠灭活疫苗 CoronaVac（中文商标名为克尔来福®）是通过新冠病毒（CZ02 株）接种非洲绿猴肾细胞（Vero 细胞），经培养、收获病毒液，灭活病毒，浓缩、纯化和氢氧化铝吸附制成。该疫苗适用于 18 岁及以上人群的预防接种，基础免疫程序为 2 剂次，间隔 14 ～ 28 天。2021 年 2 月 5 日，北京科兴中维生物技术有限公司公布了该疫苗的Ⅲ期临床研究数据初步统计分析结果。公告称，该疫苗于 2020 年 7 月 21 日起陆续在巴西、智利、印尼和土耳其这 4 个处于不同地域、各具特点的国家开展Ⅲ期临床研究，总入组人数达 2.5 万。

截至 2020 年 12 月 16 日，巴西针对 18 岁及以上医务人员的研究共入组 12 396 例受试者，获得 253 例监测期有效病例。间隔接种 2 剂疫苗 14 天后针对新冠肺炎的保护效力：对住院、重型及死亡病例的保护效力为 100.00%，对有明显症状且需要就医的新冠肺炎病例的保护效力为 83.70%，对含不需就医的轻型病例在内的所有新冠肺炎病例的保护效力为 50.65%。土耳其Ⅲ期临床试验结果显示，该疫苗在间隔 2 周接种 2 剂 14 天后针对新冠肺炎病例的保护效力为 91.25%。

我国国家药品监督管理局已于 2021 年 2 月 5 日批准新冠病毒灭活疫苗克尔来福®在国内附条件上市。

3. COVAXIN®

印度 Bharat Biotech 公司和印度国家病毒学研究所合作研发的一种灭活全病毒候选疫苗 COVAXIN®，是由印度国家病毒学研究所分离的新型冠状病毒印度株 BBV152 经 β-丙内酯灭活后开发的[①]。

2020 年 10 月 23 日印度开始了一项Ⅲ期随机双盲临床研究，以评估该疫苗的疗效、安全性和免疫原性。2021 年 1 月 3 日，印度批准该疫苗用于紧急用途[②]，尽管仍在招募参与者参加该疫苗的Ⅲ期安全性和有效性试验。

（二）获批的新冠病毒 mRNA 疫苗

1. mRNA-1273

美国 Moderna 公司和美国国家过敏与传染病研究所（NIAID）合作的 mRNA 候选疫苗 mRNA-1273，是基于包含合成稳定的 SARS-CoV-2 刺突蛋白（S）融合前形式的

---

① Mohandas S，Yadav PD，Shete-Aich A，et al. Immunogenicity and protective efficacy of BBV152，whole virion in-activated SARS- CoV-2 vaccine candidates in the Syrian hamster model[J]. iScience，2021，24（2）：102054.

② Bharat Biotech. COVAXIN® - India's First Indigenous COVID-19 Vaccine[EB/OL]. [2021-02-27]. https://www.bharat-biotech.com/covaxin.html.

信息的 mRNA 分子，封装在脂质纳米粒（LNP）载体中，以增强宿主免疫细胞的吸收。mRNA 利用宿主细胞的转录和翻译机制产生病毒抗原，随后出现在 T 淋巴细胞中，也可直接被宿主的 B 淋巴细胞识别，从而启动针对病毒 S 蛋白的适应性免疫反应。

2020 年 11 月 18 日，Moderna 公司宣布该候选疫苗的Ⅲ期临床试验的第一次中期分析达到了其主要疗效终点[1]。分析显示，该候选疫苗的初始效力为 94.5%。另一个重要的观察结果是，在分析的 11 例重型病例中没有 1 例来自 mRNA-1273 疫苗组。至于该候选疫苗的安全性，大多数报道的不良反应为轻至中度。最常见的严重不良反应是第一次接种后注射部位疼痛（2.7%）、第二次接种后疲劳（9.7%）、肌痛（8.9%）、关节痛（5.2%）、头痛（4.5%）、疼痛（4.1%）和注射部位发红（2.0%），但总的来说，这些现象是短暂的。

2020 年 11 月 30 日，Moderna 公司宣布了该疫苗Ⅲ期临床试验的主要疗效分析结果，涉及 196 例确诊的新冠肺炎病例[2]。30 例有严重疾病的患者均来自对照组，这表明 mRNA-1273 疫苗对严重疾病有很强的保护作用。此外，196 例新冠肺炎确诊病例中，只有 11 例来自 mRNA-1273 疫苗组。在第二次接种后 2 周，疫苗效力的点估计值为 94.1%。

2020 年 12 月 18 日，美国 FDA 批准在 18 岁及以上个人中接种该疫苗的紧急使用授权（EUA）[3]，随后加拿大卫生部于 12 月 23 日批准该疫苗进行接种[4]。2021 年 1 月 4 日，以色列也批准了该疫苗进行接种，随后欧洲药品管理局（EMA）建议批准该疫苗进行接种[5]。

Moderna 公司经过额外测试发现，该候选疫苗在 −20℃可保持稳定长达 6 个月，在 2～8℃可保持稳定 30 天，在室温下可保持稳定 12 小时，从而解决了 mRNA 疫苗分发面临的主要挑战之一[6]。

2. BNT162b2

美国辉瑞制药有限公司与德国 BioNTech 公司及上海复星医药集团合作研发的 BNT162b2 也是一种基于 mRNA 的候选疫苗，编码 SARS-CoV-2 全长刺突蛋白。

2020 年 11 月 18 日，辉瑞制药有限公司和 BioNtech 公司宣布，最终中期分析数据

① Moderna. Moderna's COVID-19 vaccine candidate meets its primary efficacy end- point in the first interim analysis of the phase 3 COVE study[EB/OL].[2021-02-27]. https://investors.modernatx.com/news-releases/news-release-details/mordernas-covid-19-vaccine-candidate-meets-its-primary-efficacy/.

② Moderna. Moderna Announces Primary Efficacy Analysis in Phase 3 COVE Study for Its COVID-19 Vaccine Candidate and Filing Today with U.S. FDA for Emergency Use Authorization[EB/OL]. [2021-02-27]. https://investors.modernatx.com/news-releases/news-release-details/moderna-announces-primary-efficacy-analysis-phase-3-cove-study/.

③ FDA. Moderna COVID-19 Vaccine[EB/OL]. [2021-02-27]. https://www.fda.gov/emergency-preparedness-and-response/coronavirus-disease-2019-covid-19/moderna-covid-19-vaccine.

④ Health Canada. COVID-19 Vaccine Moderna （mRNA-1273 SARS-CoV-2）[EB/OL]. [2021-02-27]. https://covid-vaccine.canada.ca/covid-19-vaccine-moderna/product-details.

⑤ European Medicines Agency. EMA recommends COVID-19 Vaccine Moderna for authorisation in the EU[EB/OL]. [2021-02-27]. https://www.ema.europa.eu/en/news/ema-recommends-covid-19-vaccine-moderna-authorisation-eu.

⑥ Moderna. Moderna announces longer shelf life for its COVID-19 vaccine candidate at refrigerated temperatures[EB/OL]. [2020-02-27]. https://investors.modernatx.com/news-releases/news-release-details/moderna-announces-longer-shelf-life-its-covid-19-vaccine/.

表明，该候选疫苗在进行两次免疫接种 1 周后，对新冠肺炎的保护效力达到 95%。这些数据基于对 43 448 例参与者的评估，其中 170 人在评估期被确诊为新冠肺炎（162 人属于安慰剂组，8 人属于候选疫苗免疫组）。关于 BNT162b2 的安全性，结果表明其在所有人群中均耐受性良好，尚无严重的安全性问题报告。接种疫苗的参与者中，更常见的 3 级不良反应是疲劳（3.8%）和头痛（2%）[1]。

2020 年 11 月 20 日，辉瑞制药有限公司和 BioNTech 公司向 FDA 提交了 SARS-CoV-2 疫苗紧急使用授权申请。12 月 2 日，英国药品和保健产品监管机构（MHRA）批准了 BNT162b2 的紧急使用授权，12 月 8 日英国开始进行疫苗接种。12 月 9 日该疫苗获得了加拿大药品监管机构的授权。12 月 11 日，美国 FDA 批准了对 16 岁以上人群接种 BNT162b2 疫苗的紧急使用授权[2]。欧洲药品管理局和欧盟委员会于 12 月 21 日批准对欧盟 27 个成员国中任何一个国家的 16 岁以上人群接种该疫苗。12 月 31 日，WHO 批准了 BNT162b2 的紧急使用验证，从而允许几个国家加快该候选疫苗的批准、进口和分发过程[3]。

（三）病毒载体疫苗

1. 重组腺病毒 5 型载体新冠疫苗（Ad5-nCoV）

中国康希诺生物股份公司与中国军事医学研究院生物工程研究所合作，开发了一种以人腺病毒血清型 5（Ad5）为载体的候选疫苗，可将编码 SARS-CoV-2 全长 S 蛋白的信息传递到宿主细胞中。

2020 年 7 月 20 日公布的该疫苗的双盲、随机、安慰剂对照 II 期临床试验结果显示，两种选定剂量的 Ad5-nCoV 或安慰剂被应用于 508 名 18 ～ 83 岁的合格志愿者。在接种后第 28 天，两个剂量组中都有超过 95% 的参与者体内诱导了针对受体结合结构域（RBD）的抗体，并产生了针对 SARS-CoV-2 的中和抗体滴度。此外，两组中约 90% 的参与者表现出特异性 T 淋巴细胞反应的激活。在高剂量组和低剂量组中，分别有 72% 和 74% 的参与者报告了轻度不良反应，每组中不足 10% 的参与者记录了严重不良反应[4]。

该公司在沙特阿拉伯、俄罗斯和巴基斯坦招募 4 万名志愿者进行 III 期疗效试验，以评估该疫苗对重型新冠肺炎的保护效力。2021 年 2 月 25 日，该疫苗在我国获批附条件上市。康希诺生物股份公司的新冠病毒疫苗是单针疫苗，在巴基斯坦进行的 III 期临

---

① BioNTech. Pfizer and BioNTech conclude phase 3 study of COVID-19 vaccine candidate，meeting all primary efficacy endpoints[EB/OL]. [2021-02-27]. https://investors.biontech.de/news-releases/news-release-details/pfizer-and-biontech-conclude-phase-3-study-covid-19-vaccine/.

② FDA. FDA Takes key action in fight against COVID-19 by issuing emergency useauthorization for first COVID-19 vaccine[EB/OL]. [2021-02-27]. https://www.fda.gov/news-events/press-announcements/fda-takes-key-action-fight-against-covid-19-issuing-emergency-use-authorization-first-covid-19.

③ WHO. WHO issues its first emergency use validation for a COVID-19 vaccine and emphasizes need for equitable global access[EB/OL]. [2021-02-27]. https://www.who.int/news/item/31-12-2020-who-issues-its-first-emergency-use-validation-for-a-covid-19-vaccine-and-emphasizes-need-for-equitable-global-access.

④ Zhu FC，Guan XH，Li YH，et al. Immunogenicity and safety of a recombinant adenovirus type-5-vectored COVID-19 vaccine in healthy adults aged 18 years or older：a randomised，double-blind，placebo-controlled，phase 2 trial[J]. The Lancet，2020，396（10249）：479-488.

床试验的中期分析结果显示，单针接种疫苗 28 天后，其对发生重型新冠肺炎者的保护效力为 100%，总体保护效力为 74.8%。未发生任何与疫苗相关的严重不良反应。该疫苗在全球的Ⅲ期临床试验数据显示，在单针接种疫苗 28 天后，对发生重型新冠肺炎者的保护效力为 90.98%，总体保护效力为 65.7%。

2. AZD1222

牛津大学和阿斯利康制药公司合作研发的腺病毒载体疫苗 AZD1222 使用减弱的黑猩猩腺病毒（ChAdOx1），编码野生型 SARS-CoV-2 刺突蛋白的信息。

阿斯利康制药公司在美国、印度、巴西、俄罗斯和南非进行了超过 30 000 名参与者的两剂量方案的Ⅲ期疗效和安全性试验。2020 年 7 月，在一名参与者出现严重神经症状后，该试验暂停了几天。后来得出结论，这些症状是由该参与者以前未确诊的与疫苗无关的多发性硬化症引起的[1]。2020 年 9 月 6 日，一名参加Ⅲ期研究的患者出现严重不良事件，暂时停止了在包括英国在内的大多数国家进行的试验，这是 AZD1222 研究的第二次临时暂停。

2020 年 11 月 23 日，牛津大学和阿斯利康制药公司宣布该候选疫苗的第三阶段中期结果[2]，这些结果发表在 12 月 8 日的《柳叶刀》（The Lancet）上，对在巴西、南非和英国进行的 4 项试验进行了安全性和有效性分析[3]。两剂量方案中第一种方案为在 8895 名成人参与者中进行两个完整剂量接种，间隔 4 周，结果显示疫苗效力为 62.1%。第二种方案在 2741 名成人参与者中先进行 AZD1222 的半剂量给药，然后间隔至少 1 个月后进行全剂量给药，结果显示疫苗效力为 90.00%。据推测，这种效力差异可能源于较小年龄组的组合，以及较高的初始剂量可能促进针对病毒载体的抗体的诱导，从而阻碍了增强剂量诱导的免疫反应的强度。第二次接种后 14 天，所有受试者中综合效力为 70.4%，接种疫苗的受试者中无重型病例或住院报告。

2020 年 11 月 27 日，MHRA 通知英国卫生和社会服务部正式要求对 AZD1222 候选疫苗进行审查，并于 12 月 30 日批准了该疫苗在英国 18 岁以上人群中的紧急使用授权[4]。2021 年 1 月 3 日，印度批准了 AZD1222 的紧急使用授权，而 1 月 4 日，牛津大学丘吉尔医院开始接种第一批 AZD1222 疫苗。

3. 卫星 -V

俄罗斯 Gamaleya 研究所的科学家们开发了迄今为止唯一一种异源的初级增强 SARS-CoV-2 候选疫苗，以解决首次免疫后针对病毒载体产生的抗体导致免疫原性降低的问题。他们选择复制缺陷型腺病毒 26（Ad26）在第一次接种期间传递刺突蛋白的遗传信息，而选择重组复制缺陷型 Ad5 进行第二次接种。这种候选疫苗名为"卫星 -V

① Phillips N，Cyranoski D，Mallapaty S. A leading coronavirus vaccine trial is on hold：scientists react[EB/OL]. [2021-02-27]. https://www.nature.com/articles/d41586-020-02594-w.

② AstraZeneca. AZD1222 vaccine met primary efficacy endpoint in preventing COVID-19[EB/OL]. [2021-02-28]. https://www.astrazeneca.com/media-centre/press-releases/2020/azd1222hlr.html.

③ Voysey M，Clemens SAC，Madhi SA，et al. Safety and efficacy of the ChAdOx1 nCoV-19 vaccine（AZD1222）against SARS-CoV-2：an interim analysis of four randomised controlled trials in Brazil，South Africa，and the UK[J]. The Lancet，2021，397（10269）：99-111.

④ GOV. UK. Oxford University/AstraZeneca COVID-19 vaccine approved[EB/OL]. [2021-02-28]. https://www.gov.uk/government/news/oxford-universityastrazeneca-covid-19-vaccine-approved.

（Sputnik V）"，在Ⅰ/Ⅱ期临床试验中进行了测试，每项试验有 38 名参与者，试验结果于 2020 年 9 月 4 日发表 [①]，也就是在普京总统宣布授权该疫苗有限使用 3 周后。在第 1/2 阶段的结果公布后，人们对几个数据的真实性提出了质疑。俄罗斯联邦卫生部在Ⅲ期安全性和有效性试验之前批准了卫星 -V 疫苗，这一事实在科学界引起了争议和关注。

　　该疫苗的Ⅲ期临床试验最后在俄罗斯和白俄罗斯招募了 40 000 人。2020 年 11 月 24 日，俄罗斯公布了该疫苗第二项Ⅲ期临床试验中期报告的结果，分析 18 794 人接受两种剂量的异源免疫方案后 1 周的数据显示，该候选疫苗的效力为 91.4% [②]。据报道，没有检测到威胁生命（4 级）的不良事件，而报告最常见的严重（3 级）事件是注射部位疼痛和流感样症状，如发热、疲劳和头痛。

　　除了俄罗斯批准早期使用卫星 -V 之外，白俄罗斯和阿根廷也发布了该疫苗的紧急使用授权。

4. Ad26.COV2.S

　　强生公司旗下的西安杨森制药有限公司的候选疫苗 Ad26.COV2.S 是一种基于复制缺陷型 Ad26 的载体，可表达稳定的 SARS-CoV-2 融合前 S 蛋白。

　　该疫苗的Ⅲ期临床试验招募了多达 60 000 名参与者，主要分析其预防中至重型新冠肺炎的有效性。2020 年 10 月 12 日，在一名参与者出现严重不良事件后，该疫苗的Ⅲ期临床试验被暂停。10 月 23 日，西安杨森制药有限公司宣布，在监督研究的独立数据安全和监测委员会（DSMB）的建议下，这项Ⅲ期临床试验即将恢复 [③]。2020 年 11 月 15 日，西安杨森制药有限公司启动第二项Ⅲ期随机、双盲、安慰剂对照临床试验，以研究该候选疫苗的两剂量方案的安全性和有效性。这项研究将涉及来自比利时、哥伦比亚、法国、德国、菲律宾、南非、西班牙、英国和美国的 30 000 名成年参与者，他们将接受两种剂量的疫苗或安慰剂。

　　2021 年 2 月 27 日，FDA 批准了该疫苗的紧急使用授权，用于 18 岁及以上成人的单次接种。据报道，纳入 40 000 名参与者的Ⅲ期安慰剂对照试验的数据分析显示，单剂 Ad26.COV2.S 的效力为 66% [④]。

[①] Logunov DY, Dolzhikova IV, Zubkova OV, et al. Safety and immunogenicity of an rAd26 and rAd5 vector-based heterologous prime-boost COVID-19 vaccine in two formulations：two open, non-randomised phase 1/2 studies from Russia[J]. The Lancet, 2020, 396（10255）：887-897.

[②] Arseniy Palagin. Second interim analysis of clinical trial data showed a 91.4% efficacy for the Sputnik V vaccine on day 28 after the first dose[EB/OL]. vaccine efficacy is over 95% 42 days after the first dose. [2021-02-28]. https://sputnikvaccine.com/newsroom/pressreleases/second-interim-analysis-of-clinical-trial-data-showed-a-91-4-efficacy-for-the-sputnik-v-vaccine-on-d/.

[③] Johnson & Johnson. Johnson & Johnson Prepares to Resume Phase 3 ENSEMBLE Trial of its Janssen COVID-19 Vaccine Candidate in the U.S. [EB/OL]. [2021-02-28]. https://www.jnj.com/our-company/johnson-johnson-prepares-to-resume-phase-3-ensemble-trial-of-its-janssen-covid-19-vaccine-candidate-in-the-us.

[④] FDA. FDA Issues Emergency Use Authorization for Third COVID-19 Vaccine[EB/OL]. [2020-03-01]. https://www.fda.gov/news-events/press-announcements/fda-issues-emergency-use-authorization-third-covid-19-vaccine.

（四）尚未获批的Ⅲ期临床试验中的蛋白亚单位疫苗

1. NVX-CoV 2373

美国 Novavax 公司开发的一种蛋白亚单位新冠病毒疫苗 NVX-CoV2373 含有一种由昆虫细胞系统表达的全长预融合 SARS-CoV-2 刺突蛋白，该疫苗采用 Nova vax 的重组纳米粒子技术和该公司专有的基于皂苷的 Matrix-M 佐剂制成。2021 年 1 月 28 日，Novavax 公司宣布 NVX-CoV2373 疫苗在英国进行的Ⅲ期临床试验中达到了主要终点，疫苗效力为 89.3%。据报道，该疫苗对快速出现的英国和南非变种新冠病毒具有显著临床疗效，Novavax 公司于 2021 年 1 月中旬向英国监管机构 MHRA 提交了一份滚动报告[①]。

2. ZF2001

安徽智飞龙科马生物制药公司和中国科学院微生物研究所合作开发的、已进入Ⅲ期临床试验的蛋白亚单位疫苗 ZF2001 是一种添加佐剂的 RBD- 二聚体抗原。据安徽智飞龙科马生物制药公司官网介绍，目前在乌兹别克斯坦共和国开展的一项多中心Ⅲ期临床试验进展顺利，并取得了阶段性成果，已有 6829 人接种了第一剂，1634 人接种了第二剂，至今无明显不良反应。同时 ZF2001 疫苗的Ⅰ、Ⅱ期临床试验结果也表明其具有很好的安全性和免疫原性。

（五）进展较快的病毒样颗粒疫苗

加拿大 Medicago 公司设计的一种病毒样颗粒疫苗 CoVLP 目前处于Ⅱ/Ⅲ期临床试验阶段，这是进展较快的 20 多种疫苗中唯一采用这种开发策略的疫苗。该公司利用病毒转染的烟草属植物 *Nicotiana benthamiana* 表达 SARS-CoV-2 刺突蛋白的融合前三聚体亚单位形式，并将其组装收获在 VLP 表面，用于免疫。

2020 年 11 月 10 日，Medicago 公司公布了这种植源性新冠疫苗的Ⅰ期临床试验的中期结果，100% 的受试者在接种了两剂疫苗后，产生了有希望的抗体反应，无严重不良事件报告，反应原性事件一般为轻至中度，持续时间较短。这项随机、部分盲法研究纳入了 180 名年龄在 18 ～ 55 岁的健康受试者，评估了 3.75μg、7.5μg 或 15μg 的 CoVLP 候选疫苗单独或与佐剂一起在初始强化方案中的适宜剂量。Medicago 公司用两种佐剂分别测试了其候选疫苗，一种是葛兰素史克公司的专有大流行佐剂，另一种是 Dynavax 公司的 CpG 1018[②]。2020 年 11 月 12 日，Medicago 公司和葛兰素史克公司宣布开始对其植源性疫苗 CoVLP 进行Ⅱ/Ⅲ期临床试验，以评估其功效、安全性和免疫原性[③]。

---

① Novavax. Novavax COVID-19 Vaccine Demonstrates 89.3% Efficacy in UK Phase 3 Trial[EB/OL] [2021-03-01]. https://ir.novavax.com/2021-01-28-Novavax-COVID-19-Vaccine-Demonstrates-89-3-Efficacy-in-UK-Phase-3-Trial.

② Medicago. Medicago announces positive phase 1 results for its COVID-19 vaccine candidate[EB/OL]. [2021-03-01]. https://www.medicago.com/en/media-room/medicago-announces-positive-phase-1-results-for-its-covid-19-vaccine-candidate/.

③ Medicago. Medicago and GSK announce start of phase 2/3 clinical trials of adjuvantedCOVID-19 vaccine candidate[EB/OL]. [2021-03-01]. https://www.medicago.com/en/media-room/medicago-and-gsk-announce-start-of-phase-2-3-clinical-trials-of-adjuvated-covid-19-vaccine-candidate/.

三、总结

疫苗研发是解决新冠肺炎疫情的根本办法，在席卷全球的新冠肺炎大流行中，世界各地的科学家都在争先恐后地致力于发现一种安全有效的疫苗来抵御和终结大流行。技术的发展促进了新冠病毒疫苗研发在速度、多样性和方法上前所未有的突破，疫苗研发时间从通常的 5 ～ 10 年或更长，显著缩短至 11 个多月[①]，多条疫苗研发路线均取得快速进展，以 RNA 疫苗为代表的新兴疫苗技术取得了突破。

随着新冠病毒疫苗的获批上市及大规模接种的展开，疫苗将成为全球能够终结严峻疫情的一道曙光。新冠病毒疫苗无疑将是有史以来全球需求最紧迫、需求量最大的公共卫生产品之一。均衡协调的疫苗采购与分发，以及运转良好、快速的免疫接种，对于恢复全球经济至关重要。然而全球疫苗分配存在着严重失衡，由高收入和一些中等收入国家达成的直接交易，导致全球新冠病毒疫苗公平分配的"蛋糕"变小，大部分疫苗流向高收入国家，低收入和中等收入国家叮获得的疫苗剂量十分有限[②]。另外，在英国和南非发现的新冠病毒的变异体也给疫苗带来了挑战。据报道，在南非的变异病毒中发现了一种 *E484K* 突变，降低了抗体对病毒的识别率；Morderna 公司的 mRNA-1273 疫苗对南非发现的 B.1.351 变体的中和活性降低了 6 倍[③]。Morderna 公司、辉瑞制药有限公司和 BioNTech 公司正在进行其候选疫苗增加剂量方案针对病毒变异体的功效试验[④]。

此外，对于我国新冠疫苗研发工作来说，虽然我国目前有多条技术路线的多种新冠病毒疫苗进入临床试验，但在进入最后临床试验阶段的几种自主研发疫苗中，部分是采用相对较为传统、落后的灭活技术。我国在核酸疫苗技术方面尚未取得较大突破和进展，需要进一步推动技术创新能力。

（中国科学院武汉文献情报中心　梁慧刚）

---

① Johns Hopkins. Typical vaccine development timeline[EB/OL]. [2021-03-01]. https://coronavirus.jhu.edu/vaccines/timeline.

② The Launch and Scale Speedometer. THE RACE FOR GLOBAL COVID-19 VACCINE EQUITY[EB/OL] [2021-03-01]. https://launchandscalefaster.org/covid-19#Timeline%20of%20COVID%20Vaccine%20Procurement%20Deals.

③ Moderna. Moderna Announces it has Shipped Variant-Specific Vaccine Candidate，mRNA-1273.351，to NIH for Clinical Study[EB/OL]. [2021-03-01]. https://investors.modernatx.com/news-releases/news-release-details/moderna-announces-it-has-shipped-variant-specific-vaccine/.

④ Pfizer. Pfizer and BioNTech initiate a study as part of broad development plan to evaluate covid-19 booster and new vaccine variants[EB/OL]. [2021-03-01]. https://www.pfizer.com/news/press-release/press-release-detail/pfizer-and-biontech-initiate-study-part-broad-development.

第七章

美国新冠病毒疫苗分发战略和分配计划

    2020 年 9 月 16 日，美国政府发布《新冠病毒疫苗分发战略》[①]。该战略由美国卫生与公众服务部联合疾病控制与预防中心和国防部共同制定。该战略概述了疫苗分发流程，规定了各州、部落、地方公共卫生部门及其合作伙伴在各自管辖范围内协调新冠病毒疫苗的供应、生产和分发，确保美国人民能及时接种安全有效的疫苗。12 月 9 日，美国国防部发布《新冠病毒疫苗指南》备忘录，公布了军队新冠病毒疫苗分配计划[②]。

一、新冠病毒疫苗接种的关键环节

    美国《新冠病毒疫苗分发战略》描述了新冠病毒疫苗接种的 4 个关键环节或任务：与州、部落和地方合作伙伴交流关于疫苗的公共卫生信息，提升疫苗接种信心；获得紧急授权使用或者疾病控制与预防中心建议使用疫苗后，可以立即以一种透明、分阶段的方式分发疫苗；确保安全注射疫苗并管理供应链；通过 IT 系统对疫苗接种的必要数据进行监控。

二、新冠病毒疫苗分发任务的具体要求

    该战略列出了每项任务具体的要求，以及如何采取行动执行这些任务。

（一）疫苗分发

    分发计划必须在获得美国食品药品监督管理局（FDA）授权或授权许可后立即交付疫苗，同时保持足够的灵活性以适应各种因素的变化，包括产品要求、生产时间表和数量变化等。任何分发工作都必须确保产品的安全性，保持可控性和可见性，确保产品的可追溯性。分发包含 3 个关键组成部分：与州、地方卫生部门及联邦实体建立伙伴关系，以分配和分发疫苗；就额外的储存和处理要求与备用分销商签订集中分销合同；灵活、可扩展、安全的基于网络的 IT 疫苗追踪系统，用于疫苗分配、订购、使用和管理。

[①] HHS Press Office. Trump Administration Releases COVID-19 Vaccine Distribution Stratedy[EB/OL]. [2020-09-16]. https://www.hhs.gov/about/news/2020/09/16/trump-administration-releases-covid-19-vaccine-distribution-strategy. html.

[②] U.S. Department of Defense. DOD Announces COVID-19 Vaccine Distribution Plan. [EB/OL][2020-12-10]. http://www.defense.gov/Newsroom/Releases/Release/article/2440556/dod-announces-covid-19-vaccine-distribution-plan/.

1. 集中分发

使政府能够完全了解、控制和运输疫苗，并使用数据来优化疫苗分发能力。2020年 8 月 14 日，美国疾病控制与预防中心与麦克森公司（McKesson Corporation）开始履行已签订的疫苗分发合同。该公司于 2009—2010 年 H1N1 流感大流行时负责分发H1N1 疫苗。目前的合同是 2016 年签订的，其中包含在疾病大流行时期分发疫苗。一旦接到指令，麦克森公司将在国防部的后勤支援下，将新冠疫苗运送到指定地点，包括疫苗接种地点、卫生部门网络内的管理站点或国家零售药房网络中的地点。美国国防部因其强大的后勤能力而参与了"曲速行动"计划的疫苗分发。麦克森公司可以提供冷藏（2 ～ 8℃）和冷冻（-20℃）疫苗的快速分发。

2. 订购和追踪系统

疫苗的分配和集中分发将利用美国卫生与公众服务部的疫苗追踪系统（VTrckS），这是一个基于 Web 的安全的 IT 系统，它将整合公共疫苗供应链——从购买和订购到分发至州和地方卫生部门及医疗保健提供者。目前美国卫生与公众服务部正在扩大VTrckS 对新冠病毒疫苗的分发追踪规模。通过多个系统的链接，该 IT 系统还将帮助人们使用基于 Web 的"查找器"指引人们到哪里进行疫苗接种。

3. 疫苗分阶段接种

新冠病毒疫苗接种将分三个阶段进行。第一阶段：经 FDA 授权或批准后，将以有针对性的方式分配初始疫苗剂量，目的是最大限度地提高疫苗的接受度和提供公共卫生保护。目前已为州和地方卫生部门提供了具体的优先接种方案。第二阶段：随着可用疫苗数量的增加，分配范围将扩大，当有大量疫苗可用时，将有两个目标，即提供广泛的疫苗接种途径，并覆盖整个美国人群；确保目标人群尤其是新冠肺炎高风险人群都能接种。第三阶段：如果新冠肺炎风险持续存在，则疫苗最终将普遍可用并整合到由公共和私人合作伙伴共同实施的常规疫苗接种计划中。

4. 疫苗分配

早期阶段的分配将部分基于公共卫生专家先前制定和审查的方法，并将根据有关病毒及其对人群影响的实时数据、疫苗的性能及关键人群的持续需求，对这种方法进行调整。为了将有限剂量的疫苗用于目标人群，美国国立卫生研究院和疾病控制与预防中心要求国家科学院和国家医学科学院制定总体框架协助决策者规划疫苗公平分配。美国国家医学科学院成立了一个委员会，并于 2020 年 9 月 1 日发布了初步分配框架的讨论草案。美国疾病控制与预防中心咨询委员会成立了新冠病毒疫苗工作组，以制定基于证据的疫苗接种策略，向疾病控制与预防中心提出人群接种优先次序的建议。

（二）疫苗管理

成功的管理需要确定优先人群，并与州和地方公共卫生部门及其他主要合作伙伴合作，以确保目标人群在最初可获得有限剂量时可以安全地接种疫苗。美国政府将选择疫苗管理地点，以便在整个分配过程中优化对疫苗的接种。每个分发阶段的管理任务：将疫苗运送到现场，不管是对疫苗接种工作人员还是疫苗接种者没有自付费用；确保管辖区域的管理场所具备存储、处理和管理疫苗产品的能力；支持疫苗分发必需的辅助用品的可靠分配；参与管理传统和非传统场所及疫苗接种规划，以便灵活地适应疫苗需求。

1. 交付使用和费用

联邦政府正在采购数亿剂安全有效的疫苗，并已与麦克森公司签订了疫苗分发合同，因此不会向美国人收取疫苗使用或分发费用。目前正在制定由《冠状病毒救助法案》和《家庭优先冠状病毒应对法案》支持的各种计划，目的是确保任何美国人都不会因接种疫苗而自付任何费用。

2. 辅助用品

"曲速行动"计划的目标是采购和组装 660 万个辅助用品套件，包括儿童、成人和混合用途套件，这些套件将支持多达 6.6 亿剂疫苗接种。这些辅助用品包括针头、注射器、酒精棉片、疫苗接种卡和用于疫苗接种者的有限个人防护设备。美国生物医学高级研究与发展管理局（BARDA）将与国家战略储备中心协调，在 2020 年底准备好针头和注射器。BARDA 与国防部化生放核联合计划执行办公室（JPEO-CBRND）签署了三项协议，以增加未来的针头和注射器供应。

3. 接种地点

接种地点会根据疫苗的性质和疫苗接种计划的阶段而有所不同。在第一阶段，接种地点可能会局限在使目标人群可获得，同时又能满足疫苗存储和管理要求的地方。在第二阶段，扩大的管理网络可能包括成人和儿童医疗保健提供者及药房。为了使接种地点更方便且灵活，该计划将最大限度地选用获得疫苗接种许可的所有医疗保健人员。

（三）监控

疫苗接种计划需要广泛的数据监控基础架构，包括 IT 体系结构，以整合理赔和付款流程，识别何时需要潜在的第二剂、监控结果和不良事件。美国政府将通过"曲速行动"计划构建和集成 IT 体系结构。美国疾病控制与预防中心已经在努力改进所需的数据基础结构，以更好地跟踪疫苗分发、接种和相关信息。提供公共疫苗信息的州、地区和城市的免疫信息系统将是此 IT 基础架构的核心。

（四）合作

为了支持疫苗的分发、管理和监控，以及提高疫苗的接种和不良事件报告，需要与全国范围的合作伙伴网络合作。为了建立合作伙伴关系，并将其作为疫苗接种计划的一部分，提供有效的沟通策略，"曲速行动"计划正在与公共、非营利组织和私人合作伙伴进行合作。美国卫生与公众服务部的政府间和对外事务办公室已与近 30 个私营部门组织建立了沟通渠道。美国疾病控制与预防中心和其他卫生部门正在进行沟通协作，以确保信息的一致性和准确性。该计划还将帮助美国民众了解"曲速行动"计划，即在提供更快结果的同时，仍遵循美国人对疫苗所期望的安全性和有效性程序。

三、美国国防部的新冠病毒疫苗分配计划

美国军队卫生系统网站 2020 年 12 月 9 日报道，国防部 12 月 7 日发布《新冠病毒疫苗指南》备忘录，公布了新冠病毒疫苗分配计划。国防卫生局局长罗纳德·普雷斯表示，国防部和卫生与公众服务部、疾病控制与预防中心密切合作，将开始分发、接

种疫苗，国防部将收到第一批 43 875 剂辉瑞制药有限公司研发的疫苗。这些新冠病毒疫苗将分配给现役军人，部分预备役人员包括国民警卫队人员及其家属、退休人员、文职雇员及部分合同雇员。

（一）美军新冠病毒疫苗分阶段实施计划

美国国防部将优先为医务人员、急救人员、国家核心部门人员、部署人员及其他高风险人员接种疫苗。负责卫生事务的助理国防部部长托马斯·麦卡弗里表示，一些高级领导也将接种疫苗，作为"传递疫苗安全有效，并且鼓励所有符合标准人员接种"的一种方式。紧急使用授权将禁止给不愿意接种的人接种，但是国防部官员称军队人员对 FDA 充满信心。

美国国防部的新冠病毒疫苗分配计划分三个阶段实施：

第一阶段：包括一线医务人员、保护国家安全和基地运行的人员、部署人员及其他重要岗位工作人员。第一阶段分为两个分阶段，在第一个分阶段包括军队医疗机构、诊所、医疗之家、献血中心和咨询中心的医务人员及其保障人员，以及牙科机构人员、文职和合同雇员及符合第一阶段的现役和预备役人员。第二个分阶段包括其他按照疾病控制与预防中心指南规定的重要及关键保障人员。

第二阶段：包括按照年龄和其他因素属于高风险的受益人。

第三阶段：是最终阶段，将涵盖所有健康人群。

（二）美军新冠病毒疫苗接种地点选择

美国国防部的新冠特遣小组选择一些地点作为新冠病毒疫苗接种点。疫苗接种地点的选择标准包括：①接种地点拥有充足的储存能力，充足的超低温储存设施；②至少有 1000 名以上符合有限接种疫苗的人员；③有充足的医务人员接种疫苗并且监测第一剂和第二剂接种后的不良反应。

美军根据以上 3 个标准，选择了 16 个初步疫苗接种地点，本土接种地点 12 个，分别为得州胡德堡达纳尔陆军医学中心、得州圣安东尼奥联合基地威尔福德、马迪根陆军医学中心、沃马克陆军医学中心、杰克森威尔海军健康诊所、海岸警卫队旧金山卫勤基地、圣迭戈海军医学中心、彭萨科拉海军医院、华尔特里德国家军事医学中心、朴次茅斯海军医学中心、印第安纳国民警卫队、纽约国民警卫队医疗司令部；海外接种地点 4 个，分别为夏威夷特里普勒陆军医学中心，韩国汉弗莱军营陆军奥古德陆军社区医院，德国兰德斯图尔医学中心，日本嘉手纳空军基地嘉手纳医疗机构。

（三）美军新冠病毒疫苗接种优先人群

《新冠病毒疫苗指南》备忘录为新冠病毒疫苗接种提供了指导。一旦得到 FDA 的紧急使用授权，国防部将根据国防部指令 DODI6200.02 "将 FDA 要求应用于部队健康保护计划"及相关法律，对新冠病毒疫苗进行分发和接种。根据国防部指令 DODI6205.02 "国防部疫苗计划"和美国法典第 5 篇第 7901 条规定，国防卫生局是国防部负责疫苗接种的牵头协调机构。国防卫生局局长授权国防部向部队人员及其他国防部受益人如文职雇员和特定合同人员提供疫苗。国防卫生局将与各军种部和其他机构协调，限定疫苗接种的人群，作为疫苗实施计划的一部分。国防部建议符合接种的相应人员均应接种新冠病毒疫苗。

国防部规定，符合新冠病毒疫苗接种条件的个人包括：

（1）在军队医疗机构或其他疫苗接种点工作的现役军人及部分预备役（国民警卫队人员）。不能到疫苗接种点接种疫苗但通过非国防部渠道接种疫苗的军队人员，必须向其所在部队提供疫苗接种接收记录，以便相应的医疗战备系统统计信息。

（2）现役军人家属、退休人员和其他符合接种条件的国防部受益人建议通过军队医疗机构或 TRICARE 系统的私人合作商接种疫苗。

（3）不属于国防部受益人，但是受军队部门或其他国防部部门、国防部部长办公室下属部门领导的国防部文职人员，按照2020年10月15日发布的国防部部长备忘录"国防部响应疾病控制与预防中心的新冠病毒疫苗需求和计划"，接种流感疫苗的部分合同人员，均可以在国防部接种点接种新冠病毒疫苗。后续护理可能通过此类人员所属的医疗系统或私人医生提供。军种部或国防部机构可提出请求，为在关键岗位工作的合同雇员提供接种。

按照国防部指令 DODI6205.02"国防部疫苗计划"和 DODI6055.01"国防部职业健康计划"规定，负责人员和战备的国防部副部长和负责卫生事务的助理国防部部长负责对非军队人员疫苗接种的逐个审批。鼓励接种人员尽量选择与第一次接种相同的地点进行第二次接种。所有从国防部接种点接种疫苗的人员必须遵循国家疾病控制与预防中心和国防部的指南规定，包括所有军种部、医疗机构及接种地点的要求及相关法律。

（军事科学院军事医学研究院　李丽娟）

第八章

美国众议院举行新冠肺炎应对听证会

2020 年 6 月 23 日，美国卫生与公众服务部的官员出席众议院能源和商业委员会"对特朗普政府应对新冠肺炎疫情的回顾"听证会 ①，美国疾病控制与预防中心（CDC）主任罗伯特·R. 雷德菲尔德（Robert R. Redfield）、美国国立卫生研究院国家过敏与传染病研究所所长安东尼·S. 福奇（Anthony S. Fauci）、美国卫生与公众服务部（HHS）助理部长布雷特·P. 吉诺（Brett P. Giroir）、美国食品药品监督管理局（FDA）食品和药品专员斯蒂芬·M. 哈恩（Stephen M. Hahn）参加听证会，分别介绍了各部门应对新冠肺炎疫情的做法。由于白宫规定未经办公厅主任马克·梅多斯（Mark Meadows）允许，政府高级官员不得参加听证会作证，因此类似的证人层面如此高的听证会非常少见。此次听证会引起国内外媒体广泛关注，听证会上各部门领导汇报美国卫生系统应对新冠肺炎疫情的主要做法，主要内容如下。

一、美国疾病控制与预防中心

美国 CDC 在应对严重急性呼吸综合征（SARS）、中东呼吸综合征（MERS）、埃博拉出血热、寨卡病毒病和 H1N1 流感方面积累了丰富的经验。面对新冠肺炎的挑战，美国 CDC 正在利用一切可用的资源来应对公共卫生危机。从 2020 年 1 月初开始，美国 CDC 开始定期编写疫情情况报告，同时为中国疾病预防控制中心提供支持。1 月 21 日，美国 CDC 正式启动新冠肺炎紧急行动中心。

（一）协调国内外机构联合应对疫情

美国 CDC 与其他部门协调合作，集中资源开展病例筛查和接触者追踪，实施适当的遏制和社区缓解措施，改善公共卫生监测情况，提高检测能力，并与医疗系统合作提高响应能力。截至 2020 年 6 月 2 日，美国 CDC 已承诺从国会提供的资金中向美国各辖区提供 121 亿美元，其中包括《薪资保护计划和医疗保健增强法》支持的 102.5 亿美元。美国 CDC 在全球 60 多个国家和地区设有工作人员，通过"总统艾滋病紧急救援计划""全球卫生安全议程"等为其他国家应对疫情提供支持。

---

① House Committee on Energy and Commerce. Full committee hearing on "over sight of the Trump administration's response to the COVID-19 pandemic" [EB/OL]. [2020-06-24]. https://energycommerce.house.gov/committee-activity/hearings/full-committee-hearing-on-oversight-of-the-trump-administrations.

（二）提供公共卫生监测数据

及时准确的数据对于美国 CDC 和美国民众了解疫情的影响至关重要，特别是对高风险人群。截至 2020 年 6 月 5 日，CDC 已发布了 12 份不同的指导文件，包括病例调查指南、病例调查和接触者追踪计划清单、数字化接触者追踪工具、卫生部门接触者追踪通信工具包等。CDC 与地方政府合作运行多个监测系统，包括流感和病毒性呼吸道疾病系统。基于人群的 COVID-NET 系统对 14 个州 99 个县 250 多家医院的确诊患者进行监测。CDC 正在利用这些数据按种族、民族、基本病情、年龄和性别监测住院情况，并将这些信息纳入 CDC 每周摘要 COVIDView。

（三）开展实验室检测

美国 CDC 建立了一个新的国家基因组学联盟（SPHERES），负责协调美国的新冠病毒测序。CDC 与美国国立卫生研究院、FDA 和美国生物医学高级研究与发展管理局（BARDA）合作开展血清学检测。CDC 开发了一种新的实验室检测方法，可以同时检测三种病毒：甲型流感病毒、乙型流感病毒和新型冠状病毒，有助于实验室发现流感和新冠病毒合并感染，并于 2020 年 6 月 18 日向美国 FDA 申请了这项联合检测的紧急使用授权。

（四）提高疫苗接种的覆盖率

促进美国的公共和私人卫生系统做好准备，以便在新冠病毒疫苗上市后有效地提供疫苗，确保美国免疫系统实施有效的疫苗交付计划，包括疫苗分发和跟踪。CDC 特别强调，在新冠肺炎疫情可能持续的情况下，接种流感疫苗比以往任何时候都更加重要，有助于节省宝贵的医疗资源去照顾新冠肺炎患者，减轻床位占用、实验室检测需求、个人防护设备和医护人员安全相关的巨大负担。

二、美国国家过敏与传染病研究所

美国国立卫生研究院下属的国家过敏与传染病研究所主要负责开展包括新冠肺炎在内的新发突发传染病研究，曾长期致力于包括 SARS 和 MERS 在内的冠状病毒相关疾病研究。

（一）开展冠状病毒疫苗研发

美国国家过敏与传染病研究所疫苗研究中心与 Moderna 公司合作，利用 mRNA 疫苗平台开发了一种候选疫苗。2020 年 3 月 16 日，该研究所在华盛顿凯泽永久健康研究院启动了该疫苗的 I 期临床试验，随后在埃默里大学和国立卫生研究院临床中心增加了临床试验点。5 月 29 日启动 II 期临床试验，并计划最早于 2020 年 7 月启动 III 期临床试验。美国国家过敏与传染病研究所落基山实验室与牛津大学的研究人员合作，开发黑猩猩腺病毒载体候选疫苗 AZD1222（以前称为 ChAdOx1），并在牛津大学的支持下进行 I / II 期临床试验；落基山实验室还与华盛顿大学合作开发另一种 mRNA 候选疫苗。

（二）研究新冠肺炎治疗方法

2020年2月21日，美国国家过敏与传染病研究所启动了一项多中心、随机安慰剂对照临床试验，即适应性治疗试验（ACTT），以评估新冠肺炎治疗方法的安全性和有效性。该临床试验初步考察了抗病毒药物瑞德西韦治疗重型新冠肺炎成人住院患者的情况（ACTT-1），并正在开展抗炎药巴立替尼治疗新冠肺炎的迭代研究（ACTT-2）。2020年5月14日，由美国国家过敏与传染病研究所支持的艾滋病临床试验小组启动了一项Ⅱb期临床试验，评估羟氯喹和阿奇霉素在轻至中度新冠肺炎患者中的作用。此外，一项评估轻至中度新冠肺炎门诊患者体内单克隆抗体的研究计划于2020年7月初启动。美国国家过敏与传染病研究所还计划开展临床试验，评估免疫球蛋白（IVIG）和单克隆抗体治疗新冠肺炎成人住院患者的情况。美国国立卫生研究院召集成立了新冠肺炎治疗指南专家组，于2020年4月21日发布了针对临床医生的第一版新冠肺炎治疗指南，5月12日对指南进行了更新。

（三）创新检测诊断方法

2020年4月29日，美国国立卫生研究院宣布了"快速加速诊断"（RADx）计划，与美国FDA、CDC和BARDA合作，提供了5亿美元资金，支持现场即时诊断设备和家庭诊断设备的开发，并支持研究更快、更有效和更易普及的创新性实验室检测方法。此外，美国国家过敏与传染病研究所正在利用《冠状病毒援助、救济和经济安全法》的资金来支持各种诊断平台，包括反转录聚合酶链反应（RT-PCR）和酶联免疫吸附测定，促进敏感、特异和快速诊断测试的开发。美国国家癌症研究所和国家过敏与传染病研究所还在建立一个国家协作网络，提高高质量血清检测的能力。

三、美国卫生与公众服务部助理部长办公室

美国卫生与公众服务部（HHS）助理部长办公室作为美国政府的官方机构，将新冠病毒检测作为美国面临的主要挑战，并协调美国公共卫生服务医官团开展了大量工作。

（一）提高新冠病毒检测能力

2020年1月10日，中国研究人员将新冠病毒基因组序列分享至基因库，随后美国CDC开始研发实时PCR诊断试剂。1月24日，CDC发布诊断试剂盒，允许全球利用其序列设计开发检测试剂盒。截至6月12日，FDA已发布超过135个新冠病毒检测紧急使用授权。截至6月10日，美国已经进行了近2200万次检测，目前每天检测人数在40万～50万人次。美国政府还利用私营企业扩大检测规模，美国商业零售商已经在47个州和哥伦比亚特区开设492个检测点对55.2万人进行了检测，赛默飞世尔科技公司每月将生产超过1000万个检测试剂盒，豪洛捷公司从2020年5月初开始每月向全国各地的实验室运送数百万个检测试剂盒。美国联邦领导层正与各州、地方和私营部门密切合作，重点推动以下工作：确保需要检测的人接受检测；增加检测的数量和质量；在疫情暴发期间扩大检测能力；为关键基础设施和国家安全提供支持；加强对

检测的补偿和激励措施。

（二）美国公共卫生服务医官团

美国公共卫生服务医官团是美国八大制服队伍之一，也是唯一一个致力于保护、促进和推动国家卫生安全的队伍。参与疫情应对的医官团人数从 2020 年 2 月 1 日的 38 人迅速扩大至 6 月 10 日的 4300 人以上，其中许多人员被多次或连续部署。医官团向全国各地的检测站点提供了重要援助，为了应对不断升级的危机，医官团成立了临床战斗队，其中包括战斗前线所需的各学科人员。该队伍已被部署到华盛顿州柯克兰市、纽约市贾维茨中心和底特律会展中心。最近，医官团向宾夕法尼亚州和佛罗里达州卫生部门部署了两个团队，共 70 多名军官，向之提供感染控制、个人防护培训。

四、美国食品药品监督管理局

美国 FDA 的工作重点是促进研发，提供诊断、治疗和预防新冠肺炎的医疗对策，监测医疗产品和食品供应链。FDA 从疫情开始就成立了一个内部跨机构小组。

（一）精简检测审查流程

自 2020 年 1 月以来，FDA 已与 500 多名研发人员合作，为美国检测试剂开发提供支持，并发布用于诊断检测的紧急使用授权。FDA 于 2020 年 3 月发布了一项政策，为血清学检测的研发人员提供灵活性监管，即经过适当评估，在无需 FDA 授权的情况下，可以在市场上销售或使用他们的检测试剂，并于 2020 年 5 月 4 日和 5 月 11 日对该政策进行了更新。FDA 还引入了更精简的流程，以支持紧急使用授权申请的提交和审查。

（二）支持疫苗和治疗方法研发

截至 2020 年 6 月，尚无 FDA 批准的新冠病毒疫苗，也没有 FDA 批准的治疗药物。FDA 正在与联邦合作伙伴、疫苗研发人员、研究人员、生产厂商和全球专家密切合作，加快疫苗和药物的研发与供应。2020 年 3 月 31 日，FDA 宣布了一项专门针对新冠病毒的紧急审查和研发计划，即"冠状病毒治疗加速计划"。5 月 1 日，FDA 发布了一份瑞德西韦紧急使用授权，瑞德西韦可用于治疗疑似或实验室确诊成人患者和重型住院儿童。另一种潜在的治疗方法是使用富含抗体的产品，如恢复期血浆和高免疫球蛋白。

（三）协调医疗产品供应

FDA 正在与生产商密切沟通，与医疗保健和药房系统、医院、供应商等密切合作，以确定用于治疗新冠肺炎药物的短缺情况，并尽最大努力降低影响。FDA 努力增加个人防护设备（PPE）和其他关键设备的供应。FDA 已经发布了多份紧急使用授权，以帮助医务人员获得更多的呼吸器，并减轻医疗系统的负担。FDA 还发布了一些指南，为那些生产个人防护设备的生产商提供灵活性政策。

（四）加强食品供应

FDA 与联邦、州和地方合作伙伴，以及工业界合作，以帮助确保安全和充分的食品供应。由于新冠肺炎流行，消费者购买食品的地点发生了重大变化，FDA 已采取措施提供临时指引，在包装和标签要求方面给予灵活性政策。FDA 保证，没有证据表明食品或食品包装与新冠肺炎的传播有关。

（五）监管欺诈性产品

FDA 行使其监管权力，保护消费者免受公司和个人销售未经许可的产品的影响。例如，FDA 已向域名注册商和互联网市场发出了数百份滥用投诉，向欺诈产品的销售商发出了 50 多封警告信。FDA 与司法部合作，已寻求和获得了几项初步禁令，要求被告停止销售声称可治疗或预防新冠肺炎的欺诈性产品。FDA 指出了几个案例，包括 2020 年 4 月，FDA 截获了一名医生从中国运往加利福尼亚的大批羟氯喹，这名医生被指控从中国走私羟氯喹来制造药丸，并将其误称为山药提取物向美国海关和边境保护局（CBP）隐报了这批货物；2020 年 5 月，FDA 与美国海关和边境保护局合作，拦截了几批假冒口罩，并在这些口罩进入美国商业市场之前予以销毁。

（军事科学院军事医学研究院　李丽娟）

第九章

美国发布新冠肺炎研究战略计划

2020 年 4 月 22 日，美国国立卫生研究院（NIH）国家过敏与传染病研究所（NIAID）发布"新冠肺炎研究战略计划（2020—2024 财年）"，提出了 4 方面的优先事项：提高对新冠病毒和新冠肺炎的基础认知，支持诊断和检测方法的开发、表征和测试疗法，研发安全有效的抗新冠病毒疫苗。以下是该战略计划的主要内容。

一、执行摘要

美国 NIAID 致力于通过加快新冠肺炎预防、诊断和治疗研究工作，确定该病的致病因子新冠病毒的特征，保障人民的健康。美国 NIAID"新冠肺炎研究战略计划"建立在当前研究所通力合作的基础上，希望通过扩大资源和活动，支持快速开发能够更有效地防治这种疾病和大流行病的生物医学工具，更好地理解新冠肺炎的发病机制、传播机制和免疫保护机制。鉴于公共卫生应对的紧迫性，当前应该优先开展有助于控制病毒传播及降低发病率和死亡率的研究，包括治疗方法和疫苗研发。此外，开发快速、准确的床边诊断也是至关重要的，这是减缓新冠肺炎传播的关键手段。

美国 NIAID 的"新冠肺炎研究战略计划"与美国政府医疗对策工作组制定的优先事项一致。NIAID 积极参与新冠肺炎工作组，以便能够确定机会，确保开放沟通，鼓励资源共享，避免重复工作。该计划围绕下述 4 个战略研究优先事项。

（1）提高对新冠病毒和新冠肺炎的基础认知，包括研究病毒的特征及其传播途径，了解自然史、流行病学、宿主免疫、疾病发病机制，以及与更严重疾病结果关联的遗传、免疫和临床因素。此外，还包括加速开发复制人类疾病的小动物模型和大型动物模型。

（2）支持诊断和检测方法的开发，包括用于识别和隔离新冠肺炎病例的床边分子和抗原诊断方法，以及血清学分析，以便更好地了解人群中的疾病流行情况。诊断方法对于评估候选对策的有效性也至关重要。

（3）表征和测试治疗方法，包括鉴定和评估再利用药物和新型广谱抗病毒药物、基于病毒的靶向抗体疗法 [包括血浆衍生的静脉免疫球蛋白（IVIG）和单克隆抗体] 及对抗新冠肺炎的宿主定向策略。

（4）研制安全有效的新冠病毒疫苗，包括开展临床试验，检测疫苗的效果。

为了加速研究，美国 NIAID 将利用现有资源（包括现有研究计划和临床试验网络）与全球合作。NIAID 对新冠肺炎的研究建立在处理其他人畜共患冠状病毒（CoVs）引

发疾病 [包括严重急性呼吸综合征（SARS）与中东呼吸综合征（MERS）] 的经验之上。此外，NIAID 还将寻求公私伙伴关系，尽快将研究成果转化为能够拯救生命的公共卫生干预措施。NIAID 与制药公司合作，已经启动了新冠肺炎候选疫苗和疗法的 I 期临床试验。研究还将纳入少数族裔、高危人群及弱势群体，以解决不同群体之间的健康差异。对新冠病毒基本病毒学和宿主对感染的免疫应答的表征，将有助于今后的研究并促进有效医疗对策的发展。通过与美国政府各机构和其他国内及全球合作伙伴的合作，NIAID 会迅速传播这些成果，以便将信息转化为临床实践和公共卫生干预措施，用于应对疫情。因此，NIAID 已经通过公开的网站实现了科学数据的开放共享，并将继续敦促科学界及时公布新冠病毒和新冠肺炎的研究数据。

二、研究计划

优先事项 1：提高对新冠病毒和新冠肺炎的基础认知

针对新冠病毒等新出现的病毒，制定有效的医疗和公共卫生对策，需要更好地理解感染和疾病的复杂分子和免疫机制。描述病毒生命周期和宿主对感染的免疫反应的研究有助于确定干预新冠病毒感染和新冠肺炎的新型靶点。早期研究表明，新冠肺炎的临床表现可能存在显著差异，疾病的严重程度可能从轻微至严重不等。因此，需要详细了解疾病的临床病程，以及疾病严重程度的临床、病毒学、免疫学和遗传预测因子。对疾病在不同人群中随时间传播的动力学，包括儿童和老年人在病毒传播中的作用及病毒循环的潜在季节性，也存在理解上的差距。

目标 1.1：表征新冠病毒基本病毒学和宿主对感染的免疫反应

（1）支持开发并向研究人员分发试剂和病毒分离物。NIAID 将继续通过开发用于病毒表征和免疫学分析的试剂和检测方法来支持所内外研究人员，还将继续加速新冠病毒研究，为研究人员寻找病毒分离物和临床标本，并将其放置在存储库中，以帮助推动研究和对策开发。此外，NIAID 还将其他用于分析开发的关键试剂（如假病毒粒子和抗原）放在公开的储存库中以供分发。

（2）表征病毒生物学和宿主对感染的免疫反应。全面了解新冠病毒感染的生物学过程和新冠肺炎的发病机制对于制定防治疾病传播的医学新对策至关重要。基于之前针对 MERS 和 SARS 冠状病毒的研究，早期研究证实了新冠病毒感染的几个关键特征，包括主要宿主受体、血管紧张素转换酶 2（ACE2）和病毒受体结合域结构。针对病毒生命周期和宿主对感染的免疫反应的研究有助于确定干预新冠病毒感染和新冠肺炎的新型靶点。了解病毒蛋白的基本功能对于改善诊断和免疫分析方法、体外和体内模型，以及其他能够促进安全有效的医疗对策发展所需的资源都是必要的。此外，评估分子和细胞水平的宿主 – 病原体相互作用动力学对于加深理解导致新冠病毒感染的发病机制和免疫应答也至关重要。

（3）确定病毒进化和分子流行病学。随着一种新病毒的出现，如新冠病毒，表征其遗传多样性的研究（包括评估病毒进化和逃避宿主免疫的潜力），对于了解疾病进展和传播动力学、开发医疗对策具有重要意义。与患者临床数据相匹配的病毒基因组分析对于鉴定毒力的生物标志物和建立序列多样性范例也非常重要。此外，评估与疾病结果、免疫状态和病毒复制相关的病毒序列将为加速开发有效的医疗对策提供重要数据支持。

（4）开发低含量测定法来研究病毒中和反应。使用非传染性假病毒的研究可在不具备生物安全三级（BSL-3）能力的实验室进行，成为研究者深入了解新冠病毒感染的重要工具，可帮助没有高防护设施的研究人员研究体外病毒中和反应动力学。

（5）最佳公共卫生预防和缓解模式研究。可以设计临床试验，纳入新冠肺炎阳性个体的家庭成员，以评估家庭内的传播、预防和其他缓解措施。

目标 1.2：通过自然史、传播和监测研究评估疾病动力学

（1）通过监测研究表征疾病的发病率。新冠肺炎的临床表现具有显著差异，从无症状或轻型，再到肺炎、急性呼吸窘迫综合征，甚至死亡。新冠肺炎临床表现的差异及诊断能力，使准确初始评估疾病发病率成为一项艰巨的挑战。然而，2020 年 3 月投入使用的快速床边分子检测和即时即地分子检测，可帮助医院和其他医疗机构对患者的隔离和护理做出明智的决定。现有的高通量诊断能力和针对快速检测的研究将促进人们对美国各地疾病发病率的认识，并将成为实施有效医疗对策的关键组成部分。这些研究与现有监测网络的广泛血清学研究（包括血库研究）相结合，将有助于人们更全面地了解疾病范围和感染动力学。

详细了解宿主基因学和人类在整个生命周期中对感染的反应，不仅可以为诊断、治疗和预防提供新靶点，还可以解释为什么个体对新冠病毒会有不同的反应。迄今为止的报告表明，大多数情况下，新冠肺炎可被治愈，这意味着免疫系统可以使许多人的感染不至于发展成严重的疾病。然而，还需要开展更多的研究以更好地了解为什么有些人会发展成重症，这将为医疗对策发展提供重要的启示。

（2）评估疾病传播动力学。目前我们对新冠肺炎的传播认识有限。虽然最近的研究已经提出了病毒在气溶胶和物体表面存活的时间表，但不同传播途径的作用，以及动物对人和人对人的传播动力学尚不清楚。新冠肺炎的多种临床表现，包括无症状病例的高发病率，增加了我们理解传播动力学的复杂性。更清楚地了解病毒脱落的自然史，无论是在急性病例还是无症状感染病例中，都是一个优先考虑的问题。鉴于准确诊断无症状个体的挑战（因为他们并不接受治疗），确定他们在传播中所起的作用将提供有价值的信息。明确儿科病例在新冠病毒传播中的作用尤为重要。虽然儿童新冠肺炎病例一般无症状或临床表现不像成人那么严重，但儿童在病毒传播中的作用尚不清楚。此外，识别潜在的动物宿主和更好地了解从动物到人类的传播也是一个研究的重点，因为这些宿主可能会导致病毒未来在人类中再次传入和疾病在人类中再次出现。病毒的传播取决于宿主、病毒和环境因素的复杂相互作用，从而导致疾病的发生和传播。确定维持疾病传播周期的因素对于制定有效的医疗对策和预防未来流行病的公共卫生干预措施至关重要。

（3）通过自然史研究确定疾病进展。阐述新冠肺炎的自然史将有利于我们了解免疫发病、病毒取向和脱落长度、免疫表型及保护性免疫和宿主易感性。使用纵向队列研究，包括针对高危人群如医疗工作者和老年人的疾病评估，对于更好地了解疾病的发病机制和宿主对感染的免疫反应也非常重要。从这些研究中鉴定出的生物标志物可以为预测疾病严重程度提供有价值的信息。

目标 1.3：开发重现人类疾病的动物模型

建立复制新冠病毒发病机制、重现人类疾病的动物模型是了解疾病发病机制和检验医疗对策有效性的重要早期步骤。小动物模型能够实现快速、可扩展的分析，这对筛选有效的候选疫苗和解决疫苗诱导免疫增强问题尤其有价值。正在测试的小动物模型中，表达人 ACE2 受体的转基因小鼠是一个有希望的候选对象。同时，开发和表征大型动物模型，包括复制人类新冠肺炎的非人灵长类动物（NHPs），是推进有希望的候选对策的关键一步。

以前应对相关冠状病毒疾病（如 MERS 和 SARS）的经验表明，在动物模型上复制人类疾病，特别是其更严重的表现形式，可能是一个挑战。从小鼠到非人灵长类动物的动物模型，评估的基础研究已经启动。美国 NIAID 将继续支持小型和大型动物候选模型的开发，希望能够更好地了解新冠病毒感染，并研究治疗和预防新冠肺炎的最佳方法。同时还将确保向科学界提供经过验证的动物模型，用以评估优先对策。

优先事项 2：支持诊断和检测方法的开发

获得美国 FDA 批准或授权的快速、准确诊断将提高检测能力，并且对于识别和快速隔离病例、跟踪病毒传播、管理患者护理和支持临床试验至关重要。专为检测临床样本中新冠病毒 RNA 而设计的分子检测方法能够检测出临床样本中的低水平病原体，并可在区分新冠病毒与其他相关病毒方面提供高度特异性。继续提高分子和抗原诊断的速度和准确性，并在医疗点将其提供给患者，将是加快缓解当前疫情和未来疫情扩散的关键。血清学检测方法的开发将进一步加强监测工作，包括识别可能已治愈新冠病毒感染的个体。

目标 2.1：加速诊断平台的开发和评估

（1）支持诊断验证试剂的开发、表征和可用性。NIAID 将开发和测试诊断验证试剂，并通过研究所赞助的存储库对外提供。

（2）支持开发新的快速诊断方法。如果根据自然史研究认为可行，NIAID 将提供资金，支持开发新的快速诊断方法，包括敏感度更高的分子检测和新型抗原检测方法。

（3）支持有前景的诊断评估。在某些情况下，开发潜在诊断检测方法的利益相关者不具备必要的基础设施来严格验证针对临床样本的检测。NIAID 将支持有前景的诊断测试，并提供生物防护实验室用于评估活病毒样本。

目标 2.2：开发检测方法以增加对感染和疾病发病率的了解

开发并验证新冠病毒血清学检测方法。血清学试验可检测宿主产生的针对感染源的抗体，不能直接检测出病原体的存在，但可以用作感染的代用标志物。开发更有效的血清学检测方法将有助于提供无症状感染程度和累积疾病发病率的相关信息。NIAID 与 CDC 及 FDA 正在共同开发检测方法，以识别针对新冠病毒蛋白的抗体，从而确定血清阳性率，并有可能帮助区分疫苗接种个体的抗体反应。NIAID 将支持开发和验证更多的血清学检测方法，用于血清监测研究，并将其作为测试有前景的候选疫苗或治疗方案疗效的工具。

优先事项 3：表征和测试疗法

当前，尚无经美国 FDA 批准或许可的针对新冠病毒的治疗方法。传统的治疗方法开发途径可能需要数年时间，但当前疫情的紧迫性说明了快速开发和测试有前景的治疗方法的必要性。开发治疗方法的可能途径包括评估对其他冠状病毒显示出应用前景的广谱抗病毒药物和鉴定新型单克隆抗体（mAbs）。对于广谱抗病毒药物而言，由吉利德（Gilead）公司研发的 RNA 聚合酶抑制剂瑞德西韦的 Ⅱ / Ⅱ b 期测试已经在进行中。进一步的研究至关重要，可以确定有前景的候选治疗方案，并通过临床试验来推动它们的发展。为了在大流行期间优化研究结果，将在不同人群中并行进行多项临床试验，包括住院和门诊患者研究。

目标 3.1：确定具有抗新冠病毒活性的候选药物

（1）筛选蛋白酶抑制剂和核苷酸类似物类试剂及其他小分子，这些试剂和小分子已被证明对其他冠状病毒具有活性。对已经获得 FDA 许可的用于其他适应证的药物，以及那些可能对新冠病毒感染有效的药物进行筛选，可能会为确定用于当前大流行的治疗方法提供一条途径。对于已获 FDA 批准或正在临床研发中的用于其他适应证的广谱抗病毒药物，包括以前针对 SARS 和 MERS 冠状病毒的药物，可以评估其抗新冠病毒感染的潜在活性。其他获得批准的针对感染性疾病的疗法也正在评估中，以判断其是否能成为新冠肺炎的可能治疗方法。通过利用它们现有的功效、安全性和可生产性数据，可以缩短研发和生产时间。NIAID 还将继续与合作伙伴合作，筛选具有抗新冠病毒潜在活性的化合物库。在这些研究中，将优先考虑基于体外筛选数据和现有人体安全性数据的化合物。

（2）为治疗性研发确定病毒靶点。结构生物学技术的进步，使研究人员能够以前所未有的水平绘制关键的病毒结构图谱。传染病结构基因组学中心（SGCID）应用最新的高通量技术和方法，包括计算机建模、X 线晶体学、磁共振成像和低温电子显微镜，对在人类病原体和传染病中发挥重要生物学作用的蛋白质的三维原子结构进行了实验性表征。NIAID 将继续支持利用这一强大的技术来确定新冠病毒的病毒靶点，为疗法或疫苗研发所用。

（3）确定用于治疗或预防的新型单克隆抗体。早期研究数据表明，表征明确的恢复期血浆可能对新冠肺炎的治疗有益。因此，从恢复期血浆中提取的免疫球蛋白（IVIG）也可能对治疗有帮助。此外，外周血单核细胞和血浆也正被用来鉴定新型中和抗体，通过与结构生物学家合作，可以快速评估其结合特性。结合中和活性评估，将可以确定最有前景的单克隆抗体，用于在动物模型和人体试验中进一步表征。

目标 3.2：开展治疗研究，推进高优先级治疗候选方法

（1）表征和评估以宿主为导向的疾病治疗策略。对其他冠状病毒研究的经验表明，呼吸道感染所致损害主要由宿主的炎症反应介导，这些情况可能会导致病原体导向疗法难以改善新冠肺炎病情。相反，针对免疫应答的宿主导向策略可能会产生有益的治疗效果，如免疫调节剂，将作为潜在的治疗候选方案进行研究。

（2）进行临床试验以证明主要候选治疗方法的安全性和有效性。许多潜在的候选治疗药物已被确定，并正在进行临床试验测试。

2020 年 3 月，NIAID 启动了一项多中心、适应性、随机对照临床试验，以评估研究性抗病毒药物瑞德西韦（GS-5734）在实验室确诊的新冠病毒感染和有肺部受累证据的住院成人患者中治疗的安全性和有效性。该试验建立在 NIAID 科学家最近的研究基础上，研究表明，在 MERS 冠状病毒攻击后立即给药时，瑞德西韦可以改善恒河猴的病程。该试验也具有适应性，如果需要评估其他治疗方法的疗效，可以增加额外的研究组。

NIAID 正在最终确定大效应试验（BET）的方案，在该方案中，将对患有下呼吸道疾病的住院患者进行疗法的测试。每种潜在的干预措施将被提供给约 75 例患者，并评估其缓解疾病症状的有效性。符合初步研究标准的候选疗法将在基础设施已经到位的大型临床试验项目中进行进一步评估。

如上所述，识别用于治疗或预防的新型单克隆抗体是另一个战略重点。这些单克隆抗体应该是安全、高效、易于快速生产和管理的。它们将在临床试验中进行测试，以开发预防和早期治疗新冠肺炎的免疫疗法，这些疗法可能被用于包括医护人员在内的高危人群。

（3）对轻型新冠肺炎病例进行门诊研究。对于不需要住院治疗的轻型新冠肺炎病例，门诊研究测试有前景的、经 FDA 批准的、具有安全性数据的口服药物可能非常有价值。羟氯喹和阿奇霉素对新冠病毒的抗病毒活性一直是许多早期治疗研究关注的焦点。在门诊研究中对这些药物和其他候选药物（包括蛋白酶抑制剂和其他分子）进行测试，可以提供重要的疗效数据，并可以确定某种现有的药物或药物组合是否对新冠肺炎安全有效。

（4）在高危人群中进行门诊研究。高危人群，包括医护人员、老年人或患有慢性疾病的个人，是研发治疗药物的关键目标。在这些高危人群中对轻型新冠肺炎患者进行研究，有助于确定早期治疗策略的益处，以减轻感染的影响。在这些人群中，每日 1 次给药的候选治疗方案也可以考虑用于接触前预防（PrEP）。

优先事项 4：研发安全有效的新冠病毒疫苗

研发一种安全有效的疫苗是预防新冠病毒未来暴发的首要任务。由于此前已经研发了 MERS 冠状病毒、SARS 冠状病毒和其他冠状病毒的候选疫苗，NIAID 研究人员和科学界已经做好准备，在当前的大流行中使用类似的方法。NIAID 将利用其广泛的内部和外部基础设施，通过Ⅰ期安全性和剂量临床试验推进候选疫苗的研发，并考虑为最有前景的候选疫苗进行Ⅱ/Ⅱb 期临床试验。

目标 4.1：通过临床试验，推动有前景的候选疫苗的研发

（1）对 mRNA 疫苗平台的候选 mRNA-1273 疫苗进行Ⅰ期临床试验。鉴于研发安全有效疫苗的应急工作的紧迫性，NIAID 正在优先考虑能够快速生产和测试有前景的候选疫苗。NIAID 与生物技术公司 Moderna 合作，对一种候选疫苗进行Ⅰ期临床试验。该疫苗使用 mRNA 疫苗平台，是构建表达 NIAID 设计的新冠病毒重组刺突蛋白的 mRNA 疫苗。这一试验正在 NIAID 资助的临床研究点进行，第一个登记的个人于 2020 年 3 月 16 日接种了疫苗。

（2）为候选 mRNA-1273 疫苗的关键性Ⅱ/Ⅱb 期临床试验做准备。为新冠病毒季节性复发的可能性做准备是公共卫生响应的当务之急。考虑到疫苗可能会增加呼吸道疾病的理论风险，因此，在动物模型中评估这种可能性之前，不太可能启动大规模的Ⅱ期临床试验。这些动物研究计划正在进行中，假设结果良好，Ⅱ/Ⅱb期研究将于2020年晚些时候启动，这代表了候选疫苗研发和测试历史性的快速时间线。此外，这些研究将提供免疫相关信息，有助于加速其他候选疫苗的研发。如果在Ⅱ/Ⅱb期临床试验中，候选mRNA-1273疫苗显示出抗新冠病毒感染的保护作用，NIAID将与政府合作伙伴合作，确保疫苗的生产数量足以迅速分发给那些患病风险最高的人群。

（3）通过疫苗项目研究其他候选疫苗。尽管有前景的候选疫苗可能在临床前研究中显示出疗效，但许多疫苗在临床试验中并未转化为有效的疫苗。因此，在研发过程中支持多个有前景的临床前候选疫苗是至关重要的。为此，NIAID正在通过其落基山实验室（RML）推进多个新冠病毒候选疫苗的研发，包括显示有望对抗引发SARS和MERS的冠状病毒的方法。在先前研发MERS疫苗的基础上，落基山实验室的研究人员正与牛津大学的研究人员合作，研发一种基于黑猩猩腺病毒载体的新冠病毒疫苗。落基山实验室研究人员还与生物制药公司CureVac合作开发一种mRNA候选疫苗，并与华盛顿大学合作开发一种通用的冠状病毒疫苗。利用其广泛的专业知识和研究基础设施，NIAID将继续与合作伙伴和合作者合作，以推进有前景的新冠病毒候选疫苗的研发工作。

（4）利用现有的疫苗研发方法靶向新冠病毒。NIAID正在寻求多种策略来研发新冠病毒疫苗。基于以往对新出现病原体的研究，尤其是MERS和SARS冠状病毒，NIAID正在使用以前开发的疫苗平台来快速评估新冠病毒候选疫苗的潜力。通过这种方法已经筛选出几个有希望的新冠病毒疫苗研发策略，包括重组刺突蛋白、黑猩猩腺病毒载体、病毒样颗粒和减毒活体病毒等。此外，NIAID正在资助新型候选疫苗的研发，这些新型候选疫苗将在整个生命周期内（包括老年）有效。

目标4.2：通过检测和试剂开发推进疫苗的研发

开发支持疫苗研发的关键试剂。需要适当的工具来确定最有前景的候选疫苗，并尽可能快地推进主要候选疫苗的研发工作。为了加快疫苗的研发进度，NIAID正在制作新冠病毒的主库和有效工作库，以及用于开发新冠病毒免疫检测方法的其他关键试剂，开发表征新冠病毒检测材料的定量测试，开发定量新冠病毒特异性酶联免疫吸附试验（ELISA），开发病毒特异性中和检测方法，以及开发用于评估新冠病毒病毒载量的定量检测方法。

目标4.3：通过佐剂的表征和开发推进疫苗的研发

提供佐剂支持疫苗研发。佐剂是通过诱导长期保护性免疫来提高疫苗效力的疫苗成分。选择合适的佐剂对于研发安全有效的疫苗至关重要。NIAID正与多方合作者合作，为研究团体提供佐剂，用于新冠病毒的候选疫苗。这些佐剂正处于不同的开发阶段。佐剂中包括一些化合物，有的可以专门改善疫苗对老年人的疗效，有的可以调节宿主免疫力以产生保护性反应，同时限制或预防有害的炎症反应。

（军事科学院军事医学研究院　陈　婷　王　磊　张　宏）

第十章

英国新冠肺炎防疫行动计划分析

2020 年 3 月 3 日，英国政府为应对新冠肺炎疫情出台了纲领性文件《冠状病毒：行动计划》（*Coronavirus：action plan-A guide to what you can expect across the UK*）[①]，介绍了英国目前对于新冠病毒的认识程度、已采取的行动，以及分阶段防疫策略，强调应联合公众和科学的力量共同抗击疫情，力求在防疫抗疫的同时兼顾社会经济发展和个人权益保护。

一、防疫行动计划的背景与原则

英国政府认为：①人群缺乏对新冠肺炎的免疫力，该疾病很有可能广泛传播；②感染者多为轻至中度，而且可以自愈；③小部分患者会产生严重的并发症，需要住院治疗；④老年人及有基础疾病的人病情危重和死亡风险更大，年轻人较不易感且程度较轻，儿童患病率较低；⑤尚无特效药，临床治疗用于控制症状及并发症。因此，英国政府认为，虽然所有人都是新冠肺炎的易感人群，但重型患者和死亡率有限，因此防控措施可以部分参考季节性流感的应对计划和经验。

英国新冠肺炎防疫行动计划借鉴了"可能的最坏情况（RWC）"方案，其目标是准备应对一场严重的新冠病毒传染病暴发，因此防疫行动计划的原则共有 8 条：①利用现有最佳科学建议和证据，对潜在的卫生和其他社会影响进行动态风险评估，为决策提供信息；②通过减缓病毒在英国和海外的传播，以及减少感染、患病和死亡，最大限度地降低其对健康的潜在影响；③尽量减轻疫情对社会和英国，以及全球经济的潜在影响，包括关键的公共服务领域；④在提供关键公共服务的组织和人员，以及使用这些服务的人员之间保持信任和信心；⑤确保所有受到疫情影响的人，包括因病去世的人，得到有尊严的对待；⑥积极参与全球合作，与 WHO、全球卫生安全倡议（GHSI）、欧洲疾病预防和控制中心（ECDC）和邻国合作，通过共享科学信息，支持国际上发现流行病和早期评估病毒的努力；⑦确保负责处理疫情的机构有充分的资源，包括所需的人员、设备和药品，并尽快对立法进行必要修改；⑧根据现实证据，与研究伙伴合作，定期审查研究和开发的需要，以增强对大流行病的防范和应对能力。

---

① DHSC. Coronavirus：action plan-A guide to what you can expect across the UK[EB/OL]. [2020-03-20]. https://assets. publishing.service.gov.uk/government/uploads/system/uploads/attachment_data/file/869827/Coronavirus_action_plan_-_a_guide_ to_what_you_can_expect_across_the_UK.pdf.

这 8 条原则概括来说就是科学决策、尽力控制、减轻对社会和经济影响、保持社会互信、维护患者尊严、推进全球协作、保障资源供给及坚持基础研究。

二、防疫行动计划阶段划分

此次新冠肺炎防疫行动计划分为遏制、延迟、研究和缓解 4 个阶段：①遏制阶段，即尽早发现早期病例，跟踪密切接触者并防止疾病扎根英国；②延迟阶段，即减缓国内的传播速度，尽可能使疫情高峰不发生在冬季；③研究阶段，即认识病毒，加速研发医疗应对措施，依据科学证据采取防控措施；④缓解阶段，即确保为患者提供持续的医疗支持，最大限度地降低疾病对社会、公共服务和经济的总体影响。

英国发布防疫行动计划时将本国情况定为处在遏制阶段，而在防疫行动计划发布 3 天后，英国首席医疗官克里斯·惠蒂教授表示，根据疫情的最新发展，英国防疫将进入第二阶段——延迟阶段。延迟阶段将重点通过宣传良好的个体防护措施，采取减少人群接触的策略，如关闭学校、鼓励居家办公、减少大规模聚会的次数，以及保护易感弱势群体的措施减缓病毒在英国国内的传播。

研究阶段，英国政府认为做好疫情反复的准备是很有必要的。英国政府将继续严密审查不断出现的科研缺口，以及已开展的研究活动的进展，并收集有效干预措施的证据，以便为以后的决策提供支撑。

缓解阶段，重点不再是大规模的群体预防措施，而是注重次生灾害研判和应对。英国政府意识到持续的新冠肺炎疫情将对英国经济、卫生保障体系，乃至社会稳定等领域带来不可忽视的冲击，因此研判此类"次生灾害"的影响及未来走势，进一步加强应对体系建设在行动计划中得到了充分体现。为调配医疗资源、建立均衡的医疗保障体系，防疫行动计划提出改变疫情期间非新冠肺炎患者收治入院方式，延迟某些非紧急治疗，以区分服务的优先级和做好患者分流工作，可能会要求卫生行业离职者和退休人员重新上班；另外，防疫行动计划要求警察、消防和救援服务在内的应急服务部门制定业务连续性计划，以确保他们能够维持其服务水平，履行社会职能。在大量警员流失的情况下，警察应集中精力应对严重犯罪和维护公共秩序。此外，考虑到疫情期间需求低迷的企业现金流短缺的问题和大众面临的生活压力，防疫行动计划提出了企业和个人税务欠缴的咨询渠道，以及支持员工福利的倡议，帮助企业渡过难关。

三、防疫行动计划特点分析

在此次席卷全球的新冠肺炎疫情中，英国初期受疫情影响不大，发布防疫行动计划时全国确诊人数仅 40 例，但随着疫情的逐渐发展，英国政府对防疫工作的保守态度使得确诊病例数迅速增加。截至 2020 年 12 月 28 日，英国已成为全球确诊病例排名第 6 位的国家，确诊病例达到 229 万余例，死亡人数超过 7 万，可见英国的防疫措施对疫情的后续发展影响重大。经分析，英国的防疫行动计划具有以下特点。

（一）计划做出总体部署

防疫行动计划就应对传染病大流行的国家责任、地方区域职责和多机构联动体制做了明确的界定，卫生和社会保健部（DHSC）是英国政府负责应对未来大流行风险的主要部门。防疫行动计划对国家各个系统应对疫情的准备工作进行了部署，包括规定卫生和社会医疗系统、社会服务保障系统和危险管理系统等，以支持卫生系统响应疫情，并提供必要的社会服务，达到效益最大化。其中，政府官员及国家卫生服务系统将定期举行会议，讨论科学专家和关键服务岗位专家提出的最新建议，并决定应对策略的升级和下一步防疫措施。此外，防疫行动计划还提出建立区域联动机制，协调一致的方式确保各地区充分利用资源，在英格兰、北爱尔兰和苏格兰地区分别设立各自的响应机构，并为实施防疫措施制定相关法规，为医疗专家、公共卫生专家和警察提供权力，使他们能够隔离或拘留确诊和疑似患者。

（二）防疫风格保守消极

英国政府表明，防疫行动计划中的所有信息和行动均有科学团队和数据支撑，这些团队包括应急科学咨询小组、新发呼吸道病毒威胁咨询小组、危险病原体咨询委员会、大流行性流感模型科学研究小组、疫苗接种和免疫联合委员会，分别在病毒的危险性、对呼吸道的威胁、传染病的模型建立和疫苗接种等方面为政府部门和相关机构提供及时科学的建议，为政府决策提供支持。此外，防疫行动计划将根据疫情发展状况分 4 个阶段进行，不同阶段的行动目标有所差别，分别是遏制疫情扎根、延迟传播速度、加快科学研发和降低疫情影响，其中后两个阶段除了疫苗研发和提供必要的医疗救治以外，政府可做的工作已经相当有限，且现有医疗资源无法满足患者的需要。防疫行动计划透露出的信息是专家团队认为疫情将不可避免地在国内蔓延，因此，英国政府对防疫行动采取消极和保守的态度，这也是英国首相 2020 年 3 月 15 日宣布放弃积极抗疫，并抛出群体免疫策略的原因所在。

（三）防疫措施力度较软

防疫行动计划的目标是在确保人员安全的前提下将社会和经济影响降至最低，然而疫情初期，英国采取的防疫措施力度较小，许多防疫措施并未进行强制性限制。例如，各地区为社区管制制定的法规主要规定了确诊和疑似患者的隔离要求，对大多数健康人群没有做过多限制。政府在延迟阶段采取的行动，仅包括让民众多洗手，以及尽量不要去医院，学校等社会场所依然正常开放运行。英国政府做出此类决策是根据科学家的建议"关学校只会带来更多负面影响"及"儿童感染的概率较低"等。政府会根据科研人员的研究结果制定防疫措施，然而科研结果具有一定的不确定性，过于依赖科研结果也可能导致决策失误。英国政府在疫情初期耗费较多时间等待科研结果，以及评估疫情造成的社会、经济影响，对于是否采取更强硬的防疫措施迟迟悬而未决，延误了控制疫情的适宜时机。

（军事科学院军事医学研究院　宋　蓍　毛秀秀　辛泽西　王　磊）

第十一章

法国军队转运新冠肺炎患者的主要做法

2020 年初新冠肺炎疫情暴发后，法国遭到疫情重创，截至 2020 年 12 月 31 日，其确诊病例累计已达 262 万例，死亡 6.46 万例[①]。2020 年 4 月初，法国军队仅有的戴高乐号航母作战人员因暴发疫情而遭受重大影响。法国政府在疫情暴发初期就要求其军队支援政府做好境内外疫情防控工作，法国军队配合政府采取了各种疫情防控措施，综合各地收治压力、收治条件和转运需求，已通过陆运、海运和空运立体方式在法国境内外转运了大量重型新冠肺炎患者。

一、建立转运行动指挥体制

鉴于疫情发展形势恶化，法国总统马克龙于 2020 年 3 月 16 日宣布国家进入"战时状态"。为强化疫情防控组织领导，法国国防部于 2020 年 3 月 25 日宣布军队疫情防控行动代号为"复原行动"（Opération Résilience），主要负责运输投送、安保警戒、应急科研、危重患者转运和收治、疫苗供应等工作[②]。新冠肺炎患者转运工作纳入作战指挥体系，由法国国家卫生部向军队提报转运需求，防空与空中作战司令部及国家空中作战指挥中心负责指挥协调境内外陆、空军转运直升机和运输机[③]，而作战与投送保障中心负责直升机母舰（也称"两栖攻击舰"）的部署指挥，军队卫勤系统则做好各项业务协调和支援保障。

二、建立国际转运协作机制

法国军队与德国、瑞士、荷兰等多个北约和欧盟国家军队合作，联合开展境内外新冠肺炎患者收治和转运工作。为缓解境内疫情重灾区收治压力，法国军队于 2020 年 3 月 28 日和 3 月 30 日先后共动用本国陆军 4 架次卡曼 NH90 直升机，将 8 名法国患者转运至瑞士境内收治机构；3 月 29 日，法国军队通过协调德国军队空客 A400M 运输机，

[①]　Ministère des Solidaritéset de la Santé. COVID-19-France-Données au 31/12/2020[EB/OL]. [2021-01-01]. https://dash-board.covid19.data.gouv.fr/vue-d-ensemble?location=FRA.

[②]　Ministère des Armées. Dossier de Presse-Opération RÉSILIENCE-20 avril 2020[EB/OL]. [2020-06-05]. https://www.defense.gouv.fr/operations/france/operation-resilience/dossier-de-reference/operation-resilience.

[③]　Wanner C. Évacuations aérosanitaires：l'Armée de l'Air engagée en Île-de-France[J]. Air Actualités，2020，730：30-34.

将 2 名法国患者转运到德国境内接受治疗[①]；同时还有少量患者被转运至奥地利和卢森堡接受治疗。为做好海外军事行动部队新冠肺炎患者救治和转运工作，法国军队利用双边或多边协作机制，与本国军事基地或军队驻地附近的德国、英国、荷兰等国家军队开展了密切合作。

三、完善陆海空立体转运措施

法国军队通过对直升机、运输机、直升机母舰和高铁进行模块化加改装，建造了多种移动式 ICU 转运平台，实现了重型新冠肺炎患者陆地、海上、空中立体转运作业，即陆上高铁转运，空中直升机、运输机转运，海上直升机母舰及舰载直升机转运。

（一）直升机空中转运

2020 年 3 月 18 日至 11 月 28 日，法国军队已通过对卡曼 NH90、野猫 H225 和彪马 SA330 等多型直升机进行加改装，转运了多批重型新冠肺炎患者。这些直升机的航速、航程和转运能力各不相同，转运航程在 400～1000km，可以满足战役和战术区域转运需要。以卡曼 NH90 中型多用途直升机为例，加改装为救护直升机时其可一次转运 2 名重型（卧姿）患者，或 10 名轻型（坐姿）患者，航速 300km/h，转运航程可达 1000km；而彪马 SA330 直升机可一次转运 1 名重型患者或 4 名轻型患者，转运航程则较短[②]。

（二）运输机空中转运

2020 年 3 月 18 日至 11 月 28 日，法国军队已通过 CASA CN-235、猎鹰 900、空客 A330、空客 A400M 等多型运输机转运了多批重型新冠肺炎患者。这些运输机作为专业卫生飞机或是加改装后，其航速、航程和转运能力也不尽相同。以 CASA CN-235 和空客 A330 两型卫生飞机为例，CASA CN-235 作为中程战术运输机，可一次转运 2 名重型患者，或是 8 名轻型患者，航速 450km/h，转运航程为 4000km；而空客 A330 作为大型远程宽体运输机，通过加装模块化远程空运医疗转运装置（MORPHEE），配备麻醉医师、航空医师、麻醉护士、航空护士等专业 12 名医务人员，可一次转运 6 名重型患者，或是 12 名轻型患者，转运航程可达 12 000km，适用于海外重型患者远程转运行动[5]。

（三）高铁陆地转运

法国军队通过对高铁车厢进行模块化加改装，2020 年 3 月 29 日调用两节高铁车厢从法国东北部疫情重灾区向西部分别转运了 24 名和 16 名重型新冠肺炎患者；4 月 10 日，

---

① DICOD. Opération Résilience-Solidarité européenne face à la pandémie[EB/OL]. [2020-06-05]. https://www.defense. gouv.fr/actualites/articles/operation-resilience-solidarite-europeenne-face-a-la-pandemie.

② Ministère des Armées. Dossier de Presse-Opération RÉSILIENCE-20 avril 2020 [EB/OL]. [2020-06-05]. https://www. defense.gouv.fr/operations/france/operation-resilience/dossier-de-reference/operation-resilience.

又动用两节高铁车厢转运了 48 名患者[①]。为了更好地容纳患者和重症监护设备，拆除了高铁车厢的座椅靠背；患者监护设备包括呼吸机、心电图机、吸痰器、微量泵等；床单、注射器、镇静药物等医用耗材放置于车厢"清洁区"；每节车厢配备 7 名军队医务人员提供伴随保障，包括医师、麻醉医师、麻醉护士、护士和助理护士。高铁转运时速可达 200km/h。

（四）直升机母舰海上转运

2020 年 3 月 21 日，法国海军出动"雷电号"直升机母舰从本土南部军港土伦出发，于 3 月 23 日将地中海科西嘉岛 12 名重型新冠肺炎患者跨海转运至马赛市接受进一步治疗，20 个小时转运距离 200km[②]。"雷电号"直升机母舰作为法国海军 3 艘"西北风级"直升机母舰之一，同另外两艘"西北风号"和"迪克斯梅德号"卫勤保障能力配置相同。每舰编配 30 名医务人员，拥有 2 个手术室，展开床位 69 张。通过加强麻醉、重症、影像等专业医护人员和装备，可展开 14 张重症监护床位。"迪克斯梅德号"和"西北风号"两艘直升机母舰分别被部署于加勒比海域和西印度洋海域，作为移动式海基运输平台，可通过舰载直升机为海外领地和驻军患者提供海陆转运保障。

四、严格转运标准防护程序

法国军队在 2014 年援助几内亚抗击埃博拉疫情时，曾多次通过负压隔离担架、救护车、直升机和运输机等装备，将本国患者转运至法国本土，积累了一定的烈性传染病员转运防护经验。在新冠肺炎患者转运行动中，未见法国军队使用负压隔离担架，而是由其陆军专业核生化部队和空军消防部队严格按照标准防护作业程序，做好新冠肺炎患者转运人员和装备的检测、洗消及防护，并飞赴留尼汪、吉布提、马里等海外领地和军事基地开展支援保障，确保整个转运链路安全[③]。以直升机空运转运防护工作为例，对于直升机机体，采用耐火乙烯基隔层对驾驶舱和机舱进行彻底密封隔离；对于不接触患者的飞行员，明确要求在执行转运任务期间需佩戴飞行头盔并放下护目镜，同时佩戴 FFP2、FFP3 或 3M 口罩，以及橡胶防护手套；对于接触患者的空勤机械师，要求穿着防护服、长筒靴、手套、口罩、护目镜等全套个人防护装备；对于转运之后的装备洗消，开设洗消场和洗消帐篷，对机舱、仪表盘、飞行头盔、担架等进行全方位洗消，对敏感器件采用生物性消毒剂避免造成腐蚀。

（军事科学院 于双平）

---

① Anon. Résilience：Les unités de Nouvelle-Aquitaine en première ligne face à la luttecontre le COVID-19[EB/OL]. [2020-06-16]. https://www.defense.gouv.fr/operations/france/operation-resilience/breves/resilience-les-unites-de-nouvelle-aquitaine-en-premiere-ligne-face-a-la-lutte-contre-le-covid-19.

② Ministère des Armées. Dossier de Presse-Opération RÉSILIENCE-20 avril 2020 [EB/OL]. [2020-06-05]. https://www.defense.gouv.fr/operations/france/operation-resilience/dossier-de-reference/operation-resilience.

③ Nijean JL. Mesures de désinfection：Les experts du NRBC au Coeur de la crise[J]. Air Actualités，2020，730：24-29.

第十二章

日本防卫省新冠肺炎疫情防控行动

新冠肺炎疫情暴发后，日本全国迅速动员起来，2020年1月30日，根据《特别措施法》日本成立了由首相任负责人的"新型冠状病毒感染症应对本部"，副部长为日本官房长官、厚生劳动大臣，成员包括其他相关省厅负责人①。该本部作为日本应对新冠肺炎疫情的最高领导机构，从宏观层面制定应对政策，并协调相关部门开展防治工作。作为副部长的日本官房长官从2020年4月至12月与美国、英国、德国、加拿大、越南等24个国家国防部部长就新冠病毒在世界范围内的流行、防卫当局的作用及两国之间的抗击疫情合作与交流等交换了意见②。自卫队在疫情初期就积极参与到抗击疫情行动中，在参与一线救治的同时注重国内疫情的防控，严格管理制度，注重自我防护，安全完成多项任务。

一、疫情的火线应对

自卫队参与应对的主要疫情紧急事件：紧急应对"钻石公主号"事件；对归国的日本国民提供运输支援保障，为归国人员提供住宿设施等生活支持，对归国人员进行疫情检测保障；以自卫队中央医院为主的自卫队医院对新冠肺炎患者的救治；应对后期日本北海道疫情的暴发等。

（一）"钻石公主号"事件应对

"钻石公主号"是全球知名豪华邮轮。这艘邮轮长290.4m，宽48.2m，高达62.5m，载重11.6万吨，共有1045名船员。船上有客舱1337间，可以容纳乘客2670位。2020年1月20日，"钻石公主号"共携带乘客和船员3711名从横滨港启程，途经日本鹿儿岛、中国香港、越南等地后返回日本横滨。2月5日确认船上有10名乘客感染新冠病毒，随后日本政府要求所有人员不得下船，进行14天隔离。面对感染人数不断攀升，国际舆论压力越来越大，2月6日，日本应对本部派出自卫队人员进行应急保障。5周内，对船上约2800人进行了支援保障。2月6日至3月1日，共有2700名自卫队员参与了支援保障任务，主要进行了医疗保障，包括诊断、开药、人员分类等；其次

---

① 首相官邸. 新型コロナウイルス感染症对策本部の设置について [EB/OL].[2021-01-06].http://www.kantei.go.jp/jp/singi/novel_coronavirus/th_siryou/konkyo.pdf.

② 防卫省·自卫队. 新型コロナウイルスの感染拡大防止に向けた取组 [EB/OL].[2020-12-24].https://www.mod.go.jp/j/approach/defense/saigai/2020/covid/index.html.

是生活保障，包括生活物资的输送和分类等；船舱内公共区域的消毒（大厅、楼梯扶手、电梯内按钮、门把手、其他手接触到的金属部分等）；下船人员的运输保障（自卫队参与"钻石公主号"乘客保障人员情况见表12-1）。后期又执行了将部分外国乘客（包括美国、欧盟诸国、澳大利亚、新西兰、以色列等）安全转运回本国的工作。

表 12-1　自卫队参与"钻石公主号"乘客保障人员情况统计 ①

类别	时间	参与保障人数
医疗保障	2月7日至2月26日	约700人
生活保障	2月9日至3月1日	约1300人
下船人员的运输保障	2月14日至3月1日	约300人
综合协调当地安置所	2月6日至3月1日	约400人

值得一提的是，这次事件共派出4900名人员，没有1名人员感染。本次事件还特别出动了应对特殊武器卫生队，该部队在2011年东日本大地震中进行了灾害救援，在此次活动中也发挥了重要作用。特殊武器卫生队平时进行应对生物战剂感染患者的治疗训练，在特殊时期进行感染患者的临时隔离收容和应急治疗，以及对敌方所使用的生物战剂进行鉴定。

（二）自卫队中央医院紧急收治新冠肺炎患者

自卫队中央医院是防卫大臣直辖最高水准一级传染病指定医疗机构，位于东京世田谷区，医院拥有500张病床。2020年2月该医院开始接诊"钻石公主号"邮轮上的患者；4月30日，对外公开接诊新冠肺炎患者。截至10月28日，自卫队中央医院高效有序地收治新冠肺炎患者，共累计接收阳性患者842人，其中698人出院，30人转至其他医院，89人移送至隔离点，8人死亡，现有17人住院，没有发生1例医院人员的二次感染。因为是日本国内最早接收新冠肺炎患者的医院，其接收了日本国内大量的新冠肺炎患者，这些患者来自多达18个国家和地区。在救治的同时，自卫队中央医院基于104例患者症状的分析结果迅速发表了病例分析报告（3月19日）。同时，自卫队中央医院不仅限于新冠病毒感染的治疗，还协助了"治疗药物的开发"，与防卫医科大学医院合作进行了法匹拉韦药物验证试验，对日本抗击新冠疫情做出了特殊的贡献。

（三）北海道二次暴发疫情的紧急应对

自2020年11月以来，日本北海道旭川市再度暴发新冠肺炎疫情，医疗系统十分紧张。由于疫情正在日本全国范围蔓延，因此难以短期内解决护士短缺的问题。12月8日，北海道知事请求陆上自卫队北部地区（札幌站）负责人向旭川市发生疫情的医院进行医疗支持。当日自卫队派遣陆上自卫队北部方面队的两组医疗支援组（每组护士1名，准护士4名）共10名，前往旭川市内的两家医院进行医疗加强。经过努力后疫情缓解，于12月21日，北海道知事请求撤回自卫队医疗支援小组。

---

① 防卫省.新型コロナウイルス感染拡大を受けた防衛省・自衛隊の取組[EB/OL]. [2021-01-25].https://www.mod.go.jp/j/approach/exchange/area/2020/pdf/20200417_fra-j_gaiyo-1jp.pdf.

（四）归国人员保障情况

疫情发生后为保障本国海外公民安全，日本政府迅速行动，自卫队也紧随其后。在武汉发生疫情后的 2020 年 1 月 29 日至 2 月 17 日，自卫队向飞往武汉的包机派遣护士，分别在第 2 航班至第 5 航班上派遣了自卫队的 4 名护士，在机内进行保障。对乘坐包机回国的日本人、从邮轮下船的人员进行标本采集检测保障。自卫队军医在可停留国际航班的机场（成田、羽田）进行用于 PCR 检测的实验标本采集，从约 46 000 名入境者中采集了约 20 400 份标本进行检测（约占总体的 44%）。为归国、入境人员提供交通运输保障。在 PCR 检测结果出来之前，负责将人员从机场运送到临时隔离点。截至 4 月 27 日，共计将 6110 名入境人员从机场运送到临时隔离点，27 日之后由地方运输公司实施运输保障。对归国人员提供生活支援保障，建立临时隔离点等住宿保障设施，为滞留在临时隔离点的归国、入境人员分发食物等。对等待 PCR 检测结果的约 17 180 名归国、入境人员提供生活保障（饮食分配等）。5 月 30 日之后由地方人员接替保障。

二、疫情国内防控

防卫省和自卫队除了应对紧急疫情事件外，还在积极派出人员防止城市疫情的暴发。截至 2020 年 4 月 3 日，他们已经在 34 个都道府县展开部署（表 12-2）。行动主要包括医疗支援、生活保障、教育支援和患者空运等。医疗支援主要包括增派军队医务人员对地方医疗机构进行加强；生活支援主要以利用地方住宿设施为核酸阳性（无症状、轻型）人员提供隔离的生活保障，包括安排饮食、回收垃圾、清扫和消毒等；运输保障以提供从医院向地方临时隔离点运送阳性患者（无症状、轻型）为主；教育支援指对需要参与抗击疫情行动的各类人员进行预防感染的教育支援，如私人企业员工、地方临时隔离点人员和地方运输公司职员等，进行防病毒感染的培训教育，降低暴露感染的发生概率，培训的内容主要包括防护服的穿脱、口罩的戴摘、洗手方法和设备设施消毒方式等；此外偏远岛屿的患者运输也是重要工作，由于日本存在很多与外界往来不便的岛屿，岛上医疗设施有限，一旦出现病例，无法自主应对，自卫队对于偏远岛屿的新冠肺炎患者，单独提供直升机空运保障；在疫情压力较大的县域，自卫队还会向当地政府提供疫情相关的防护、检测和治疗器材，如自卫队向长崎县政府提供了军用的 CT 诊断车，加强当地对疑似患者的筛查诊断工作。

表 12-2 日本防卫省新冠疫情防控行动部署[1]

	支援内容	保障成果统计
医疗支援、检查采样支援	医疗支援、PCR 检测、检测采样	5 个道县
生活保障	为隔离人员提供生活保障	8 个都道县，为约 760 人提供生活保障
运输保障	医院与隔离区之间的患者转运	6 个县，共转运人员 90 人
教育支援	对企业进行新冠防控健康教育指导	33 个都道府县，共计培训人员 2360 人
患者空运	空运偏远岛屿的阳性患者	5 个道县，空运人数约 80 人
物资保障	自卫队向地方政府提供 CT 诊断车	1 个县

---

[1] 防卫省.新型コロナウイルス感染症に対する市中感染対応に係る災害派遣等について [EB/OL],[2021-04-19]. https://www.mod.go.jp/js/Activity/Gallery/images/Disaster_relief/2020covid_19/2020covid_19_press1.pdf.

三、自卫队自我防护和经验借鉴

为抗击疫情同时保证自身安全，自卫队在疫情中采取了许多有效的行动，也取得了良好的效果，杜绝了队员在任务中的暴露感染事件。

（一）任务前充分的训练培训

在参加抗击疫情行动前进行充分的教育和训练，力求彻底掌握基础性处置方法，主要包括基本卫生知识、流行病学的基础理论、传染病防治的基本原理、防护服的穿脱方法、防护服的状态检查方法、隔离衣及防护手套的使用方法等。

（二）制定不同业务的防护评估标准

组织专家进行评估，根据业务的内容和参与的活动规定应该配有的装备，确保达到防护要求的同时装备的合理分配；制定个体健康状况评估标准。在每天任务前进行评估，一旦不合格立刻就医检测；内部防护工作结束后，尽量禁止外出，外出勤务任务结束后，感染风险高的队员不允许回队，利用地方隔离设施等进行隔离观察。制定设施设备的防护标准，建立隔离区、制定隔离计划。制定车辆的防护计划，运送感染者时，要事先用塑料等物覆盖车内，防止二次感染。制定垃圾分类处理标准，防止感染扩大；实行现场监督，指挥官要进入现场，确认完全按照指示的标准实施防护。

（三）制作分享疫情材料

为了分享自卫队在疫情应对中的成功经验，并为各行各业的抗疫人员提供参考，防卫省先后制作了《抗击新型冠状病毒——从管理者角度防止病毒扩散》《防治新冠病毒守护民众安全》《防卫省·自卫队防新冠暴发的举措》等宣传资料上传在官方网站。

（四）民间船只的紧急调用

在对"钻石公主号"邮轮开展援助中，为了让派出的队员拥有稳定保障据点，防卫省又与民间企业签约租用了"银色皇后号"民间客轮，作为自卫队员活动场所。为从武汉撤回的日侨提供暂时性的住宿场所，日本防卫省征调了排水量17 000吨名为"白鸥号"的客货两用民间渡轮，该船有五层甲板，最上面四五层设置为隔离区，分别设有24和36间隔离房间，用于参加疫情防控的自卫队军医、护士、药师等人员的隔离，三层为不需隔离人员和保障人员生活场所，共46个房间，各层甲板之间单线通行保证隔离人员和非隔离人员的无接触保障。"白鸥号"与日本防卫省签订了长期包租契约，其定位为灾害发生、演习训练时大规模的后勤准备和支持，如运输自卫队员、物资、传染病患者或密切接触者隔离用，或自卫队员任务结束后14天隔离场所使用等。这不是"白鸥号"第一次参与防卫省的应急支援活动，在2016年发生熊本地震、2018年发生西日本暴雨及北海道担振东部地震时，其都曾出动到灾区支援救灾。为满足传染病的医疗隔离要求，"白鸥号"对客房的布局和通风系统进行了特别改造。目前已经发现隔离对防止新冠病毒大规模传播是有效的，而轮船是一个天然的封闭空间，沿江、沿海城市或许可以通过这种方式紧急征调一些客轮或渡轮进行通风系统和其他一些改装，以便能迅速形成隔离点，同时也可以快速改建成像"火神山""雷神山"这类的传染病专用医院，在人力物力和时间成本上或许更有优势。

目前疫情还在全球肆虐，全球疫情的压力仍然有增不减，截至 2020 年 12 月 31 日，日本为抗击新冠肺炎疫情共进行核酸检测 4 851 937 人，阳性 230 304 人，死亡 3414 人[①]。作为较早发现新冠病毒传播的国家之一，加上老龄化、高密度人口组成，日本能够取得这样的成绩实属不易。对自卫队来说，虽然是第一次应对如此大规模的传染病，但是其灵活运用了平时关于生物化学战剂防护教育训练的成果，合理有序应对，顺利完成了任务，并且目前为止在各项保障活动中尚未出现 1 例感染报道。其诸多做法，值得学习借鉴。

（军事科学院军事医学研究院　苗运博　金雅晴　王　磊）

---

① 厚生労働省．新型コロナウイルス感染症の現在の状況と厚生労働省の対応について [EB/OL]. [2020-12-31]. https://www.mhlw.go.jp/stf/newpage_15828.html.

第十三章

印度军队应对新冠肺炎疫情的主要做法

截至 2020 年 12 月 31 日，印度确诊新冠肺炎病例 1028.2624 万例，其中死亡 14.8950 万例，治愈 987.6557 万例。自新冠肺炎疫情发生后，印度军队中已有大量官兵确认罹患新冠肺炎，印度军队在做好部队疫情防控工作的同时，也响应政府号召支援政府境内外疫情防控工作。

一、新冠肺炎疫情对印度军队的影响

2020 年 3 月 16 日，印度陆军部队驻印控克什米尔地区列城的一名 34 岁男性侦察兵确认罹患新冠肺炎，成为印度军队报告的第一例新冠肺炎患者，患者所在部队的密切接触者已在拉达克侦察团中心（Ladakh Scouts Regimental Centre）进行集体隔离。印度军队溯源发现，该患者的父亲 2 月 27 日从伊朗朝圣归来并于 2 月 29 日开始接受隔离，于 3 月 6 日确认罹患新冠肺炎。患者自家中休假结束后返回军营，于 3 月 7 日被隔离，3 月 16 日确认罹患新冠肺炎[①]。

印度国防部在 2020 年 9 月 16 日提交议会报告中称，印度军队已有 19 839 人感染新冠肺炎，陆军、海军和空军中感染新冠肺炎的人数分别是 16 758 人、1365 人和 1716 人[②]，其中 35 人死亡。陆军死亡病例中的最高军衔为准将。截至 9 月 27 日，准军事部队印度中央武装警察部队已有 3.6 万余人确诊感染新冠肺炎，其中 128 人死亡。

因受新冠肺炎疫情暴发影响，印度国防部 2020 年 3 月决定暂停其陆军和海军关键装备项目的采购招标工作，招标内容涉及便携式导弹系统、突击步枪、轻机枪、装甲车等，涉及金额超过 100 亿美元。据悉，这类武器主要用于边境作战，因此以上操作可能会对印度军队边境作战能力产生影响。印度国防部在 2020 年 6 月宣布，鉴于新冠肺炎疫情导致供应链中断，国防部部长辛格已经签发命令，同意印度国防供应商的所有供应

---

① 人民网.印度军队出现首例确诊病例 士兵休假回部队后确诊[EB/OL]. [2020-04-11]. https://baijiahao.baidu.com/s?id=1661553707067718582&wfr=spider&for=pc.

② 潇湘晨报.印度单日新增再破纪录，军中近两万人感染新冠[EB/OL]. [2020-09-20]. https://baijiahao.baidu.com/s?id=1678099488104341575&wfr=spider&for=pc.

合同可以延期 4 个月交付[①]。命令指出，在计算合同设备 / 服务的交付延迟和违约赔偿金时，不可抗力的持续时间即 2020 年 3 月 25 日至 7 月 24 日将被排除在外，且不需要对合同进行单独的具体修改，供应商可以在延长的交货期限内自由交付合同项目。这项措施有助于缓解印度国内国防工业因新冠肺炎疫情而造成的生产压力。对于国外供应商，则需要征得印度国防部同意后，才可享受此项优惠措施。

鉴于新冠肺炎疫情威胁，印度海军于 2020 年 3 月 3 日宣布，推迟原定于 2020 年 3 月 18 日至 28 日在印度本土维沙卡帕特南举行的多边联合军事演习"米兰 -2020"（Milan 2020）。作为东道国，印度邀请了 40 多个国家参加本次演习，有 30 多个国家确定派兵参加，此次演习原计划将成为印度海军自 1995 年首次组织"米兰"系列军演以来的最大规模海上联合军演。

此外，印度空军原定于 2020 年 3 月 19 日至 23 日在全国 86 个城市举行的征兵体检工作，也因疫情影响而不得不推迟。

二、印度军队开展疫情防控工作的主要做法

为了监测新冠肺炎疫情发展形势，并根据需要提供及时的响应和协助，印度国防部在空军总部和各个战区总部设立了 24×7 危机管理小组。印度陆军应对疫情的措施：做好部队内部疫情防控工作，协助政府开展疫情防控工作，以及做好突发事件应对准备。为此，军队医院已经加强建立隔离病房和重症监护中心，截至 2020 年 4 月 2 日印度军队在 28 家军队医院准备了 9000 张新冠肺炎患者病床，8500 名医务人员负责提供保障[②]，陆军在各地还设立了多支快速反应医疗队，以备不时之需。

（一）严格做好部队营区内部的疫情防控工作

新冠肺炎疫情暴发初期，印度军队采取了一系列措施防控疫情输入。一是各军种已经暂停了一切不必要的训练演习、课堂教学、会议研讨、节日庆祝等集体活动和海外任务，在外休假人员的假期直接延长至 2020 年 4 月 15 日，陆军则取消了官兵休假申请；二是军营和军队公寓不允许家政服务人员和客人来访，仅医疗、消防、电力 / 水供应、通讯、邮政等从事基本服务的人员活动未受到严格限制；三是要求每名官兵记录个人每日联系日志，便于追溯个人接触史；四是海军和空军实行半数官兵在岗制度，允许官兵居家办公，海军舰艇部队官兵从海外回国后应首先隔离 14 天；五是对军营进行洗消，设置洗手站，并关闭适当数量的商店、餐馆，官兵食堂实行分批错峰就餐。

（二）严密做好撤侨行动中的疫情防控工作

2020 年 2 月中旬至 3 月 26 日，印度空军多次派出 C-17 军用运输机至中国、伊朗、

---

① Anon. MoD extends by four months capital acquisition deliveries of domestic manufactures due to Covid-19 situation[EB/OL]. [2020-07-05]. https://www.indiastrategic.in/mod-extends-by-four-months-capital-acquisition-deliveries-of-domestic-manufactures-due-to-covid-19-situation/.

② Chauhan S. Indian Military To Rescue: Hospital With 9000 Beds, 8500 Medics Ready To Help Fight COVID-19[EB/OL]. [2020-04-04]. https://www.indiatimes.com/trending/social-relevance/indian-army-hospital-with-9000-beds-8500-medics-ready-to-help-fight-covid-19-509857. html.

日本、意大利和东南亚国家开展撤侨行动，撤侨人数已达 1500 人，回撤侨民主要在由军方控制的检疫隔离中心接受观察[①]。在组织撤侨行动中，印度空军主要采取了以下防控措施：一是根据其标准操作流程，明确要求机组人员、所有登机者都要进行热扫描，任何疑似有症状者都严禁登机；二是在进入飞机之前，要求所有登机者用消毒剂彻底消毒双手；三是由机组人员告知所有登机者，注意社交距离和个人卫生，减少与他人或飞机表面的不必要接触；四是任何机组人员、保障人员和地勤人员都要避免与乘客密切接触；五是乘机者遗留在飞机上的所有废物应密封在黄色垃圾袋内并交由生物危害防控专业车辆做进一步处理。

印度海军于 2020 年 5 月 8 日至 8 月 19 日，多次派出 Jalashwa 号两栖攻击舰和 Magar 号两栖登陆舰赴马尔代夫、斯里兰卡、伊朗等国开展撤侨行动，撤侨规模达 4000 人。

（三）支援政府设置运行多个检疫隔离中心

自 2020 年 2 月 1 日起，印度军队已经根据政府应对新冠肺炎疫情防控要求，在全国范围内利用陆军、海军、空军现有军营陆续设置了 15 个检疫隔离中心，负责接收撤侨行动中的归国人员[②]。截至 2020 年 3 月 26 日，有近半数检疫隔离中心已经投入运行，各中心收容能力在 200 ～ 700 人。相关措施和要求：一是参照美军发布的相关指南，检疫隔离中心设置在远离人口稠密、医疗机构和重兵驻扎的地段；二是检疫隔离中心的运行时间不低于 30 天，并根据政府需要进行调整；三是每个检疫隔离中心编配 10 ～ 12 名经验丰富的医务人员提供保障，要求其使用手套、口罩、防护服、护目镜等个人防护装备；四是每个中心配备一辆救护车 24 小时待命，并可以随时收集和转运样本，以便开展实验室确认工作；五是从疫区和国外回来的人员都要接受检疫隔离，包括执行海外撤侨任务的空勤官兵；六是隔离人员在隔离期间将受到严密监视，而隔离工作将根据政府卫生与家庭福利部制定的协议在医疗监督下进行；七是归国人员将被隔离 14 天，由印度军队协调地方政府卫生官员，以确保为所有撤离人员提供足够的预防保健，并防止疫情在检疫隔离中心内部传播；八是被隔离人员在接受隔离满 14 天离开检疫隔离中心后，将继续接受地方卫生行政机构持续 14 天的追踪随访。

截至 2020 年 3 月 26 日，印度各军种设置运行的检疫隔离中心数据如下：一是陆军有 3 家，分别位于马尼萨、贾沙梅尔和焦特布尔，三家检疫隔离中心的总容量为 1600 人；第一个建立的马尼萨检疫隔离中心已经接收了 83 名从意大利撤回人员，规模最大的贾沙梅尔检疫隔离中心位于沙漠地区并已经接收了 484 名从伊朗撤回人员，焦特布尔检疫隔离中心已经接收了 277 名从伊朗撤回的朝圣者。二是海军有 3 家，在维沙卡帕特南的维谢瓦卡玛岛（INS Vishwakarma）的检疫隔离中心可容纳 200 人；在孟买的加特克帕检疫隔离中心已经收容了 44 名从伊朗撤回人员；而第三家位于科奇。三

---

① IANS. Indian military doctors, paramedics get Covid-19 vax shots[EB/OL]. [2021-01-20]. https://www.bharatdefencekavach.com/news/indian-army/indian-military-doctors-paramedics-get-covid-19-vax-shots/77284.html.

② Anon. Defence Minister Rajnath Singh reviews work of Armed Forces Medical Services to contain COVID-19[EB/OL]. [2020-05-04]. https://www.indiastrategic.in/defence-minister-rajnath-singh-reviews-work-of-armed-forces-medical-services-to-contain-covid-19/.

是空军有 9 家，收容能力在 200～300 人，欣登检疫隔离中心已接收自伊朗撤回的 58 人，戈勒克布尔等地也建立了多个检疫隔离中心 ①。截至 2020 年 3 月 27 日，仅报道有 1 名隔离检疫人员确诊罹患新冠肺炎，近 400 人已解除隔离。

（四）开展实验室样本检测与临床样本测试分析

2020 年 3 月 22 日，印度国防研究与发展组织（Defence Research and Development Organization，DRDO）宣布，经印度中央政府批准，该机构位于瓜廖尔（Gwalior）的国防研究发展研究所（Defence Research Development Establishment，DRDE）已经依据印度国家疾病预防控制中心制定的标准化流程，与其他多个国家高等级实验室合作，开展了新冠病毒实验室样本筛查、检测与临床样本测试分析工作，有助于迅速开展与新冠病毒有关的研发项目，同时做好其他相关的防护用品研制和生产工作 ②。另外，DRDO 总部根据 WHO 的指导方针，截至 2020 年 3 月 26 日已在实验室中自行制备了 1.4 万瓶 500ml 装的消毒液，供疫情防控使用 ③。

（五）积极做好对南盟和非洲国家的支援工作

印度总理莫迪于 2020 年 3 月 15 日在南亚区域合作联盟（简称南盟，成立于 1985 年 12 月，共有 8 个成员国，即孟加拉国、不丹、印度、马尔代夫、尼泊尔、巴基斯坦、斯里兰卡和阿富汗）视频会议上，呼吁各国为南盟成立抗疫基金捐款。在此前后，印度军队响应政府号召，由陆军成立了 5 支快速反应医疗分队，海军 2 艘舰艇随时待命，做好可及时向南盟国家提供援助的准备。3 月 26 日，援助马尔代夫的第一批快速反应医疗分队人员已经完成援助任务返回印度本土 ④。

印度海军 "Kesari 号" 军舰于 5 月 10 日出发前往马尔代夫、毛里求斯、塞舌尔、马达加斯加和科摩罗等多个国家，为其抗击新冠肺炎疫情提供食品和药品援助。同时，舰载医疗队还登陆上述国家为其提供新冠肺炎疫情防控技术指导。

（军事科学院　于双平）

---

① Anon. Contribution of Indian Army towards Fighting COVID-19[EB/OL]. [2020-05-04]. https://www.indiastrategic.in/contribution-of-indian-army-towards-fighting-covid-19/.

② Anon. DRDO develops bio suit with seam sealing glue to keep health professionals fighting COVID-19 safe[EB/OL]. [2020-05-04]. https://www.indiastrategic.in/drdo-develops-bio-suit-with-seam-sealing-glue-to-keep-health-professionals-fighting-covid-19-safe/.

③ Anon. Defence PSUs, OFB pitch in to fight against COVID-19[EB/OL]. [2020-05-04]. https://www.indiastrategic.in/defence-psus-ofb-pitch-in-to-fight-against-covid-19/.

④ Anon. Contribution of Indian Army towards Fighting COVID-19[EB/OL]. [2020-05-04]. https://www.indiastrategic.in/contribution-of-indian-army-towards-fighting-covid-19/.

第十四章

全球应对新冠肺炎疫情国际合作情况分析

截至 2020 年 12 月 28 日，新冠肺炎疫情正在全球蔓延，已有 8000 万人感染新冠病毒，176 万人丧生，传染病大流行正以指数级的速度增长。为应对这一全球危机，世界各国采取积极措施，不断加码疫情防控力度。同时，国际社会要求加强全球合作的呼声越来越高。本章对国际基金组织及"新冠肺炎疫苗实施计划"等情况进行分析，并提出几点思考。

一、WHO 新冠肺炎团结应对基金

2020 年 3 月 13 日，WHO 总干事谭德塞宣布启动首个新冠肺炎团结应对基金[①]。该基金由 WHO、联合国基金会、瑞士慈善基金会联合发起。企业、组织和个人可以通过此平台向 WHO 捐款，共同应对新冠肺炎疫情。

新冠肺炎团结应对基金主要用于帮助卫生系统脆弱或处于疫情扩散风险的国家。筹集的资金旨在协调个人防护装备，向疫情防控一线工作人员提供口罩、手套、防护服和护目镜等必要物资；建立重症监护病房，确保患者及时得到医疗救治；购买诊断试剂盒，追踪和了解病毒的传播情况，加强疫情监测效果；加速科研攻关，为研发疫苗、诊断和治疗药物提供资金；提供科学指南，确保世界各地的医护人员和社区都能获得科学的自我防护知识。

该基金是国际商界、慈善界和个人资助全球疫情防控工作的重要途径。截至 2020 年 12 月底，该基金募集到新冠肺炎防控捐款 1.08 亿美元。WHO 利用该基金与全球各国政府的捐款，向 74 个国家运送了近 200 万件个人防护装备，向 120 个国家发送了近 150 万份诊断试剂盒，并通过"团结试验项目"在数十个国家同时开展抗新冠肺炎药物安全性和有效性的比较分析。

二、流行病防范创新联盟

流行病防范创新联盟（CEPI）于 2017 年正式成立，由比尔及梅琳达·盖茨基金会，以及惠康信托基金会联合创立，是一个募集各级机构的捐款来资助新发突发传染病疫

---

① WHO. WHO, UN Foundation and partners launch first-of-its-kind COVID-19 Solidarity Response Fund[EB/OL]. [2020-03-20]. https://www.who.int/news/item/13-03-2020-who-un-foundation-and-partners-launch-first-of-its-kind-covid-19-solidarity-response-fund.

苗研发的基金会①。

CEPI 的宗旨是"为更安全的世界研发新的疫苗"（*new vaccines for a safer world*）。该组织不直接从事生物医学研究，而是资助并协调疫苗的研发工作。目前，CEPI 聚焦埃博拉病毒、拉沙病毒、中东呼吸综合征（MERS）病毒、尼帕病毒、裂谷热病毒、基孔肯亚病毒、寨卡病毒、马尔堡病毒等疫苗的研发。此外，CEPI 强调疫苗的可及性，即世界人民都能公平获得疫苗接种，尤其是欠发达国家和地区。

新冠肺炎疫情暴发后，CEPI 迅速投入资金研发相关疫苗。2020 年 12 月 9 日，该基金组织宣布其资助项目达到 8 个，其中有代表性的 2 个疫苗为：① Moderna 公司的 mRNA 疫苗，该疫苗已于 2020 年 3 月 16 日在美国启动 I 期临床试验；② Inovio 公司的 DNA 疫苗，该疫苗已于 2020 年 12 月 7 日开展 II 期临床试验，并在美国 17 个地点招募大约 400 名 18 岁及以上的受试者。CEPI 资助的其他 6 个机构分别是德国 CureVac AG 公司、美国 Novavax 公司、英国牛津大学、中国香港大学、澳大利亚昆士兰大学，以及法国巴斯德研究所。此外，CEPI 与葛兰素史克公司达成协议，后者将提供疫苗研发中的辅助技术。

三、全球疫苗免疫联盟

全球疫苗免疫联盟（GAVI）②是一个公私合作的全球卫生合作组织，成立于 1999 年。GAVI 的宗旨是与政府和非政府组织合作，提供技术和财政支持，促进全球健康和免疫事业的发展。GAVI 的成员包括 WHO、比尔及梅琳达·盖茨基金会、非政府组织及科研机构。

GAVI 聚焦儿童疫苗的研发和采购，自成立以来，已资助 7.6 亿儿童接种了疫苗，避免了 1300 万名儿童死亡。此外，GAVI 致力于乙型肝炎、流感、黄热病等欠发达国家常见传染病的疫苗推广工作。

为应对新冠肺炎疫情，GAVI 加强了与其联盟成员的合作，以创造最佳条件，确定优先候选疫苗，加速研发、生产疫苗，并向所有需要的人们提供保护。GAVI 首席执行官伯克利在《科学》（*Science*）上发表社论，呼吁汇集全球所有研究力量，采用与"曼哈顿计划"类似的方式来研发新冠病毒疫苗。他同时指出，为了保证疫苗的充足生产，需要采取激励措施，吸引制造商参与大规模生产。

四、新冠肺炎疫苗实施计划

"新冠肺炎疫苗实施计划"（COVAX）是由 GAVI、WHO 和流行病防范创新联盟共同提出并牵头进行的项目③，拟于 2021 年底前向全球提供 20 亿剂新冠病毒疫苗，供应给"自费经济体"和"受资助经济体"。

"新冠肺炎疫苗实施计划"旨在加快新冠病毒疫苗的开发和生产，并确保每个国家

---

① CEPI. A proven track record[EB/OL]. [2020-04-01]. https://cepi.net.

② Gavi. Gavi, the vaccine alliance helps vaccinate almost half the world's children against deadly and debilitating infections disease[EB/OL]. [2020-05-02]. https://www.gavi.org/.

③ COVAX. Working for global equitable access to COVID-19 vassines[EB/OL]. [2020-10-25]. https://www.who.int/initiatives/act-accelerator/covax.

都能公平地获得新冠病毒疫苗。通过这一计划，参与国能够使用世界上最广泛和最多样化的候选疫苗产品组合，并优先考虑包括卫生工作者、老年人在内的高风险人群，从而实现疫苗全球协调部署，将有助于控制新冠肺炎大流行，挽救生命，加速经济复苏。

2020年10月8日，中国同GAVI签署协议，正式加入"新冠肺炎疫苗实施计划"。截至10月19日，各国正在研发并登记在册的候选新冠病毒疫苗共有198种，其中44种已进入临床试验阶段；加入"新冠肺炎疫苗实施计划"的国家和地区已达184个。

五、几点思考

国际基金组织成为募集疫情防控资金的重要渠道。当前，全球正处于应对新冠肺炎疫情的关键时期，亟需提供足够资金并采取一切必要的公共卫生措施。世界各地的许多个人和机构都有为抗击新冠病毒捐款的意愿，国际基金组织为他们提供了便捷、可靠的捐款途径。同时，这些捐款将填补WHO"新型冠状病毒战略防范和应对计划"（*COVID-19 Strategic Preparedness and Response Plan*）等计划的资金缺口，向所有需要的国家提供帮助。

国际合作为购买、协调医疗物资提供平台。随着新冠病毒的快速传播，全球已有200多个国家和地区受到疫情的影响。目前，许多发达国家的新冠病毒感染人数已超过医疗负荷，医疗条件薄弱的国家也面临着更加困难的局面。实施广泛的国际合作，可以集中采购当前各国亟需的医用口罩、防护服和护目镜等医疗物资，以及诊断试剂盒等，并根据各国医疗水平和确诊病例数来协调医疗物资的分配，以帮助在全球范围内抗击疫情。

"新冠肺炎疫苗实施计划"为加快抗病毒疫苗药物研发提供支持。新冠肺炎不是一国之疫，疫苗药物研发任重道远。此外，全球正在推进新冠肺炎治疗药物的临床试验，但距离大规模上布还需要一段时间，同时也需要大量的资金支持。"新冠肺炎疫苗实施计划"可以为多个疫苗和药物研发项目提供资金支持，以推动这些研究工作快速开展，从而为有效遏制新冠肺炎全球疫情提供最有效的手段。

（军事科学院军事医学研究院　张　音）

第十五章

DNA 新冠病毒疫苗关键技术与产品进展分析

截至 2020 年底，新冠肺炎已经席卷全球 200 多个国家和地区，成为少见的全球性传染病。寻找新冠肺炎的治疗策略、研发高效的抗新冠病毒药物迫在眉睫。而疫苗是应对传染病的重要手段，其防治效果已经得到了相关专家学者的普遍认可。作为疫苗领域的研发热点，DNA 疫苗不仅可以让外源基因在机体内表达抗原，激活机体的免疫系统产生特异性的体液免疫和细胞免疫反应，而且具有制作简单经济、易于储存运输等优点[1]，在此次疫情中得到了广泛的研究与关注。2020 年 8 月，针对突发传染病，从应急预防需求角度出发，WHO 更新了关于 DNA 疫苗研发的指导原则（WHO/BS/2020.2380）。目前，DNA 新冠病毒疫苗的研发工作取得较大进展，部分产品已经进入临床试验阶段。本章综合当前 DNA 新冠病毒疫苗研发的关键技术，并对现有产品的研发进展进行汇总分析，旨在为相关研发工作提供参考。

一、DNA 疫苗概况

DNA 疫苗是指将编码某种蛋白质抗原的基因重组到真核表达载体后，直接或经包装后导入宿主体内，在宿主体内表达外源抗原基因，激活机体免疫应答，诱导特异性体液免疫和细胞免疫反应，达到预防和治疗疾病的目的，其应用领域主要有癌症[2]、过敏性疾病[3]、自身免疫性疾病[4]和传染性疾病[5]。目前，在美国已注册的 DNA 疫苗临床试验超过了 500 项，主要是针对病毒感染[6]和癌症[7]。

---

① 闻玉梅. 治疗性疫苗[M]. 2 版. 北京：科学出版社，2020：108，109.

② Fioretti D, Iurescia S, Rinaldi M. Recent advances in design of immunogenic and effective naked DNA vaccines against cancer[J]. Recent Patents on Anticancer Drug Discovery, 2014, 9（1）：66-82.

③ Scheiblhofer S, Thalhamer J, Weiss R. DNA and mRNA vaccination against allergies[J]. Pediatr Allergy Immunol, 2018, 29（7）：679-688.

④ Zhang N, Nandakumar KS. Recent advances in the development of vaccines for chronic inflammatoryautoimmune diseases[J]. Vaccine, 2018, 36（23）：3208-3220.

⑤ Maslow JN. Vaccines for emerging infectious diseases：Lessons from MERS coronavirus and Zika virus[J]. Hum an Vaccines & Immunother apeutics, 2017, 13（12）：2918-2930.

⑥ Weniger BG, Anglin IE, Tong T, et al.Workshop report：Nucleic acid delivery devices for HIV vaccines：Workshop proceedings, National Institute of Allergy and Infectious Diseases, Bethesda, Maryland, USA, May 21, 2015[J]. Vaccine, 2017, 36（4）：427-437.

⑦ Tiptiri-Kourpeti A, Spyridopoulou K, Pappa A, et al. DNA vaccines to attack cancer：Strategiesfor improving immunogenicity and efficacy[J]. Pharmacology & Therapeutics, 2016, 165：32-49.

与传统的减毒疫苗、灭活疫苗、蛋白亚单位疫苗相比，DNA 疫苗有以下几个特点：①免疫效果好。DNA 疫苗可以在宿主细胞内表达外源性抗原蛋白，加工处理过程与病原的自然感染相似，抗原提呈过程也相同，因而可以同时诱导机体产生细胞免疫和体液免疫。②可提供持久的免疫应答。外源基因在体内存在较长时间，不断表达外源蛋白，持续给免疫系统提供刺激，因此可以产生比较持久的免疫应答，具有更加持久的保护效果。③设计简单方便。可用化学合成或 PCR 方法得到抗原 DNA 序列。④ DNA 疫苗本身具有佐剂作用，可增强对目的蛋白的免疫反应。⑤ DNA 疫苗具有共同的理化性质，可以将编码不同抗原的基因构建在同一质粒上，或者将不同抗原基因的多重重组质粒联合免疫，制备多价疫苗[①]。⑥制备简单快速，制备和检测方法不因抗原不同而改变，并且重现性好。⑦易于储存和运输。传统疫苗需要冷藏或冷冻，而 DNA 疫苗在室温下相对稳定。

作为一种新的疫苗形式，DNA 疫苗的理论优势尚未完全显现出来。虽然 DNA 疫苗可诱导体液免疫和细胞免疫，自身又可以作为佐剂增强机体免疫反应，且在小动物体内可产生明显的效果，但其在大型动物及人类体内免疫原性较低等问题还没有得到彻底解决。

二、DNA 新冠病毒疫苗关键技术

从 20 世纪 90 年代提出 DNA 疫苗的概念至今，研究人员的研发热情从未减弱。虽然 DNA 疫苗在实际应用方面遇到了很多困难，但也因此衍生出了许多新技术。为提高 DNA 疫苗对人体的免疫效果，研究人员在提高目的基因表达、开发新型递送系统、优化免疫佐剂等方面进行了深入的研究与开发。一些新技术在 DNA 新冠病毒疫苗研发中发挥了重要作用。

（一）提高目的基因表达相关技术

提高目的基因表达主要从以下两方面进行：首先是目的基因的优化。应优先使用优势密码子并避免使用稀有密码子，在不改变目的基因序列的基础上，提高其在宿主细胞中的蛋白表达量[②]；通过对碱基进行甲基化修饰或者添加免疫刺激序列的方式也能提高目的基因的表达效率[③]。其次，表达载体的优化。对质粒载体的启动子、增强子、内含子等转录调控元件进行优化可以提高外源基因的表达。

近年来，多家生物技术公司都开发了自己特有的 DNA 疫苗构建平台，如 Inovio 公司的 SynCon® 疫苗设计系统，它利用一种算法来设计并优化目标抗原的 DNA 序列，针对不同的疾病，仅需改变抗原基因序列，重复设计过程即可构建得到新的 DNA 质粒[④]。LineaRx 公司（Applied DNA Sciences 的全资子公司）搭建的 LinearDNA

①　谢力，周育森 . DNA 疫苗在病毒感染疾病中的应用进展[J]. 国外医学病毒学分册，2005，12（2）：55-59.

②　赵芳芳，翟永贞，冯国和 . DNA 疫苗免疫增强效应研究进展[J]. 国际流行病学传染病学杂志，2018，45（2）：124-128.

③　Liu L，Wan Y，Wu L，et al. Broader HIV-1 neutralizing antibody responses induced by envelope glycoprotein mutants based on the EIAV attenuated vaccine[J]. Retrovirology，2010，7（1）：1-13.

④　INOVIO. DNA Medicines Technology[EB/OL]. [2021-03-12]. https://www.inovio.com/dna-medicines-technology/.

PCR 平台是基于 PCR 的 DNA 设计与制造平台，目前已经生产 5 种线性 DNA 新冠病毒候选疫苗，与传统的环形 DNA 质粒相比，这种线性 DNA 纯度更高、生产速度更快[①]。

此外，利用病毒的部分抗原成分也可以有效提高疫苗的免疫效力，如利用乙肝病毒表面抗原（HBsAg）构建重组 DNA 疫苗，可以增强免疫应答[②]。TAVO™ 是 OncoSec Medical 公司开发的一种可编码白细胞介素 12（IL-12）的 DNA 质粒，主要用于治疗肿瘤[③]。在构建新冠病毒疫苗 CORVax12 时，该公司将 TAVO™ 和新冠病毒的免疫原性成分联合应用，以增强其免疫原性[④]。

（二）改进递送系统相关技术

限制 DNA 疫苗应用的一个关键问题在于其对人体细胞的转染效率较低，注射进入人体的大部分 DNA 停留在纤维间隙并很快被核酸酶降解，只有少量进入细胞质的 DNA 才能进入细胞核发挥作用[⑤]。因此，保护外源性 DNA 免受机体生物环境的干扰，将其有效地导入靶细胞，是提高其免疫效力的重要研究内容。

最常用的 DNA 递送方式是肌内注射、皮内注射和皮下注射，但质粒转染效率低，在人体难以发挥有效的免疫效果。研发人员通过一些物理或化学方法提高外源性 DNA 对细胞的转染效率，进而提高疫苗的免疫效力。较为常见的物理方法有电穿孔、基因枪、生物喷射器（无针注射）、微针阵列等。例如，Inovio 公司将其专有的 CELLECTRA®DNA 递送技术用于 DNA 新冠病毒疫苗 INO-4800 的开发中。CELLECTRA® 是一种手持式智能电穿孔设备，注射完 DNA 疫苗之后，它利用一个简短的电脉冲可逆地打开细胞中的小孔，将质粒直接输送到细胞中，从而激发机体的免疫反应。OncoSec Medical 公司开发的 OncoSec Medical System™（OMS 系统）电穿孔技术，在肿瘤产品的研发中可显著提高治疗基因的转染效率；并开发了新一代产品 APOLLO，拟将此新产品应用于 DNA 新冠疫苗 CORVax12 的临床试验。Tropis® 是 PharmaJet 公司开发的一种新型注射器，可以在无针头的情况下将药物液体喷射入体内。与传统的针头注射器相比，它不仅可以降低成本，还可以避免因医护人员操作不当造成交叉感染的风险[⑥]。另一种新型无针注射装置是 Daicel 公司的 Actranza™ lab，这是一项由燃烧能量驱动的技术，可以在不使用针头的情况下将药物溶液输送到特定组织

① Applied DNA Sciences. LI Biotech Speeds COVID-19 Vaccine Candidates To Italy[EB/OL]. [2021-03-12]. https://www.innovateli.com/li-biotech-speeds-covid-19-vaccine-candidates-to-italy/.

② 杨鸿鸿，蔡亮 . 子宫颈癌 DNA 疫苗的研究进展[J]. 巴楚医学，2018，1（1）：120-124.

③ OncoSec. TAVO™ + Electroporation （EP）Gene Delivery[EB/OL].[2020-03-12]. https://oncosec.com/tavo/.

④ OncoSec. OncoSec Collaborates with Providence Cancer Institute to Conduct First-in-Human Trial of OncoSec's CORVax12，an Investigational Vaccine to Prevent COVID-19，Combining an Enhanced "Spike" DNA Sequence and TAVO™ [EB/OL]. [2021-03-12]. https://ir.oncosec.com/press-releases/detail/2042/oncosec-collaborates-with-providence-cancer-institute-to.

⑤ 赵忠欣，孙培录，刘娜，等 . 核酸疫苗递送与免疫增强方法研究进展[J]. 中国病原生物学杂志，2018，13（4）：446-450.

⑥ Immunomic Therapeutics. ITI Forms Collaboration with EpiVax&PharmaJet to Develop Novel Vaccine Candidate Against COVID-19 Using Its Investigational UNITE Platform[EB/OL]. [2020-05-12]. https://www.immunomix.com/immunomic-therapeutics-forms-collaboration-with-epivax-and-pharmajet-to-develop-novel-vaccine-candidate-against-covid-19-using-its-investigational-unite-platform/.

内[①]，日本 AnGes 公司与大阪大学在新冠病毒疫苗的研发中采用该技术进行 DNA 递送。此外，使用脂质体、纳米载体、细胞穿膜肽等进行递送也显示了较好的 DNA 转染效率。Entos Pharmaceuticals 公司的 Fusogenix™ 平台是基于脂质纳米颗粒的递送技术，Fusogenix™ 脂质颗粒由中性脂质和与融合相关的小跨膜蛋白（FAST）组成，可将质粒 DNA 直接递送到细胞内[②]。

（三）优化免疫佐剂相关技术

佐剂是在疫苗中应用较为广泛的一种非特异性免疫增强剂。对于 DNA 疫苗来说，在大型动物和人体内免疫原性偏低是限制其应用于临床的重要原因，免疫佐剂的加入可以增强机体对抗原的免疫应答或改变免疫应答类型。研究较多的免疫佐剂类型有细胞因子、趋化因子、信号分子、模式识别受体配体等，其广泛应用于核酸类疫苗以提高其免疫原性。

三、DNA 新冠病毒疫苗产品研发进展

与其他冠状病毒相似，SARS-CoV-2 包含 4 种结构蛋白，分别为刺突蛋白、膜蛋白、包膜蛋白和核衣壳蛋白。其中，刺突蛋白是该病毒入侵人体细胞的关键，其通过刺突蛋白上的受体结合域（RBD）与宿主细胞表面的血管紧张素转换酶 2（ACE2）受体的特异性结合，从而进入人体细胞，使人体产生发热、肺部感染等症状。刺突蛋白是治疗冠状病毒感染的重要靶点，目前在研的大多数 DNA 疫苗都是以刺突蛋白为主要抗原进行设计开发的。

致力于 DNA 疫苗研发的代表性企业有 Inovio 公司、Applied DNA Sciences 公司、Takis Biotech 公司、OncoSec Medical 公司、Zydus Cadila 公司及北京艾棣维欣生物技术股份公司等，它们建立了不同的 DNA 疫苗研发平台，部分企业在 DNA 新冠病毒疫苗研发中开展技术合作，显著促进了研发的进展。

目前进入临床试验阶段的 DNA 疫苗约 10 种（表 15-1，信息来源于 WHO 官网），处于临床前阶段的约 15 种，现对进展较快的几个产品进行详细介绍。

表 15-1 处于临床试验阶段的 DNA 新冠病毒疫苗产品研发进展

序号	疫苗	企业 / 科研机构	国家	研发进度	接种次数（次）	接种时间点（天）
1	INO-4800	Inovio 公司 / 北京艾棣维欣生物技术股份公司 / 国际疫苗研究所	美国 / 中国	临床Ⅱ / Ⅲ期	2	0、28
2	AG0301-COVID19	大阪大学 / AnGes 公司 / Takara Bio 公司	日本	临床Ⅱ / Ⅲ期	2	0、14
3	ZyCoV-D	Zydus Cadila 公司	印度	临床Ⅲ期	3	0、28、56

---

① DAICEL. Actranza™lab[EB/OL]. [2021-03-12]. https://www.daicel.com/en/business/new-solution/actranza/.

② Entos. FUSOGENIX：Entos' FusogenixPlatform[EB/OL]. [2020-03-12]. https://www.entospharma.com/fusogenix.

序号	疫苗	企业 / 科研机构	国家	研发进度	接种次数（次）	接种时间点（天）
4	GX-19	Genexine 公司	韩国	临床Ⅰ/Ⅱ期	2	0、28
5	Covigenix	Entos Pharmaceuticals 公司	加拿大	临床Ⅰ期	2	0、14
6	CORVax12	Providence 癌症研究所 /Onco-Sec Medical 公司	美国	临床Ⅰ期	2	0、14
7	bacTRL-Spike	Symvivo 公司	加拿大	临床Ⅰ期	1	0
8	GLS-5310	GeneOne Life Science 公司	韩国	临床Ⅰ/Ⅱ期	2	0、56 或 0、84
9	COVIGEN	悉尼大学 /BioNet 公司 /Technovalia 公司	澳大利亚	临床Ⅰ期	2	0、28
10	COVID-eVax	Takis/Rottapharm Biotech 公司	意大利	临床Ⅰ/Ⅱ期	未披露	未披露

（一）INO-4800

Inovio 公司的 INO-4800 是全球第一个进入临床试验阶段的 DNA 候选疫苗，并于 2020 年 12 月进入Ⅱ期临床试验。在获得新冠病毒基因序列后 3 小时，Inovio 公司就利用其 DNA 药物开发平台迅速完成了疫苗设计。该疫苗将抗原蛋白的编码基因克隆到 Inovio 公司专有的表达载体上，然后把重组质粒递送至机体细胞，利用宿主的表达系统得到抗原蛋白，进而通过抗原提呈细胞将抗原提呈给免疫细胞，激活机体特异性免疫反应。

为快速推进 INO-4800 的开发，Inovio 公司成立了一个由合作者、合作伙伴和资助方组成的全球联盟。INO-4800 的研发合作方包括威斯达研究所、宾夕法尼亚大学、拉瓦尔大学和得克萨斯大学；并获得了比尔及梅琳达·盖茨基金会、流行病防范创新联盟（CEPI）和美国国防部的大量资金支持。Inovio 公司与北京艾棣维欣生物技术股份公司和国际疫苗研究所（IVI）合作，在中国和韩国推进 INO-4800 的临床试验；此外，Inovio 公司还寻求更多的外部资金和合作，扩大产能以满足全球对安全有效疫苗的迫切需求。

（二）AG0301-COVID19

该项目是大阪大学与 AnGes 公司以新冠病毒表面的刺突蛋白为靶标开发的基于质粒 DNA 技术的疫苗项目。2020 年 3 月，AnGes 公司与大阪大学共同宣布推进新冠病毒疫苗开发，Takara Bio 公司将协助完成 DNA 疫苗的开发和生产。随后，Daicel 公司加入该合作项目，为疫苗的递送提供其新型给药装置 Actranza™ lab，目前该疫苗处于临床试验Ⅱ/Ⅲ期。

（三）GX-19

GX-19 是首个获得韩国药监部门批准开展 I / Ⅱa 期临床试验的 DNA 疫苗，由 Genexine 公司研发。DNA 疫苗技术是 Genexine 公司的核心专利技术之一，该技术通过将抗原基因和树突状细胞靶向基因引入高效表达载体中制备治疗性疫苗，同时采用电穿孔递送技术来最大化人体中靶基因的表达。GX-19 的 I 期临床试验对 40 名健康志愿者进行两种剂量的试验，Ⅱa 期临床试验在 150 名受试者中进行疫苗的安全性和有效性评估。

（四）CORVax12

CORVax12 由 Providence 癌症研究所与 OncoSec Medical 公司合作开发，是目前唯一使用免疫刺激剂来促进对新冠病毒免疫反应的 DNA 疫苗。它通过电转方式引入 S 蛋白和 IL-12 编码序列，诱导人体免疫系统产生能够结合新冠病毒的中和抗体，该疫苗的 IL-12 可有效限制 T 淋巴细胞衰竭，促使体内 T 淋巴细胞产生更强的抗病毒反应，使接受 CORVax12 疫苗的受试者可能产生更强的抗病毒 T 淋巴细胞应答，从而达到更好的疫苗免疫应答。根据临床试验方案，将开展 CORVax12 针对新冠肺炎的开放性 I 期临床研究以评估可编码 S 蛋白的序列单独使用或与 IL-12 联合使用的安全性和免疫原性。

（五）bacTRL-Spike

值得注意的是，Symvivo 公司的 bacTRL-Spike 是能快速诱导靶向 S 蛋白的体液免疫和细胞免疫的一种双歧杆菌单价 DNA 口服疫苗，是人类首次使用的口服 DNA 疫苗，目前处于 I 期临床试验阶段。其大概原理可以类比于腺病毒载体疫苗，只不过把腺病毒换成了细菌——长双歧杆菌，一种改造后的益生菌。在细菌中携带新冠病毒 S 抗原蛋白基因序列的质粒，通过口服的方式进行免疫。细菌进入人体后，其内部质粒被蛋白分泌至外部，并被其他细胞吞噬，最终使得 DNA 质粒进入细胞，表达 S 蛋白抗原，诱导免疫反应。

四、小结和展望

与传统疫苗相比，核酸疫苗的特点在于生产工艺和质量控制体系可以通用，不随抗原基因的改变而变化，缩减了临床前的大量工作，适合快速开发新产品。成熟的疫苗技术，除了要求作用机制清晰，还需要有成熟的生产工艺体系和量产的可能性。相对 RNA 疫苗，DNA 疫苗技术发展时间较长，其制备的上下游技术更加成熟，且稳定性好，在室温下可以保存较长时间，在当前新冠肺炎疫情的发展规律及特点尚不明确的情况下，比较适合用作战略储备。

近年来，DNA 疫苗的研究工作取得较大进展。截至 2020 年 9 月，已有 5 种用于动物的 DNA 疫苗产品上市，证明了其实际应用的可行性，为人类 DNA 疫苗的上市提供了宝贵的经验和数据。全球在研的 DNA 疫苗临床研究项目有数百个，其中进展最快的是 Inovio 公司针对宫颈增生癌前病变 CIN2/3 的治疗性疫苗 VGX3100，正处于Ⅲ期临床多中心试验阶段。新冠肺炎疫情的蔓延更加速了 DNA 疫苗的全球研发进程，按照现在的发展进度，相信在不久的将来就可以看到 DNA 疫苗获批上市，成为人类防治传染性疾病的利器。

（空军特色医学中心　葛　华）

（军事科学院军事医学研究院　蒋丽勇　刘　术　刁天喜）

第十六章

mRNA 新冠病毒疫苗关键技术与产品进展分析

在新冠肺炎疫情突发和感染人数不断增加的情况下，各国科研机构及制药公司都在积极探索新冠肺炎的治疗策略，其中疫苗是防控传染病最有效的手段之一。目前在研的新冠病毒疫苗主要有灭活疫苗、减毒活疫苗、核酸疫苗（DNA 疫苗和 mRNA 疫苗）、蛋白亚单位疫苗及病毒载体疫苗。其中，mRNA 疫苗具有安全、有效、研发周期短等特点，更适用于新冠肺炎这类突发性传染病的预防，目前已有两款 mRNA 疫苗获得紧急使用授权，其保护效力均在 90% 以上。新冠肺炎疫情暴发前，Moderna、BioNTech、CureVac、Arcturus 等多家生物公司已经建立了不同类型的 mRNA 技术研发平台，研发管线主要集中在传染病预防及癌症治疗领域。此次新冠肺炎 mRNA 疫苗研发也是基于之前既有的技术平台，本章综合当前 mRNA 新冠疫苗研发关键技术，并对现有产品的研发进展进行汇总分析，为相关研发工作提供参考。

一、mRNA 疫苗概况

mRNA 疫苗是继减毒活疫苗、灭活疫苗、亚单位疫苗之后发展起来的第三代疫苗，是极具潜力的疫苗。它需要先在体外合成含有编码特定抗原的 mRNA 序列，然后将其递送到体内表达相应的抗原蛋白，通过模拟病毒感染来引起体液免疫和细胞免疫反应，从而产生免疫保护[1]。

作为新冠病毒疫苗研发的技术路线之一，mRNA 疫苗的优势在于：①安全。mRNA 研发技术具有非整合性的特点，不会整合到基因组造成基因突变风险；mRNA 疫苗可以经过生理代谢途径降解，还可以通过序列修饰和递送载体调节其在体内的半衰期[2]。②有效。mRNA 疫苗不仅可以诱导体液免疫，还可以诱导细胞免疫，在对新冠病毒的免疫应答机制不完全了解的情况下，诱导两种类型的免疫反应会更加有保障。③开发周期短。减毒活疫苗需要经过多次传代筛选合适的病毒株系，灭活疫苗也需要经历病毒的培养和反复灭活过程，蛋白亚单位疫苗则需要在体外进行蛋白的生产和分离纯化，这些过程都相对耗时；而 mRNA 疫苗只需要在体外构建遗传物质，然后注入

---

① Maruggi G，Zhang C，Li J，et al. mRNA as a transformative technology for vaccine development to control infectious diseases[J]. Molecular Therapy，2019，27（4）：757-772.

② Pardi N，Hogan MJ，Porter FW，et al. mRNA vaccines - a new era in vaccinology[J]. Nature Reviews Drug Discovery，2018，17（4）：261-279.

人体，由人体细胞产生具有免疫原性的蛋白，因此具有快速生产的潜力，且成本较低，是应对突发传染性疾病的重要策略之一。但由于 mRNA 进入体内后容易被核糖核酸酶降解，递送技术相对复杂，还存在诸多挑战。

国外致力于 mRNA 疫苗研发的公司有美国 Moderna 公司、Arcturus Therapeutics 公司，比利时 eTheRNA Immunotherapies 公司，德国 BioNTech 公司及 CureVac 公司等，现有多个产品项目进入临床阶段，主要布局在抗感染疫苗和肿瘤疫苗等领域。斯微（上海）生物科技有限公司（简称"斯微生物"）是国内研发、生产 mRNA 药物的平台型企业，在个性化 mRNA 肿瘤疫苗的研发方面具有技术优势 [1]。

二、mRNA 新冠病毒疫苗关键技术

虽然 mRNA 疫苗在新冠肺炎疫情中大放异彩，但其技术壁垒较高，整体发展仍处于早期阶段。当前实力最强的三家公司分别是美国 Moderna 公司、德国 BioNTech 公司和 CureVac 公司，其关键技术的研究主要集中在以下方面：提高 mRNA 稳定性及翻译效率；调节免疫原性；开发高效无毒的递送载体。这些技术在新冠肺炎疫情暴发后用于新冠病毒疫苗的研发。

（一）提高 mRNA 稳定性及翻译效率的相关技术

mRNA 的组成包括 5′ 帽子结构（Cap）、5′UTR 区、编码抗原蛋白的开放阅读框（open reading frame，ORF）、3′UTR 区和 3′Poly（A）尾结构。mRNA 的合成一般是以含靶蛋白 ORF 的质粒 DNA 为模板，经体外转录合成，最后再加上 5′Cap 和 3′Poly（A）尾 [2]。通过对 DNA 模板上的 UTR 区、Poly（A）尾和体外转录时的 Cap、核苷三磷酸（NTP）等合成 mRNA 的元件进行设计，可以提高 mRNA 的稳定性和翻译效率 [3]。此外，还可以利用分离和纯化技术来优化 mRNA [4]。

Moderna 公司通过对编码区的设计，赋予了 mRNA 技术如同"软件"特性 [5]，节省了疫苗研发的时间。不同候选疫苗具有相同的基本组件（5′UTR 区和 3′UTR 区等），不同的是编码抗原蛋白的 ORF。BioNTech 公司针对传染病的 mRNA 设计技术有 3 种类型 [6]：含尿苷的 mRNA（optimized unmodified mRNA，uRNA）、核苷修饰的 mRNA（nucleoside-modified mRNA，modRNA）和自扩增 mRNA（self-amplifying mRNA，

---

① 曲喜英. 肿瘤治疗新秀：mRNA 肿瘤疫苗[J]. 张江科技评论，2019，（6）：47.

② 黄慧媛，苗明三，朱艳慧，等. 基于脂质体的 mRNA 疫苗递送系统研究进展[J]. 国际药学研究杂志，2019，46（5）：339-346.

③ Yu CH，Dang YK，Zhou ZP，et al. Codon usage influences the local rate of translation elongation to regulate co-translational protein folding[J]. Molecular Cell，2015，59（5）：744-754.

④ Kariko K，Muramatsu H，Ludwig J，et al. Generating the optimal mRNA for therapy：HPLC purification eliminates immune activation and improves translation of nucleoside-modified，protein-encoding mRNA[J]. Nucleic Acids Research，2011，39（21）：e142.

⑤ Moderna. mRNA Technology [EB/OL]. [2021-03-12]. https://www.modernatx.com/mrna-technology/mrna-platform-enabling-drug-discovery-development.

⑥ BIONTECH. Why mRNA represents a disruptive new drug class [EB/OL]. [2021-03-12]. https://biontech.de/how-we-translate/mrna-therapeutics.

saRNA）。每种类型都可以编码靶病原体的特异性抗原，激活免疫反应。为提高 mRNA 的稳定性，CureVac 公司分析了大量的自然序列，建立了一个丰富的核酸序列库，以最佳的方式组合 mRNA 片段，以满足治疗的需要，而不必依赖额外化学修饰[①]。国内斯微生物建立了 IVT mRNA 平台[②]，可以稳定地合成各种长度和功能的 mRNA，通过修饰核苷、优化模板及编码区密码子来提高 mRNA 的翻译效率。此外，mRNA 生物技术公司在 RNA 结构元件和制剂等方面都有专利布局。例如，Moderna 公司有一系列保护 RNA 核苷酸的修饰方式，BioNTech 公司对帽子结构、UTR 序列和 Poly（A）尾等结构元件进行了专利保护。

（二）免疫原性调节相关技术

外源性 mRNA 可以被细胞表面、核内体或胞质的免疫应答受体识别，在体内产生免疫刺激[③]。这种免疫刺激可以驱动树突状细胞（DC）成熟，进而激发 T 淋巴细胞和 B 淋巴细胞产生强烈的免疫应答，但也可能抑制抗原的表达，对免疫应答产生消极作用。研究发现，可以通过纯化 IVT mRNA，引入修饰性的核苷基团或者形成 mRNA-载体分子复合物来调节 mRNA 的免疫刺激特性，避免 mRNA 的不利影响[④]。

eTheRNA Immunotherapies 公司利用其专有的 TriMix 技术，开发了针对新冠病毒的 mRNA 疫苗，该技术是编码 3 种免疫激活蛋白的 mRNA 组合：CD70、CD40 配体（CD40L）和组成性激活的 TLR4。在肿瘤疫苗的研究中，TriMix mRNA 可以增强裸露、未经修饰、未纯化的 mRNA 的免疫原性，这与其驱动 DC 成熟，引发细胞毒性 T 淋巴细胞反应有关[⑤]。

mRNA 载体的类型和 mRNA-载体复合物的大小也可以调节由 mRNA 递送诱导的细胞因子谱。例如，CureVac AG 公司的 RNActive 疫苗平台依赖于其载体提供佐剂，基于上述平台开发的疫苗在针对传染病和肿瘤的临床前动物试验中诱导了良好的免疫应答。

（三）mRNA 递送技术

mRNA 疫苗需要进入细胞质发挥作用，如何将其递送进细胞是 mRNA 发挥作用的关键技术。适宜的递送载体应保护 mRNA 不被核糖核酸酶降解，从而可以被靶细胞特异性摄取，进入细胞质后能及时从包含体中释放。

目前使用最多的载体是脂质纳米粒（LNP）。LNP 一般包括骨架、水合层、稳

①　CureVac. What We Do [EB/OL]. [2021-03-12]. https://www.curevac.com/mrna-platform.

②　斯微生物 . 科学平台 [EB/OL]. https://www.stemirn a.com/science.

③　Chen NH，Xia PP，Li SJ，et al. RNA sensors of the innate immune system and their detection of pathogens[J]. Iubmb Life，2017，69（5）：297-304.

④　Fotin-Mleczek M，Duchardt KM，Lorenz C，et al. Messenger RNA-based vaccines with dual activity induce balanced TLR-7 dependent adaptive immune responses and provide antitumor activity[J]. Journal of Immunotherapy，2011，34（1）：1-15.

⑤　Van Lint S，Renmans D，Broos K，et al. The ReNAissanCe of mRNA-based cancer therapy[J]. Expert Review of Vaccines，2015，14（2）：235-251.

定剂和天然磷脂四部分 ①。LNP 骨架一般选择可离子化的阳离子脂质，不仅有利于脂质双分子层的形成和破坏，还可以促进内体逃逸；水合层为聚乙二醇 - 脂质体；胆固醇作为稳定剂；天然磷脂用来支持脂质双层结构。通过与 Acuitas Therapeutics 公司开展技术合作，Moderna 和 CureVac 公司获得 LNP 递送技术的使用授权。Moderna 公司的 mRNA-1273 疫苗也是采用 LNP 进行递送。CureVac 公司与流行病防范创新联盟基于 The RNA Printer 平台，应用 LNP 技术合作开发了新冠肺炎 mRNA 疫苗。The RNA Printer 是可移动的快速提供 mRNA 的平台，可在几周时间内提供几克基于 LNP 递送技术的 mRNA。另外，The RNA Printer 平台可实现自动化，与传统疫苗平台比较，时间和成本优势明显。

除 LNP 技术外，BioNTech 公司还开发了脂质体运载（lipoplexes，LPX）技术和聚合物运载（polyplexes）技术。其中，LPX 技术可以很好地稳定 RNA，并且制剂自身应有免疫佐剂的作用，该公司重要的产品均利用 LPX 平台实现递送。国内斯微生物开发的 Lipopolyplex（LPP）纳米递送平台是一种以聚合物包载 mRNA 为内核、磷脂包裹为外壳的双层结构。与传统的 LNP 相比，LPP 的双层纳米粒具有更好的包载、保护 mRNA 的效果，并能够随聚合物的降解逐步释放 mRNA 分子。值得注意的是，eTheRNA Immunotherapies 公司开发的新冠肺炎 mRNA 疫苗，通过其鼻腔疫苗递送平台将 mRNA 疫苗递送到鼻黏膜，该项目正在进行临床前研究 ②。此外，Arcturus Therapeutics 公司与杜克 - 新加坡国立大学医学院合作开发了 STARR（自抄写和复制 RNA）技术，通过该技术平台可以把自我复制的新冠肺炎 mRNA 与脂质介导的 LUNAR 纳米颗粒递送系统结合在一起，产生免疫应答或驱动治疗性蛋白表达；与传统 mRNA 疫苗比较，该疫苗的特点是以极低的剂量引起免疫应答 ③。

三、mRNA 新冠病毒疫苗产品研发进展

根据 WHO 统计，目前全球正在开展的新冠病毒疫苗研发产品有 200 多种，基于 mRNA 技术路线的疫苗约有 31 种，进入临床试验阶段的约有 8 种（表 16-1），多数处于临床前研究阶段。目前已获 FDA 紧急使用授权的两款 mRNA 疫苗分别由德国 BioNTech 公司（BNT162b2）和美国 Moderna 公司（mRNA-1273）研发，均采用 2 剂注射接种的方案，并对新冠病毒突变均展现了一定的保护效力。

---

① Kowalski PS, Rudra A, Miao L, et al. Delivering the Messenger：Advances in Technologies for Therapeutic mRNA Delivery[J]. Molecular Therapy，2019，27（4）：710-728.

② eTheRNA Immunotherapies. Our technology[EB/OL]. [2021-03-12]. https://www.etherna.be/our-technology/delivery-modes.

③ Arcturus Therapeutics and Duke-NUS Medical School Partner to Develop a Coronavirus （COVID-19）Vaccine using STARR Technology（TM）[EB/OL]. [2021-03-12]. http://adisinsight.springer.com/downloads/mediarelease/1858/809287043.html.

表 16-1　处于临床试验阶段的新冠肺炎 mRNA 疫苗产品

序号	疫苗	企业 / 科研机构	国家	研发进度	接种次数（次）	接种间隔周期（天）
1	mRNA-1273	Moderna 公司 /NIAID	美国	临床试验Ⅲ期	2	28
2	BNT162b2	辉瑞制药 / 复星医药 /BioNTech 公司	德国、中国、美国	临床试验Ⅲ期	2	21
3	CVnCoV	CureVac 公司	德国	临床试验Ⅲ期	2	28
4	ARCT-021	Arcturus Therapeutics 公司	美国	临床试验Ⅱ期	2	未披露
5	LNP-nCoVsaRNA	伦敦帝国理工学院	英国	临床试验Ⅰ期	2	未披露
6	ARCoV	军事科学院军事医学研究院 / 云南沃森生物技术股份有限公司 / 苏州艾博生物科技有限公司	中国	临床试验Ⅰ期	2	14 或 18
7	ChulaCov19	朱拉隆功大学	泰国	临床试验Ⅰ期	2	21
8	PTX-COVID19-B	Providence Therapeutics 公司	加拿大	临床试验Ⅰ期	2	28

　　mRNA-1273 是一种基于 LNP 技术的 mRNA 疫苗，可编码 SARS-CoV-2 全长刺突蛋白。刺突蛋白是病毒感染宿主细胞的关键，也是研发新冠病毒疫苗的靶点。基于寨卡病毒疫苗及 MERS 病毒疫苗的研究基础，mRNA-1273 的研发跳过了动物实验，直接开展临床试验。2020 年 12 月 30 日发表于《新英格兰医学杂志》（NEJM）的初步临床试验结果显示，Moderna 公司新冠病毒候选疫苗 mRNA-1273 的保护效力为 94.1%[1]。此外，虽然预计接种 2 剂 mRNA-1273 能够对近期出现的新冠变异病毒产生保护作用，但是为了预防病毒继续演变带来的潜在影响，Moderna 公司计划开发针对新出现突变株的增强疫苗（mRNA-1273.351）。

　　BNT162b2 是全球首个获得 FDA 紧急使用授权的疫苗，由辉瑞制药有限公司、BioNTech 公司和上海复星医药（集团）股份有限公司联合研发。2020 年 12 月 10 日，辉瑞制药有限公司和 BioNTech 公司公布的Ⅲ期临床试验结果显示，BNT162b2 对 16 岁或以上人群的保护效力达 95.0%[2]。2021 年 2 月，以色列研究人员在《新英格兰医学杂志》上披露了 BNT162b2 的真实世界研究结果[3]，结果显示，接种两针 BNT162b2 对症状性新冠肺炎感染的保护效力为 94%，与临床试验基本一致。

　　CureVac 公司的 CVnCoV 疫苗是一款编码新冠病毒全长刺突蛋白的 mRNA 疫苗。该疫苗的研发基于 CureVac 公司的 The RNA Printer 平台，并利用合作伙伴 Acuitas 的 LNP 技术进行递送。该疫苗于 2020 年 6 月开展Ⅰ期临床试验，目前处于临床试验Ⅲ期。该项目得到了流行病防范创新联盟的资助。

---

　　[1] Baden LR，El Sahly HM，Essink B，et al. Efficacy and Safety of the mRNA-1273 SARS-CoV-2 Vaccine[J]. The New England Journal of Medicine，2021，384（5）：403-416.

　　[2] Polack FP，Thomas SJ，Kitchin N，et al.Safety and Efficacy of the BNT162b2 mRNA Covid-19 Vaccine[J]. The New England Journal of Medicine，2020，383（27）：2603-2615.

　　[3] Dagan N，BardaN，Kepten E，et al. BNT162b2 mRNA Covid-19 vaccine in a nationwide mass vaccination setting[J]. The New England Journal of Medicine，2021，384（15）：1412-1423.

我国首个进入人体临床试验的 mRNA 疫苗由军事科学院军事医学研究院、云南沃森生物技术股份有限公司和苏州艾博生物科技有限公司联合开发，目前处于 I 期临床试验。此外，西藏药业与斯微生物研制的 mRNA 疫苗已于 2021 年 1 月初在国内获得临床试验批件，将按计划开展临床试验。

四、小结和展望

新冠肺炎疫情是加速 mRNA 技术开发的契机。Moderna 公司与 NIAID 联合开发的新冠病毒疫苗 mRNA-1273 是美国第一个开展临床试验研究的疫苗，从新冠病毒基因组序列发布到进入 I 期临床试验仅用了 63 天[①]。新冠病毒疫苗的迅速研发得益于 mRNA 领域的技术突破。早在 1990 年，Woiff 等[②]就发现 IVT mRNA 可以在小鼠体内表达蛋白质，并产生免疫反应，首次显示了 mRNA 的治疗潜力。由于 mRNA 的不稳定性及低效的体内递送等技术问题，阻碍了该技术的进一步应用。2010 年以后，随着 mRNA 合成、修饰技术和递送技术的发展，mRNA 疗法重新引起了研究人员的重视。新冠肺炎疫情的暴发，更加突显了 mRNA 疫苗研发的重要性和迫切性。

mRNA 技术的应用领域涉及癌症疫苗、感染性疾病疫苗、蛋白替代治疗、罕见病治疗等，已有多款疫苗发布了临床前和临床试验研究报告，证实了现有技术平台的可靠性及有效性。mRNA-1273 和 BNT162b2 的临床试验结果初步显示 RNA 疫苗具有较高的安全性和保护效力，但由于并没有 mRNA 疫苗上市的案例，相关的法规、质控标准及运输注意事项等方面均在摸索中前行，其安全性及有效性也有待大规模人群接种的验证。尽管将 mRNA 技术应用于临床存在各种困难与挑战，但研发人员正在以前所未有的速度推进 mRNA 疫苗的开发，并取得了令人欣慰的成绩，未来期望可以利用 mRNA 技术开发出普遍应用于新发传染病的通用疫苗。

（空军特色医学中心　葛　华）

（军事科学院军事医学研究院　蒋丽勇　刘　术　刁天喜）

---

① Moderna. Moderna Vaccine Day Presentation[EB/OL]. [2021-03-12]. https://investors.modernatx.com/static-files/e5fd7ac7-53c9-4804-b89d-4e51d5121960.

② Wolff JA, Malone RW, Williams P, et al. Direct gene transfer into mouse muscle in vivo[J]. Science, 1990, 247（4949 Pt 1）：1465-1468.

第三篇

3

文献计量分析

第十七章

美国近 20 年烈性病原体研究情况分析

为分析美国近 20 年烈性病原体研究现状，从美国联邦管制剂计划的管制剂清单、《禁止生物武器公约》病原体清单和《重要生物危害疾病预防与控制》中选出 64 种可感染人类和动物的烈性病原体。本章以 2020 年 5 月 14 日，以 Web of Science 文献数据平台（SCI）核心数据库为数据来源，检索上述病原体相关论文，去重后得到 58 359 篇，利用统计分析和文献判读等方法，对近 20 年美国开展烈性病原体研究的机构总发文量、发文量走势、重点研究方向和机构影响力等内容进行分析。

一、美国烈性病原体研究趋势分析

如图 17-1 所示，2000—2015 年，美国每年烈性病原体相关论文发文量总体呈上升趋势，其中 2002—2004 年涨速较快，2015 年当年的发文量也有一个明显的上涨。而 2016—2019 年，每年的发文量总体呈下降趋势。

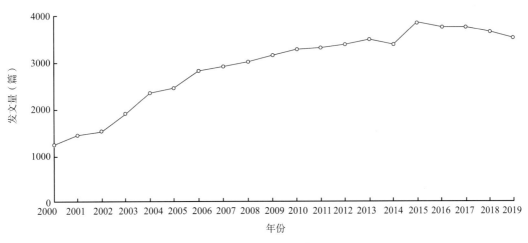

图 17-1　每年发文量变化图

接下来对各个烈性病原体相关论文情况进行分析，统计了近 20 年美国发表的与各个烈性病原体相关的论文总数，并绘出论文数量统计图。从表 17-1 中可见，肠炎沙门菌（*Salmonella enterica*，6623 篇）、大肠杆菌 O157∶H7（*Escherichia coli* O157∶H7，6458 篇）和西尼罗病毒（West Nile virus，6175 篇）相关论文数量最多。

表 17-1　近 20 年美国发表的各个烈性病原体相关论文数量

排名	病原体	论文数量	排名	病原体	论文数量	排名	病原体	论文数量	排名	病原体	论文数量
1	肠炎沙门菌	6623	17	天花病毒	1243	33	蜱传脑炎病毒	504	49	牛瘟病毒	75
2	大肠杆菌 O157：H7	6458	18	新城疫病毒	1219	34	猴痘病毒	439	50	马秋波病毒	71
3	西尼罗河病毒	6175	19	日本脑炎病毒	1025	35	亨德拉病毒	415	51	瓜纳瑞托病毒	46
4	登革病毒	5364	20	肉毒梭菌	1012	36	东部马脑炎病毒	399	52	非洲马瘟病毒	44
5	禽流感病毒	4056	21	马尔堡病毒	908	37	羊诺卡原体	392	53	山羊支原体	43
6	霍乱弧菌	3653	22	流产布鲁氏菌	886	38	鹦鹉热衣原体	363	54	小反刍兽疫病毒	40
7	埃博拉病毒	3617	23	类鼻疽伯克霍尔德氏菌	841	39	立氏立克次体	314	55	卡萨诺尔森林病病毒	26
8	炭疽芽孢杆菌	3506	24	汉滩病毒	784	40	猪瘟病毒	309	56	沙比亚病毒	22
9	甲型流感病毒	2319	25	口蹄疫病毒	773	41	鼻疽伯克霍尔德氏菌	275	57	结节性皮肤病病毒	22
10	鼠疫耶尔森菌	2021	26	克里米亚 - 刚果出血热病毒	741	42	西部马脑炎病毒	260	58	鄂木斯克出血热病毒	20
11	SARS 病毒	1996	27	伯氏考克斯体	672	43	普氏立克次体	203	59	卢约病毒	15
12	嗜肺军团菌	1959	28	尼帕病毒	668	44	胡宁病毒	195	60	绵羊痘病毒	15
13	狂犬病毒	1608	29	裂谷热病毒	634	45	猪布鲁氏菌	192	61	山羊痘病毒	12
14	土拉弗朗西斯菌	1565	30	委内瑞拉马脑炎病毒	624	46	非洲猪瘟病毒	191	62	马耳他布鲁氏菌	10
15	基孔肯亚病毒	1559	31	拉沙病毒	611	47	猪水泡病病毒	102	63	查帕雷病毒	8
16	黄热病毒	1507	32	蓝舌病病毒	557	48	蕈状支原体	81	64	蜡样芽孢杆菌炭疽亚型	5

从图 17-2 中可以看出每年发表的各个病原体相关论文的数量变化。在相关论文数量较多的病原体中，嗜肺军团菌（*Legionella pneumophila*）、流产布鲁氏菌（*Brucella abortus*）、肉

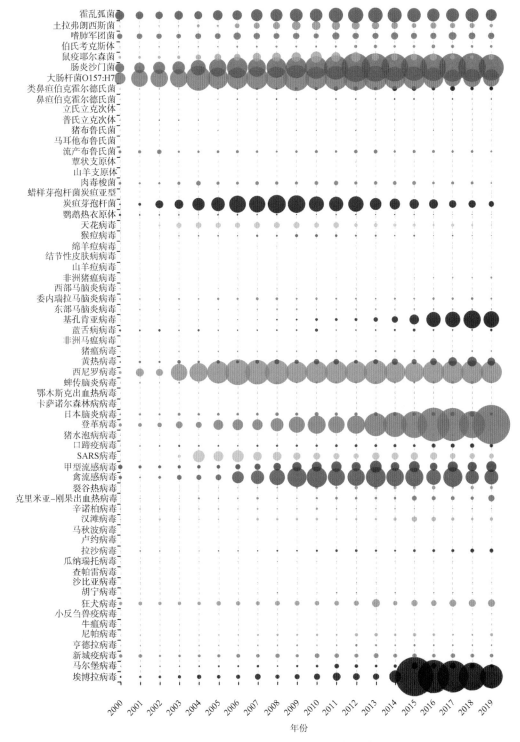

图 17-2　各个烈性病原体每年相关论文数量变化

圆圈代表某一年发表的某病原体相关论文的数量，圆圈越大，代表当年发表的该病原体相关论文数量越多

毒梭菌（*Clostridium botulinum*）、狂犬病毒（Rabies virus）和新城疫病毒（Newcastle disease virus）每年的相关论文数量较为稳定。黄热病毒和登革病毒每年的相关论文数量呈上升趋势。

还有一些病原体每年的相关论文数量在某一年发生过突变，这多与具体的事件有关。2002 年，炭疽芽孢杆菌（*Bacillus anthracis*）相关论文数量大幅上升，与前一年发生的炭疽邮件事件有关；2004 年，SARS 病毒（SARS virus）相关论文数量大幅上升，与前一年暴发的 SARS 疫情有关；2006 年，禽流感病毒（Avian influenza virus）相关论文数量大幅上升，与前一年暴发的禽流感疫情有关；2015 年，埃博拉病毒（Ebola virus）相关论文数量大幅上升，与前一年暴发的埃博拉疫情有关。此外，天花病毒（Variola virus，2003 年）、基孔肯亚病毒（Chikungunya virus，2016 年）及西尼罗病毒（2003 年）相关论文数量也发生过突变。

二、美国烈性病原体研究重点机构情况分析

（一）美国军方科研机构

本部分选择美国近 20 年发文量超过 80 篇的 4 所军方机构进行分析，这些机构分别为美国陆军传染病医学研究所（United States Army Medical Research Institute of Infectious Diseases，USAMRIID）、华尔特里德陆军研究所（Walter Reed Army Institute of Research）、海军医学研究中心（Naval Medical Research Center）和美国陆军埃奇伍德化学生物中心（United States Army Edgewood Chemical Biological Center）。

1. 机构发文总量对比

经统计，2000—2019 年，美国军方 4 所科研机构发文数量排名如图 17-3 所示，其中发文数量最多的机构为美国陆军传染病医学研究所，20 年共发表 1432 篇文章，比列第二位的华尔特里德陆军研究所多出 1012 篇，是美国军方从事病原体研究的头号机构。华尔特里德陆军研究所和海军医学研究中心分别发文 420 篇和 278 篇，是美国军方从事病原体研究的重要机构。

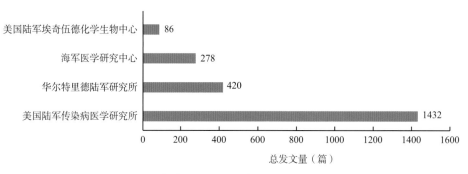

图 17-3　美国军方科研机构近 20 年烈性病原体相关论文数量

2. 机构发文量及趋势

美国军方科研机构 2000—2019 年每年烈性病原体相关论文数量如图 17-4 所示，4 所科研机构中，美国陆军传染病医学研究所发文数量占绝对领先地位，2000—2019 年每年平均发表 71.60 篇文章，超过其他 3 所科研机构每年平均发文数量之和；值得注意

的是，2014 年非洲暴发埃博拉疫情后，美国 4 所军方科研机构的当年发文量比前一年增加 48 篇，涨幅达到 43.12%，是近 20 年增长幅度最高的一年。此外，2015 年 4 所机构共发表文章 189 篇，为近 20 年来发表文章数量最多的一年。可见，随着黄热病毒、埃博拉病毒等烈性病原体频繁引发全球大流行病，美国关于烈性病原体的研究热度不断攀升。

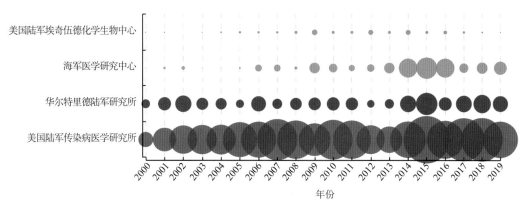

图 17-4　美国军方科研机构近 20 年烈性病原体相关论文发文趋势

圆圈代表某机构在某一年发表的烈性病原体相关论文数量，圆圈越大，代表该机构当年发表的相关论文数量越多

3. 机构重点研究方向分析

2000—2019 年，美国军方科研机构在烈性病原体各领域的发文数量如图 17-5 所示，主要研究热点：登革病毒、埃博拉病毒、炭疽芽孢杆菌、马尔堡病毒（Marburg virus）、鼠疫耶尔森菌（*Yersinia Pestis*）、委内瑞拉马脑炎病毒（Venezuelan Equine Encephalitis virus）、西尼罗病毒。作为美军最权威的生物医学研究机构，美国陆军传染病医学研究所主要研究方向集中在埃博拉病毒、马尔堡病毒、炭疽芽孢杆菌、鼠疫耶尔森菌上，20 年来对应发表论文数量分别为 472 篇、225 篇、205 篇、112 篇。华尔特里德陆军研究所主要研究登革病毒（206 篇）、西尼罗病毒（45 篇）、日本脑炎病毒（Japanese Encephalitis virus，40 篇）；海军医学研究中心主要研究登革病毒（68 篇）、炭疽芽孢杆菌（17 篇）、埃博拉病毒（14 篇），美国陆军埃奇伍德化学生物中心主要研究炭疽芽孢杆菌（44 篇）、类鼻疽伯克霍尔德氏菌（*Burkholderia pseudomallei*，11 篇）、鼠疫耶尔森菌（11 篇）。可见为了配合美军的全球部署计划，美军各大研究机构将研究力量部署在世界各地肆虐的烈性传染病上。

4. 机构发文影响力分析

2000—2019 年，美国军方机构在病原体领域发文被引频次如图 17-6 所示，机构发文被引频次是机构发文影响力大小的重要指标。其中，被引频次最高的美军科研机构为美国陆军传染病医学研究所（115 329 次），其次为华尔特里德陆军研究所（29 917 次）、海军医学研究中心（6871 次）。美国陆军传染病医学研究所最有影响力的领域是埃博拉病毒、马尔堡病毒、炭疽芽孢杆菌、鼠疫耶尔森菌；华尔特里德陆军研究所最有影响力的领域是登革病毒、鼠疫耶尔森菌、日本脑炎病毒；海军医学研究中心最有影响力的领域是登革病毒、埃博拉病毒、炭疽芽孢杆菌、汉坦病毒（Hantaan virus）。

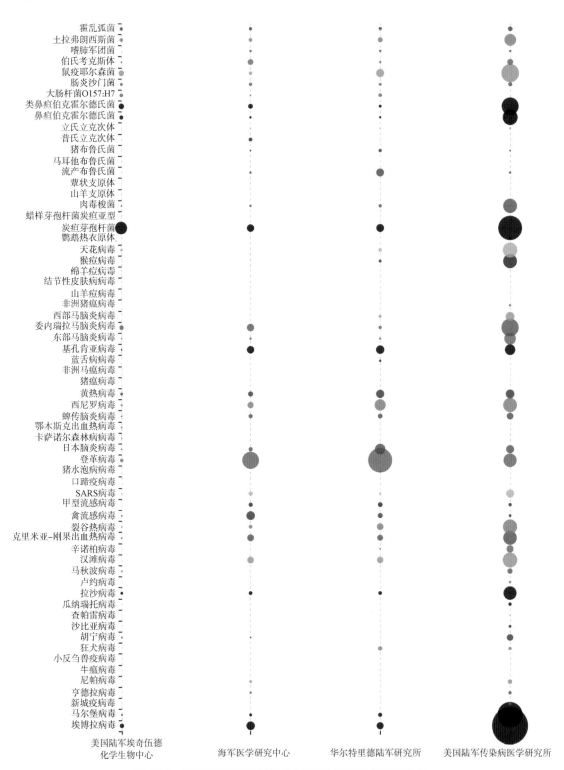

图 17-5 美国军方科研机构烈性病原体领域重点研究方向

圆圈代表近 20 年美国军方某机构发表的烈性病原体相关论文的数量，圆圈越大，代表该机构发表的相关论文数量越多

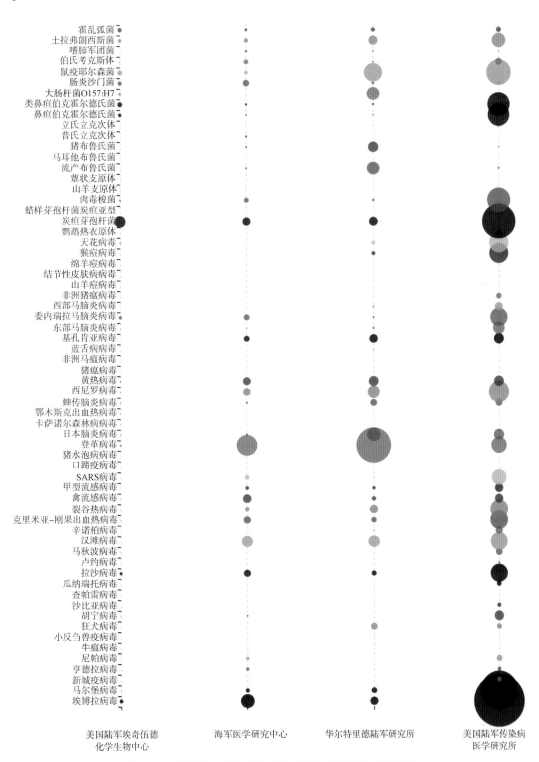

霍乱弧菌
土拉弗朗西斯菌
嗜肺军团菌
伯氏考克斯体
鼠疫耶尔森菌
肠炎沙门菌
大肠杆菌O157:H7
类鼻疽伯克霍尔德氏菌
鼻疽伯克霍尔德氏菌
立氏立克次体
普氏立克次体
猪布鲁氏菌
马耳他布鲁氏菌
流产布鲁氏菌
蕈状支原体
山羊支原体
肉毒梭菌
蜡样芽孢杆菌炭疽亚型
炭疽芽孢杆菌
鹦鹉热衣原体
天花病毒
猴痘病毒
绵羊痘病毒
结节性皮肤病毒
山羊痘病毒
非洲猪瘟病毒
西部马脑炎病毒
委内瑞拉马脑炎病毒
东部马脑炎病毒
基孔肯亚病毒
蓝舌病病毒
非洲马瘟病毒
猪瘟病毒
黄热病毒
西尼罗病毒
蜱传脑炎病毒
鄂木斯克出血热病毒
卡萨诺尔森林病毒
日本脑炎病毒
登革病毒
猪水泡病毒
口蹄疫病毒
SARS病毒
甲型流感病毒
禽流感病毒
裂谷热病毒
克里米亚-刚果出血热病毒
辛诺柏病毒
汉滩病毒
马秋波病毒
卢约病毒
拉沙病毒
瓜纳瑞托病毒
查帕雷病毒
沙比亚病毒
胡宁病毒
狂犬病毒
小反刍兽疫病毒
牛瘟病毒
尼帕病毒
亨德拉病毒
新城疫病毒
马尔堡病毒
埃博拉病毒

美国陆军埃奇伍德　　海军医学研究中心　　华尔特里德陆军研究所　　美国陆军传染病
化学生物中心　　　　　　　　　　　　　　　　　　　　　　　　　医学研究所

图 17-6　美国军方科研机构烈性病原体领域发文被引频次

圆圈代表近 20 年美国军方某机构发表的某烈性病原体相关论文的被引频次，圆圈越大，代表该机构发表的相关论文被引
频次越多

（二）美国地方科研机构

本部分选择美国近 20 年发文量排名前 10 名的地方机构进行分析，这些机构分别为美国疾病控制与预防中心、美国农业部农业研究局、美国国家过敏与传染病研究所、哈佛大学、马里兰大学、佐治亚大学、加州大学戴维斯分校、得克萨斯大学医学分部、威斯康星大学和美国食品药品监督管理局（FDA）。

1. 机构发文总量对比

经统计，2000—2019 年期间，美国地方科研机构共发表关于烈性病原体的文章 58 359 篇，发文数量排名前 10 位的机构如图 17-7 所示，其中发文数量最多的机构为美国疾病控制与预防中心，20 年共发表 4584 篇文章，占总数的 7.85%，比第二位的美国农业部农业研究局多 1879 篇，是美国地方科研机构中从事烈性病原体研究的头号机构。美国农业部农业研究局和美国国家过敏与传染病研究所分别发文 3116 篇和 2081 篇，分别占总发文量的 5.34% 和 3.57%，是美国地方科研机构中从事烈性病原体研究的重要机构。哈佛大学、马里兰大学、佐治亚大学、加州大学戴维斯分校、得克萨斯大学医学分部、威斯康星大学和美国 FDA 近 20 年的发文数量均在 1200 篇以上，平均每年发表 60 篇文章，是美国地方科研机构中研究烈性病原体领域的主力机构。

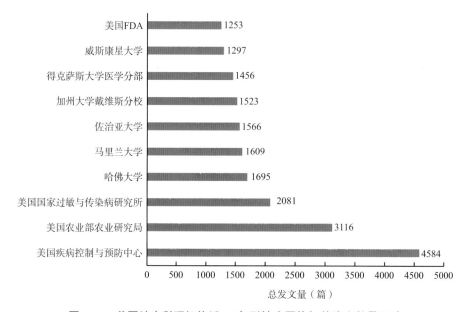

图 17-7　美国地方科研机构近 20 年烈性病原体相关论文数量总计

2. 机构发文量及趋势

美国地方科研机构每年发文数量如图 17-8 所示，自美国 2009 年暴发甲型 H1N1 流感后，各地方科研机构近 10 年烈性病原体领域发文数量普遍增长，2010—2019 年 10 个机构每年平均发表 3308 篇论文，远超 2000—2009 年间年平均发文量（2729 篇）；可见美国关于烈性病原体的研究热度不断攀升。值得注意的是，2003 年 SARS 暴发后，美国 10 所地方科研机构的当年发文量比前一年增加 172 篇，涨幅达到 6.89%，是近 20 年增长幅度最高的一年；2014 年非洲暴发埃博拉疫情后，美国 10 所地方科研机构的次年发文量增长了 215 篇，可见随着世界大流行性传染病的暴发，美国对烈性病原体研究的重视程度越来越高；此外，2016 年 10 所机构共发表论文 2194 篇，为近 20 年来发表论文数量最多的一年，或与埃博拉疫情持续暴发有关。

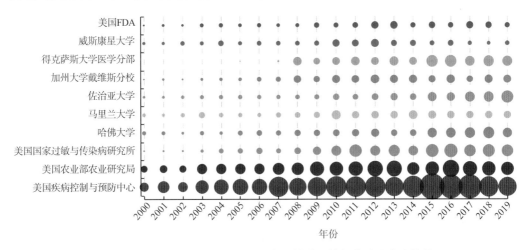

图 17-8　美国地方科研机构近 20 年烈性病原体相关论文发文趋势

圆圈代表美国地方某机构在某一年发表的烈性病原体相关论文的数量，圆圈越大，代表该机构当年发表的相关论文数量越多

3. 机构重点研究方向分析

2000—2019 年，美国地方科研机构在病原体各领域的发文数量如图 17-9 所示，主要研究热点：大肠杆菌 O157∶H7、埃博拉病毒、肠炎沙门菌、西尼罗病毒、禽流感病毒和登革病毒（Dengue virus）等。其中，美国疾病控制与预防中心主要研究西尼罗病毒、埃博拉病毒、登革病毒，20 年来共发表西尼罗病毒相关论文 675 篇、埃博拉病毒相关论文 437 篇、登革病毒相关论文 454 篇，可见美国 FDA 重点研究高致死率传染性疾病；美国农业部农业研究局主要研究由鸡蛋、鸡肉和生鱼片为传播媒介造成的食源性疾病，2010—2015 年，美国因进口食品造成 18 起跨州食源性疾病疫情，其中最严重的 3 次疫情均由沙门菌造成。经统计，美国农业部农业研究局重点关注大肠杆菌 O157∶H7、肠炎沙门菌和禽流感病毒，20 年来分别发表论文 1203 篇、719 篇和 377 篇；美国国家过敏与传染病研究所主要研究能引发大规模传染病的病毒，在埃博拉病毒、登革病毒和甲型流感病毒（human influenza A virus）领域 20 年来分别发表论文 470 篇、251 篇和 198 篇；哈佛大学对霍乱弧菌关注度最高，20 年来发表论文 400 篇，其次是埃博拉病毒和登革病毒，分别发表论文 201 篇和 189 篇；马里兰大学主要研究霍乱弧菌、肠炎沙门菌和大肠杆菌 O157∶H7，近 20 年来分别发表论文 352 篇、287 篇和 216 篇，其重点关注领域为引发消化道疾病的病原体；佐治亚大学主要研究大肠杆菌 O157∶H7、肠炎沙门菌和禽流感病毒，近 20 年来分别发表论文 350 篇、289 篇和 277 篇；加州大学戴维斯分校主要研究肠炎沙门菌、西尼罗病毒和大肠杆菌 O157∶H7，近 20 年来分别发表论文 281 篇、276 篇和 192 篇；得克萨斯大学医学分部主要研究登革病毒、西尼罗病毒和埃博拉病毒，近 20 年来分别发表论文 279 篇、266 篇和 201 篇；威斯康星大学主要研究肠炎沙门菌、禽流感病毒和大肠杆菌 O157∶H7，近 20 年来分别发表论文 275 篇、191 篇和 165 篇；美国 FDA 主要研究肠炎沙门菌和大肠杆菌 O157∶H7，近 20 年

来分别发表论文 351 篇和 268 篇。

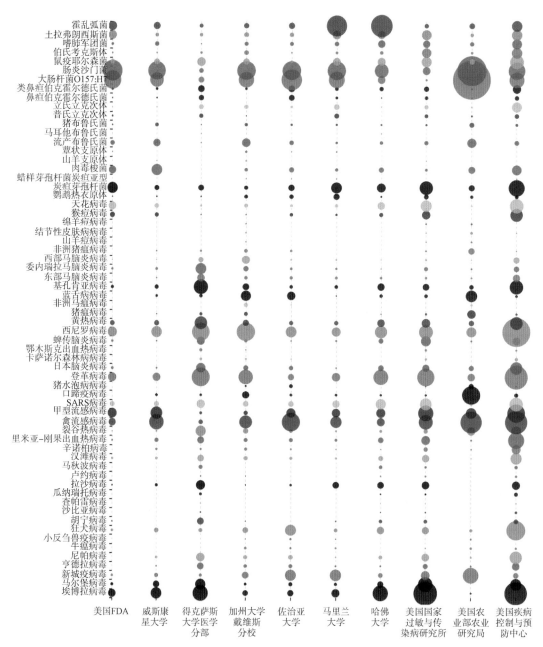

图 17-9　美国地方科研机构烈性病原体领域重点研究方向

圆圈代表近 20 年美国地方某机构发表的某烈性病原体相关论文的数量，圆圈越大，代表该机构发表的相关论文数量越多

4.机构发文影响力分析

2000—2019 年，美国地方科研机构在烈性病原体各领域的发文被引频次如图 17-10 所示，其中美国疾病控制与预防中心发文影响力较大的领域为西尼罗病毒（位列该领域被引频次第一位）、禽流感病毒（位列该领域被引频次第一位）、登革病毒（位

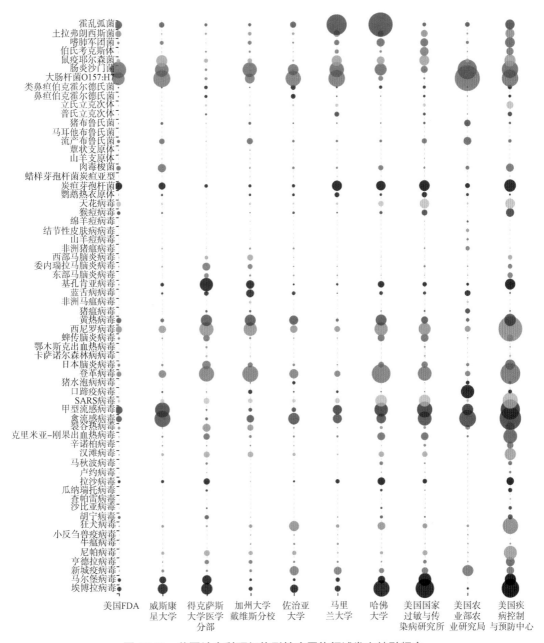

图 17-10　美国地方科研机构烈性病原体领域发文被引频次

列该领域被引频次第一位）、甲型流感病毒（位列该领域被引频次第一位）、埃博拉病毒（位列该领域被引频次第二位）、大肠杆菌 O157∶H7（位列该领域被引频次第三位）、肠炎沙门菌（位列该领域被引频次第二位）等。美国疾病控制与预防中心影响力具体表现在西尼罗病毒（被引频次共计 33 371 次）、禽流感病毒（被引频次共计 27 170 次）、登革病毒（被引频次共计 23 198 次）、甲型流感病毒（被引频次共计 21 499 次）、埃博拉病毒（被引频次共计 17 953 次）相关论文。由此可见，美国疾病控制与预防中心在这些研究领域实力强劲，发文数量多，具有较高影响力。值得注意的是，在甲型流感病毒领域，美国疾病控制与预防中心的发文影响力较高，这可能与 2009 年甲型 H1N1 流感在美国大面积暴发后，美国疾病控制与预防中心对此类病毒进行研究有关。

美国农业部农业研究局发文影响力较大的领域为大肠杆菌 O157：H7（位列该领域被引频次第一位）、肠炎沙门菌（位列该领域被引频次第一位）和禽流感病毒（位列该领域被引频次第二位）等。该机构影响力具体表现在大肠杆菌 O157：H7（被引频次共计 34 576 次）、肠炎沙门菌（被引频次共计 20 181 次）、禽流感病毒（被引频次共计 15 392 次）相关论文，这说明在引发食源性疾病的病原体方面，美国农业部农业研究局权威性较高，学术影响力大。

美国国家过敏与传染病研究所发文影响力较大的领域为埃博拉病毒（位列该领域被引频次第一位）、甲型流感病毒（位列该领域被引频次第二位）、登革病毒（位列该领域被引频次第三位）和禽流感病毒等。该科研机构影响力具体表现在埃博拉病毒（被引频次共计 19 015 次）、甲型流感病毒（被引频次共计 13 042 次）、登革热病毒（被引频次共计 10 571 次）、禽流感病毒（被引频次共计 10 477 次）相关论文。由此可见，美国国家过敏与传染病研究所在能引发大规模传染病的病原体方面研究实力较强，发文影响力大。

哈佛大学发文影响力较大的领域为霍乱弧菌（位列该领域被引频次第一位）、登革病毒（位列该领域被引频次第二位）、埃博拉病毒（位列该领域被引频次第三位）、甲型流感病毒、西尼罗病毒等。该科研机构影响力具体表现在霍乱弧菌（被引频次共计 31 268 次）、登革病毒（被引频次共计 18 785 次）、埃博拉病毒（被引频次共计 13 906 次）、甲型流感病毒（被引频次共计 9756 次）、西尼罗病毒（被引频次共计 9493 次）相关论文。由此可见，哈佛大学在霍乱弧菌领域进行的研究远远领先其他机构，影响力突出。

马里兰大学发文影响力较大的领域为霍乱弧菌（位列该领域被引频次第二位）、大肠杆菌 O157：H7、肠炎沙门菌等，影响力具体表现在霍乱弧菌（被引频次共计 22 575 次）、大肠杆菌 O157：H7（被引频次共计 15 342 次）、肠炎沙门菌（被引频次共计 11 735 次），结合上述机构发文量可见马里兰大学在引发消化道疾病的病原体方面研究投入较多，研究成果影响力较大。

佐治亚大学发文影响力较大的领域为大肠杆菌 O157：H7，影响力具体表现在大肠杆菌 O157：H7 相关论文被引频次共计 13 244 次。结合上述科研机构发文量可见，佐治亚大学在大肠杆菌 O157：H7 领域投入较多，研究成果影响力也较大，但在肠炎沙门菌和禽流感病毒领域发文影响力稍逊色。

加州大学戴维斯分校发文影响力较大的领域为登革病毒（位列该领域被引频次第四位）、肠炎沙门菌和西尼罗病毒，影响力具体表现在登革病毒（被引频次共计 13759 次）、肠炎沙门菌（被引频次共计 11076 次）、西尼罗病毒（被引频次共计 9654 次）相关论文。

得克萨斯大学医学分部发文影响力较大的领域为登革病毒、西尼罗病毒和基孔肯亚病毒（Chikungunya virus，位列该领域被引频次第一位），影响力具体表现登革病毒（被引频次共计 12 298 次）、西尼罗病毒（被引频次共计 10 744 次）、基孔肯亚病毒（被引频次共计 9297 次）相关论文。结合上述科研机构发文量可见，得克萨斯大学医学分部在登革病毒和西尼罗病毒研究领域发文较多, 发文影响力也较大; 值得一提的是, 得克萨斯大学医学分部在基孔肯亚病毒领域发文量虽相对较少 (175 篇), 但发文影响力却较高, 这可能与该领域研究较少有关。

威斯康星大学发文影响力较大的领域为大肠杆菌 O157 : H7 (位列该领域被引频次第二位)、禽流感病毒 (位列该领域被引频次第三位)、甲型流感病毒 (位列该领域被引频次第三位) 和肠炎沙门菌, 影响力具体表现在大肠杆菌 O157 : H7 (被引频次共计 15 766 次)、禽流感病毒 (被引频次共计 13 806 次)、甲型流感病毒 (被引频次共计 11 683 次)、肠炎沙门菌 (被引频次共计 10 158 次) 相关论文。值得注意的是, 威斯康星大学在甲型流感病毒领域发文量 (126 篇) 较少而影响力却很高, 在肠炎沙门菌领域发文量 (275 篇) 较多而影响力却相对较低。

美国 FDA 发文影响力较高的领域为肠炎沙门菌 (位列该领域被引频次第四位) 和大肠杆菌 O157 : H7, 影响力具体表现在肠炎沙门菌 (被引频次共计 14 060 次)、大肠杆菌 O157 : H7 (被引频次共计 8859 次) 相关论文。结合上述科研机构发文量可知, 美国 FDA 在肠炎沙门菌和大肠杆菌 O157: H7 研究领域发文量较多, 发文影响力也较大。

(三) 机构研究重点领域分析

通过描述性统计与科学计量方法, 结合机构研究重点方向和发文影响力进行分析, 美国生物领域科研机构实力雄厚, 不仅科研成果丰富, 学术影响力也领先全球。整体来看, 自美国 2009 年暴发甲型 H1N1 流感后, 各机构近 10 年发文量普遍增长。而随着 2003 年暴发 SARS 疫情、2014 年暴发黄热病和埃博拉疫情后, 美国部分机构烈性病原体相关论文的发文量增涨超过 40%, 足以证明美国生物领域对于各类烈性病原体研究的重视达到空前高度, 其中对于西尼罗病毒、埃博拉病毒、登革病毒等烈性病原体和造成食源性疾病的肠炎沙门菌和大肠杆菌 O157 : H7 的研究较多。

美国从事烈性病原体研究的科研机构分为地方科研机构和军方科研机构两类, 地方科研机构呈现 "一超多强" 格局, "一超" 是指美国卫生和公众服务部 (HHS) 下属科研机构实力强劲, 包括美国疾病控制与预防中心、美国国家过敏与传染病研究所和美国 FDA。其中, 美国疾病控制与预防中心位居首位, 近 20 年共发表 4584 篇文章, 占全美发文量的 7.85%, 该机构注重西尼罗病毒、埃博拉病毒、登革病毒等多种烈性病原体研究, 并且发文影响力极高, 在西尼罗病毒、禽流感病毒、登革病毒和甲型流感病毒领域发表的论文被引总频次均位列第一, 学术影响力大。此外, 埃博拉病毒、大肠杆菌 O157 : H7 和肠炎沙门菌也是该机构的优势研究领域。美国国家过敏与传染病研究所的主要研究领域为生物防御和新发传染病, 同样研究流行病原体; 而美国 FDA 则主要研究造成食源性疾病的肠炎沙门菌和大肠杆菌 O157 : H7。这些研究机构隶属于 HHS, 在治疗和预防传染病的基础和应用研究方面拥有较好的学术资源和经费支撑。近年来, 这些机构逐渐将研究重点放在了传染病预防方面。例如, 对埃博拉病毒、登革病毒和流感病毒等多种病原体都开展了疫苗研究, 部分疫苗已进入临床试验阶段。"多强" 是指以哈佛大学、马里兰大学和佐治亚大学为代表的美国高校科研机构, 这些机构具有更高的灵活度和广泛合作的优势, 实力同样不容小觑。哈佛大学 20 年来在烈性病原体领域对霍乱弧菌关注度最高, 马里兰大学除了关注霍乱弧菌外, 还大量研究了肠炎沙门菌和大肠杆菌O157：H7，而佐治亚大学在大肠杆菌O157：H7领域投入较多，该领域论文被引次数较多。

在军队科研方面，美国陆军传染病医学研究所是美国军方最主要的生物战医学防护研究机构，致力于研发针对各类传染病的疫苗、药物和检测手段。该机构的研究重点是美军士兵的生物安全防护，同时也承担着地方人群的生物防护任务。该机构始终注重烈性病原体研究，主要从事病原体和毒素研究（包括登革病毒、埃博拉病毒、炭疽芽孢杆菌、马尔堡病毒、鼠疫耶尔森菌、委内瑞拉马脑炎病毒、西尼罗病毒等），研究内容既包括了机体感染病原体后的病理反应、发病机制，也包括了病原体防治的疫苗和药物。例如，该机构对机体感染埃博拉病毒后神经系统和免疫系统等的变化进行了分析与研究，并在此基础上进行了埃博拉病毒疫苗和抗病毒治疗药物的研发。近年来，该机构研究方向逐渐聚焦在病原体防护实际应用上，十分重视病原体预防疫苗和治疗药物的研发与实际应用。例如，其一直在寻找针对肉毒梭菌神经毒素的治疗药物，不断探索能使非人灵长类动物免受马尔堡病毒致死性气溶胶暴露的疫苗等。此外，华尔特里德陆军研究所和海军医学研究中心主要研究登革病毒，美国陆军埃奇伍德化学生物中心则在炭疽芽孢杆菌领域投入最多。

（军事科学院军事医学研究院　辛泽西）

第十八章

全球冠状病毒疫苗专利分析

自 2020 年 1 月 11 日中国科学家发布新冠病毒（SARS-CoV-2）全基因组序列以来，全球掀起新冠病毒疫苗研发热潮，世界上多个国家把疫苗研发作为重点应对措施加以推进。截至 2021 年 2 月，全球已有多款疫苗开始推广接种。在传染病肆虐之时，疫苗无异于维护国家安全和人民健康的国之重器。

冠状病毒是线性单股正链 RNA 病毒，是目前已知 RNA 病毒中基因组最大的病毒，可在家禽、人群中引发多种急慢性疾病。目前共发现 7 种可感染人类的冠状病毒，包括 HCoV-229E、HCoV-OC43、SARS-CoV、HCoV-NL63、HCoV-HKU1、MERS-CoV 和 SARS-CoV-2。SARS-CoV 与 MERS-CoV 曾引发严重急性呼吸综合征（SARS）和中东呼吸综合征（MERS）疫情，促使多个国家先后开展疫苗研发工作。引发新冠肺炎的是一种新型冠状病毒。因同为冠状病毒，故新冠病毒解构和疫苗研发在技术和工艺上与其他冠状病毒存在连续性和关联性[①]。

专利信息属于战略性情报资源，涉及学科面广，技术真实可靠，内容更新速度快，是反映科学技术创造最快的信息载体。因此，本章对 2021 年 1 月 1 日以前的冠状病毒专利进行全景分析，观察专利申请趋势，分析主要国家和机构产出，以期为我国疫苗研发工作及相关专利布局提供参考。

一、数据来源与检索策略

本章依托合享（incoPat）全球专利数据库进行冠状病毒专利数据检索和分析。incoPat 收录了全球 120 个国家、组织或地区超过 1.4 亿件专利文献，并对专利著录信息、法律、运营、同族、引证等信息进行了深度加工及整合，可实现数据 24 小时动态更新。此外，该数据库集成了专利检索、专题库、监视预警等多个功能模块，可从多个维度对数据进行统计、聚类及引证分析。

为了尽可能提高查全率和查准率，本章通过关键词检索，辅以人工筛选，借助 Excel 进行数据清洗，得出最终数据集。

---

① 国家知识产权局 . 新冠肺炎防疫专项专利分析[EB/OL]. [2021-01-12]. http://fy.patentstar.com.cn//file//A.pdf.

二、检索结果分析

经过前期文献调研，2021年2月5日以下列检索式（（（（（（ALL=（vaccin*））and（（ALL="229E" or "NL63" or "HKU1" or HKU8 or HKU2 or TGEV or CCOV or FCOV or FECV or FIPV or "OC43" or HKU5 or HKU9 or BCOV or ECOV or PHEV or CRCOV or IBV or "BWCOV-SW1" or "BUCOV HKU11" or "THCOV HKU12" or ALCCOV or CFBCOV or PDCOV or WECOV or SPCOV or MRCOV or NHCOV or WICOV or CMCOV or MHV or JHM or PEDV or SARS or SADS-COV or SARS-COV or SARS-COV-2 or MERS-COV or "COVID*19" or "COVID 19" or "PORCINE EPIDEMIC DIARRHEA VIRUS" or "TRANSMISSIBLE GASTROENTERITIS VIRUS" or "SEVERE ACUTE RESPIRATORY SYNDROME" or "PORCINE HEMAGGLUTINATING ENCEPHALOMYELITIS" or "MOUSE HEPATITIS VIRUS" or "MURINE HEPATITIS VIRUS" or "INFECTIOUS BRONCHITIS VIRUS" or "SIALODACRYOADENITIS" or "MIDDLE EAST RESPIRATORY SYNDROME" or "PED VIRUS*" or "CORONA VIRUS*" or "CORONAVIRUS*"）））））not（TI=（device or mask or technolog* or film or detect*））））and（（AD<20210101）））在incoPat专利数据库进行检索，去掉实用新型、外观和其他类型，共检索到专利6536件，共3084个专利族，并从申请趋势、地域分布及专利申请人等角度对检索结果进行分析。

（一）专利申请总体趋势分析

1.冠状病毒疫苗专利申请年度分布

1965年，首株人冠状病毒被分离出来，因其在显微镜下呈现出明显棒状粒子突起，形态颇像皇冠而得名，随后科学家开始围绕冠状病毒展开研究，并申请了相关专利。1965—2020年全球冠状病毒疫苗相关专利共有6435件、3025个专利族，2000年之后的专利申请总量在1965—2020年所有相关专利中占比超过90%，年度分布如图18-1所示。1965—2002年是全球冠状病毒疫苗研发早期，专利年申请量均未超过50件，1982年以前出现多次断层现象。2003年SARS暴发，冠状病毒疫苗成为各方关注焦点，相关专利量猛增，2003年达到135件，2004年达到213件。此后，随着疫情在全球范围内的有效控制，2005年冠状病毒疫苗专利申请量迅速回落。2006—2019年，全球冠状病毒疫苗专利申请因MERS、埃博拉疫情暴发有所起伏。2019年年底新冠疫情暴发，刺激冠状病毒疫苗专利申请量呈井喷式增长，2020年专利量达到这一时段峰值，即266件。自21世纪以来，全球相关专利申请没有出现断层现象，这说明全球冠状病毒疫苗研发处于稳定的技术积累阶段。截至2020年12月31日，新冠肺炎疫情仍在蔓延，上市的新冠病毒疫苗产品有限。可以预见，未来相关专利申请量还将持续增长。

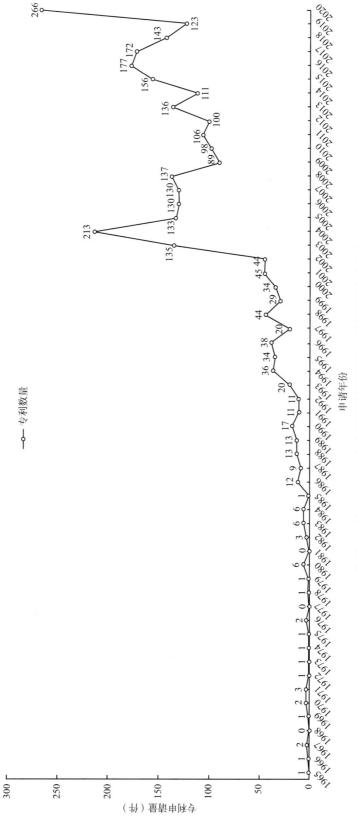

图 18-1　1965～2020 年全球冠状病毒疫苗专利申请量年度分布

2. 全球冠状病毒疫苗专利技术构成

国际专利分类（IPC）是唯一国际通用的专利文献分类标准，反映了专利的内容特征。通过分析冠状病毒疫苗专利的 IPC 分布情况，可观察重点技术领域。从图 18-2 可看出，相关研究主要集中于病毒性抗原（1118 件）、抗病毒剂（1049 件）、DNA 重组技术（640 件）、抗体及免疫球蛋白（618 件）、免疫佐剂（374 件）、微生物检测（352 件）等方面。此外，亚单位疫苗研发及病毒变异也是多方关注重点。

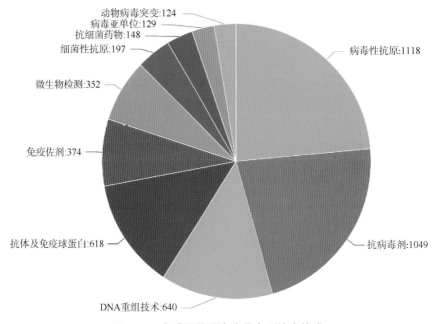

图 18-2　全球冠状病毒疫苗专利技术构成

3. 冠状病毒疫苗研发技术生命周期分析

通过分析专利申请量与专利申请人数量两者的时序变化，可观察技术成长和发展路径，推测技术发展方向。技术发展通常会经历萌芽期、成长期、成熟期、衰退期和复苏期 5 个生命周期。位于萌芽期时，技术发展较慢，研发投入、研究成果及相关申请人数量少且不稳定；随着研发投入的加大及技术的逐步积累，技术发展会进入快速成长的暴发期，专利和申请人数量增加，之后技术进入稳定快速发展期，相关技术逐渐成熟；在成熟期，技术不断完善，步入市场并逐渐大规模推广应用，随后技术将逐渐进入衰退期；之后，相关技术可能会因为替代技术的不完善或需求拉动，出现复苏现象。

从冠状病毒疫苗专利年度发文趋势来看，20 世纪 80 年代之前，冠状病毒疫苗研发技术处于萌芽期，专利量约 2 件。因此，本章截取 1981—2020 年相关专利数量和申请人数量的变化趋势，观察和判断全球冠状病毒疫苗专利技术的成熟度。从图 18-3 可见，1981—2002 年，冠状病毒疫苗研发仍处于萌芽期，技术研发主要集中于少数公司，专利申请量和申请人数量较少，集中度高。2003—2004 年专利申请量和申请人数量猛增，冠状病毒疫苗技术研发步入快速发展阶段；2005—2012 年专利申请量和申请人数量在短时间内快速回落，推断技术研发可能出现瓶颈问题，导致部分研发公司退出，专利申请数量骤减；2013—2020 年，研发投入和成果产出回升，尤其是 2018—2020 年，再次出现冠状病毒疫苗技术研发快速发展期。预计未来 10 年内，冠状病毒疫苗技术研发将陆续出现重大研究成果，经历较长时期的快速发展阶段。

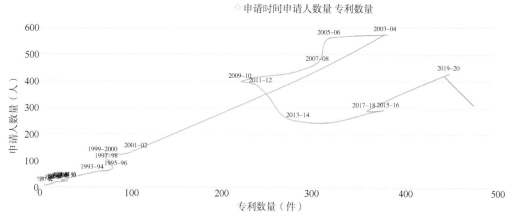

图 18-3　1981 ～ 2020 年冠状病毒疫苗专利技术成熟度曲线

因年份太多，以两年为单位合并显示

（二）全球冠状病毒疫苗专利申请地域分析

冠状病毒疫苗专利在全球布局广泛，全球 47 个国家 / 组织在相关领域进行了布局（图 18-4），截至 2021 年 2 月 5 日，中国、美国是该类专利申请最多的国家，其中中国拥有专利 825 件，位居榜首，美国、世界知识产权组织紧随其后，专利申请量分别是 769 件、745 件。专利申请量位列前十位的国家或组织还包括韩国、日本、欧洲专利局（EPO）、印度、俄罗斯、英国、法国，但专利量明显少于位居全球第一梯队的中国和美国，这也说明中美两国在冠状病毒疫苗领域的研究及专利申请比其他国家要活跃得多。

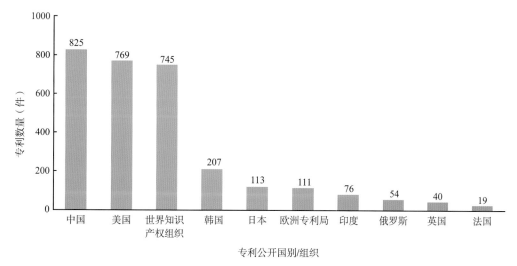

图 18-4　全球冠状病毒疫苗专利公开国别 / 组织分布

从主要国家／组织专利年申请量变化趋势来看（图 18-5），中美两国曲线基本处于高位，相关专利量变化与全球疫情暴发时间呈现出较为紧密的关系。2001—2002 年，中国专利申请量低于美国，2003 年 SARS 疫情暴发，当年中国专利申请量超过美国，成为全球之最。2004—2009 年，中国专利申请量迅速回落，年申请量低于美国。2010 年之后，中国冠状病毒疫苗专利申请量呈现快速增长趋势。2015 年美国专利申请量稍高于中国，但 2010—2020 年的其他年度中国相关专利申请量均高于美国。2019 年年底新冠肺炎疫情暴发，2020 年我国相关专利申请量达 173 件，是 2020 年全球冠状病毒疫苗专利的主要贡献来源。

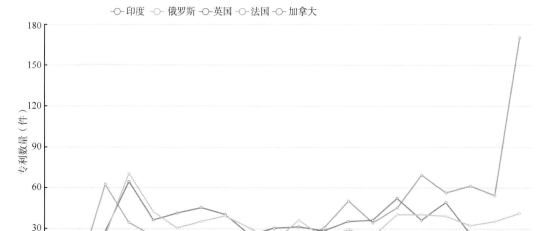

图 18-5　2001 ～ 2020 年冠状病毒疫苗专利主要申请国／组织专利申请趋势

（三）冠状病毒疫苗专利申请人分析

1. 国际主要专利申请人

从全球冠状病毒疫苗专利申请量排名前十位的机构来看（图 18-6），辉瑞制药有限公司（Pfizer，简称辉瑞制药）、阿克苏诺贝尔（Akzonobel）公司、梅里亚集团（Merial）等国际知名生物技术公司分别以专利申请量 155 件、113 件、107 件稳居全球第一列阵。2009 年辉瑞制药收购惠氏公司（Wyeth）。惠氏公司是以研发为基础的制药和保健品公司，其在疫苗和生物制品方面处于全球领先地位。此外，辉瑞制药旗下的动物保健公司硕腾（Zoetis）在动物冠状病毒疫苗研发方面技术积累深厚，这成为辉瑞制药在冠状病毒疫苗研发领域领跑全球的技术支撑。阿克苏诺贝尔公司旗下英特威公司是世界三大动物防疫药品生产商之一，在冠状病毒疫苗研发领域的技术积累深厚。2017 年动物保健品研发企业梅里亚集团合并生物制药公司勃林格殷格翰，跻身全球第二大动物保健企业，专注于冠状病毒疫苗研发。排名第 4 位的是普莱柯生物工程股份有限公司，专利申请量是 48 件。其他位列前十位的还包括巴斯德研究所（Institut Pasteur）、奇尼塔公司（kineta）、中国农业科学院、中国科学院、军事科学院军事医学研究院、库瑞瓦格股份公司（CureVac），专利申请量均低于40件。在申请量位列全球前十位的机构中，中国机构占40%。从机构类型来看，主要包括企业（6个）和研究院所（4个）（图18-6）。

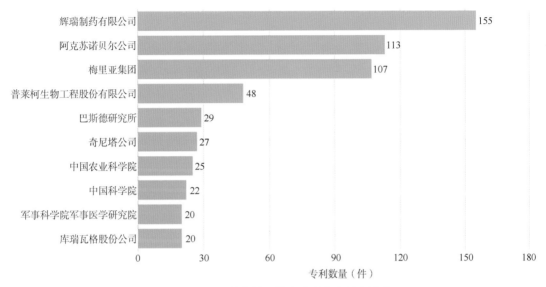

图 18-6　国际前十位冠状病毒疫苗专利申请人

国际主要专利申请人技术构成分析：基于专利分类号，对全球主要冠状病毒疫苗专利申请人进行技术聚类，形成气泡图（图18-7）。横坐标是主要专利产出机构，纵坐标是技术分类，气泡大小代表专利数量，颜色随机，可见辉瑞制药有限公司、阿克苏诺贝尔公司、梅里亚集团及普莱柯生物工程股份有限公司均在病毒抗原、抗体研究领域密集布局。此外，抗感染药物研发及抗体组合物的制备和纯化是多方关注重点。专利申请量排名前十位的机构都存在技术盲点，其中病毒突变或遗传工程、肽类研究等相关成果产出不足，具有较大的专利布局空间和潜力。

国际主要专利申请人价值度分布：研究申请人专利价值度评分情况，可从宏观上了解申请人的专利质量，从而客观评价申请人在专利方面的竞争实力。incoPat数据库系统使用数值1～10来衡量专利价值，数值越大，专利价值越大。气泡大小则代表专利数量。在专利数量排名前十位的申请人中，辉瑞制药有限公司、阿克苏诺贝尔公司等机构的专利中高价值专利占主导地位，说明上述公司在冠状病毒疫苗研发领域技术储备雄厚，影响力大。普莱柯生物工程股份有限公司、中国农业科学院、中国科学院有小部分专利价值度达到10，但绝大部分专利价值度分布于1～9（图18-8）。

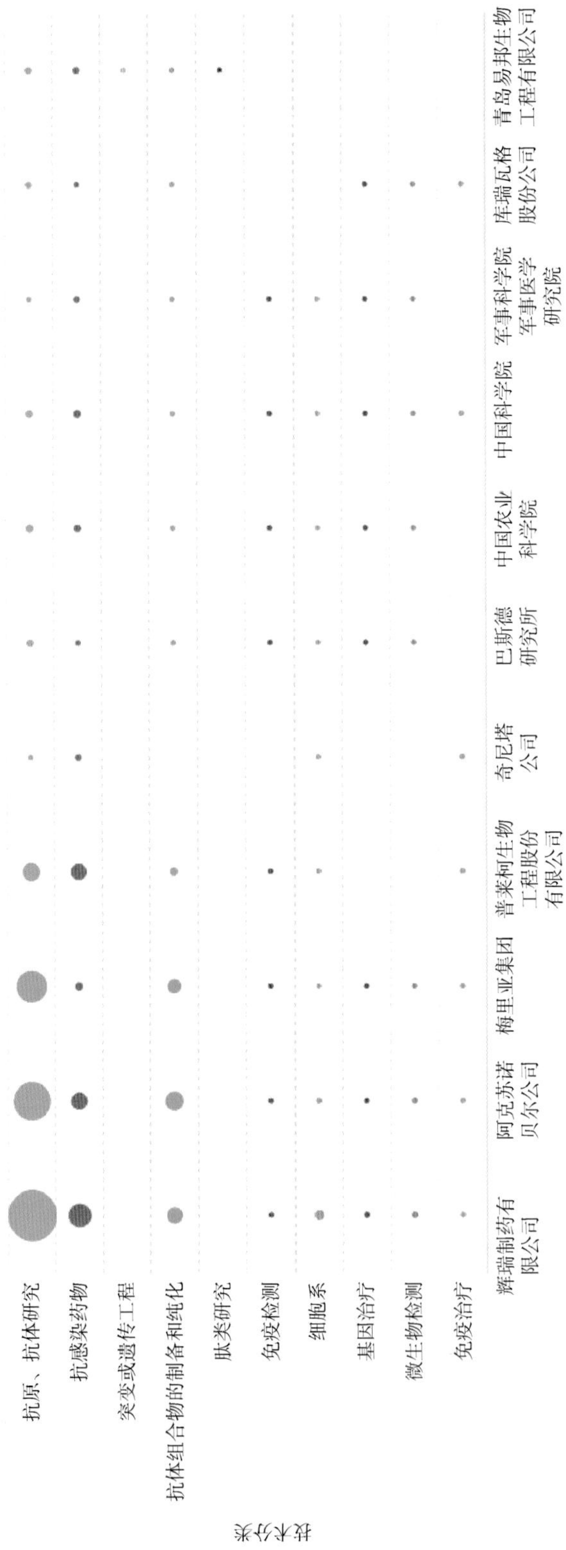

图 18-7 国际主要冠状病毒疫苗专利申请人技术构成

气泡代表专利数量，气泡越大，表示专利数量越多

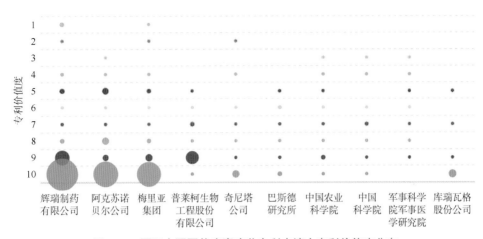

图 18-8　国际主要冠状病毒疫苗专利申请人专利价值度分布

气泡代表专利数量，气泡越大，表示专利数量越多

2. 国内主要专利申请人

国内相关专利产出机构包括地方企业及科研院所。普莱柯生物工程股份有限公司（48 件）、中国农业科学院（25 件）、中国科学院（22 件）、军事科学院军事医学研究院（20 件）等跻身全球专利申请量前十位的机构领跑国内冠状病毒疫苗研发产业，普莱柯生物工程股份有限公司、中国农业科学院等机构重点关注动物防疫产品研发（图 18-9）。军事科学院军事医学研究院及中国科学院在人用冠状病毒疫苗领域研究较多，其中由军事科学院军事医学研究院陈薇院士团队与康希诺生物技术公司联合研发的腺病毒载体疫苗是全球首批步入临床试验的疫苗产品之一，也是国内首个获批专利申请的新冠病毒疫苗，并于 2021 年 2 月中旬开始在墨西哥推广接种。冠状病毒疫苗专利申请较多的国内机构还包括青岛易邦生物工程有限公司、华南农业大学、瑞普生物技术股份有限公司、四川大学、中山大学及扬州大学。

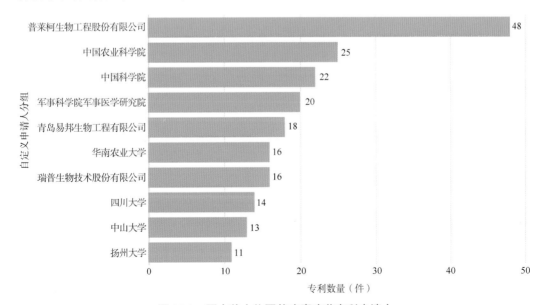

图 18-9　国内前十位冠状病毒疫苗专利申请人

3. 国内主要专利申请人国别分析

我国冠状病毒疫苗专利共 1124 个专利族，66.9% 由我国专利申请人申请，在数量上占绝对优势，国外申请人在我国申请的相关专利占比为 33.1%，其中以美国最多（18.59%），荷兰（3.83%）、日本（1.51%）等国次之（图 18-10）。美国、荷兰等国申请人在我国的密集布局，说明我国相关市场对上述国家具有很大吸引力。

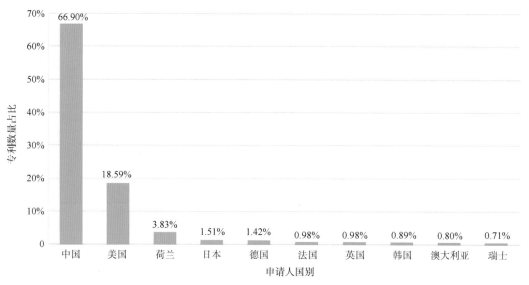

图 18-10　国内主要冠状病毒疫苗专利申请人国别情况

4. 国内主要冠状病毒疫苗专利申请人技术构成情况

国内主要冠状病毒疫苗专利申请人技术构成与全球层面技术分布情况类似，大部分机构的专利布局集中于抗原、抗体研究。值得关注的是，华南农业大学、四川大学、中山大学及扬州大学已经在病毒突变或遗传工程研究领域获得了一定的技术积累。但整体观察，我国在冠状病毒疫苗研发领域存在较多技术空白点（图 18-11）。

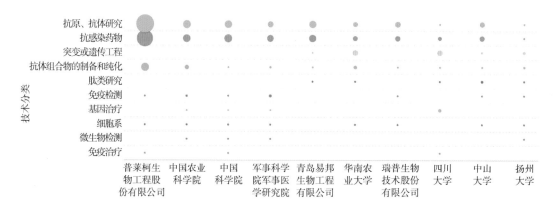

图 18-11　国内主要冠状病毒疫苗专利申请人技术构成

气泡代表专利数量，气泡越大，表示专利数量越多

价值度分布情况：国内主要专利申请人价值度主要分布于 3 ～ 9，普莱柯生物工程

股份有限公司、中国农业科学院、中国科学院仅有少量专利价值度达到 10，这反映出目前我国在冠状病毒疫苗研发领域培育的重大成果有限（图 18-12）。

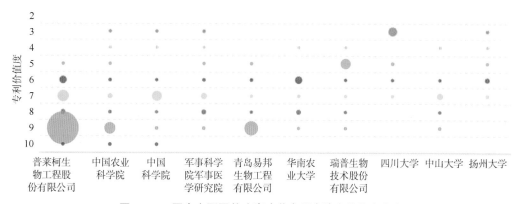

图 18-12　国内主要冠状病毒疫苗专利申请人价值度分布

气泡代表专利数量，气泡越大，表示专利数量越多

（四）高价值度专利分析

从全球冠状病毒疫苗专利的价值度分布来看，价值度为 9 和 10 的专利较多，占比为 55.62%，共 1561 件，其中价值度为 10 的专利占比为 34.31%，共 1168 件。本部分遴选价值度为 10 的专利作为高价值度专利进行申请趋势、申请人及技术构成分析。

1. 高价值度专利申请趋势分析

如图 18-13 所示，全球冠状病毒疫苗领域高价值度专利主要集中在 1995—2017 年，2004 年达到峰值。我国冠状病毒疫苗领域高价值度专利主要集中在 1998—2017 年，2010 年达到峰值，整体趋势稍晚于全球。我国大陆专利价值度为 10 的高价值度专利较少，价值度为 6～9 的专利较多，其中价值度为 9 的专利占比最高，达 23.21%；价值度为 10 的专利仅 160 件，占比为 14.23%。

2. 高价值度专利申请人分析

辉瑞制药有限公司（68 件）、阿克苏诺贝尔公司（55 件）及梅里亚集团（49 件）等在高价值度专利方面优势明显。在我国的高价值度专利中，大部分是辉瑞制药有限公司、阿克苏诺贝尔公司、梅里亚集团及库瑞瓦格股份公司等国际疫苗研发企业在我国布局的专利，国内专利申请人在高价值度专利中的占比份额较少（图 18-14）。

3. 高价值度专利技术构成情况

全球高价值度专利集中于抗原、抗体研究，肽类研究，抗体组合物的制备和纯化，以及突变或遗传工程和抗感染药物，如表达禽病原体的多种抗原的重组 HVT 载体及其用途（专利号为 CN110505879A），一种基因Ⅶ型新城疫病毒弱毒株、疫苗组合物及其应用（专利号为 CN1072814798），编码 SARS-CoV-2 抗原的 mRNA 和疫苗及疫苗的制备方法（专利号为 CN111218458B）（图 18-15）。

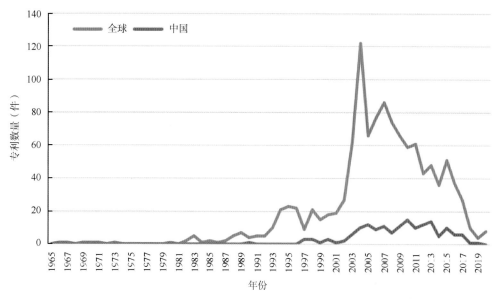

图 18-13　1965 ～ 2019 年高价值度专利申请趋势

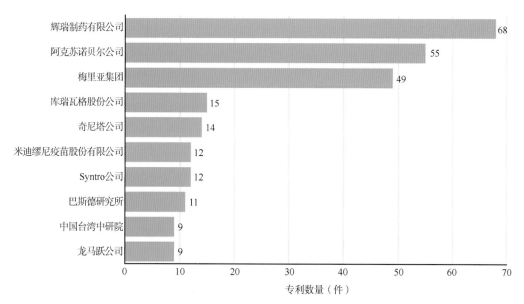

图 18-14　全球主要高价值度专利申请人

（五）专利优先权分析

专利优先权是指申请人就某项发明在一个缔约国提出申请之后，在一定时限内又向其他缔约国申请时，申请人具有以第一次提出申请的日期作为申请日的权利。专利申请人通常会将其所属国家作为专利的优先权国家。分析相关专利的优先权，可观察和判断国家或组织在某一领域的研发实力和创新程度。

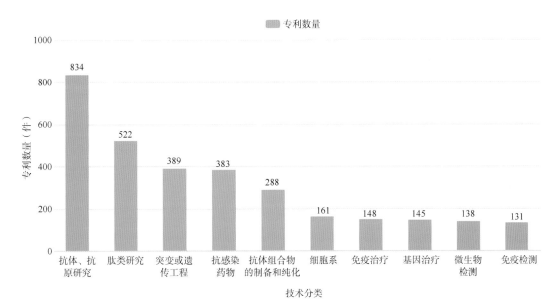

图 18-15　全球高价值度专利技术构成

　　从图 18-16 中可见，美国是国际优先权专利申请最多的国家，也是冠状病毒疫苗研发实力最强的国家，其次是中国、欧洲专利局，位列前三的优先权专利申请国或组织专利申请总量占世界总量的 55.91%，核心技术集中度较高。分列全球优先权专利申请前十位的国家或组织还包括世界知识产权组织、英国、日本、韩国、法国、荷兰及澳大利亚。

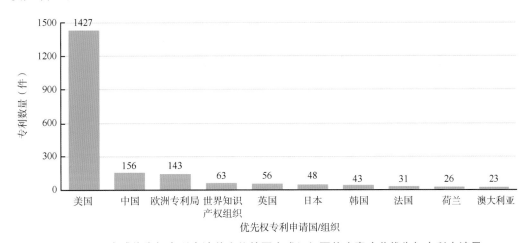

图 18-16　全球优先权专利申请前十位的国家或组织冠状病毒疫苗优先权专利申请量

三、结论与建议

（一）结论

对检索结果进行多维度分析，结合当前冠状病毒疫苗研发状况，可以得出以下结论。

（1）全球冠状病毒疫苗研发领域的投入变化趋势与相关疫情暴发时间高度契合。

新冠肺炎疫情刺激全球冠状病毒疫苗技术研发跨入快速发展期。全球冠状病毒疫苗专利先进技术主要集中于中美两国。

（2）国内外主要专利申请人均存在技术盲点。从专利价值度分布情况来看，辉瑞制药有限公司、阿克苏诺贝尔公司等国外专利申请机构高价值度专利占比大，国内机构高价值度专利占比较小，出现少量高质量专利，但整体专利质量有待提升。

（3）在全球冠状病毒疫苗研发机构中，美国、荷兰的专利申请人以企业为主，我国则以科研院所为主体力量。

（4）对美国国内主要专利申请人国别进行分析，可以看出美国、荷兰等多个国家的申请人在我国进行专利布局，企图抢夺中国市场。

（二）建议

针对分析结论，提出以下建议。

（1）加强战略布局。我国冠状病毒疫苗专利申请趋势与疫情暴发时间高度契合，可能的原因是相关研发主体仅为解决当下疫情，或者因经费问题，或者跟风研究，未能形成持续的研发产出机制。建议在冠状病毒疫苗领域加强专利技术研发布局，加大科研投入，为疫苗产品研发做好技术储备。

（2）加强基础研究，填补技术空白点。疫苗的研发需要一个过程，其中病毒基础研究非常重要，这是病毒变异之后能迅速开启新疫苗研发的重要保障。美国辉瑞制药有限公司高价值度专利占比高，研究领域涉及面广，基础深厚，是支撑其新冠病毒疫苗研发取得快速进展的重要因素。

（3）有效开展国际合作。美国、荷兰等国在我国进行了大面积专利布局，这也说明我国市场对其具有很大吸引力，中美之间存在合作空间和潜力。建议借此开展国际合作，有条件且有限度地满足对方的市场投放需求，同时可引入高精尖技术。

（4）军民融合。地方企业在疫苗研发中表现优秀，美国辉瑞制药有限公司、荷兰阿克苏诺贝尔公司、我国普莱柯生物工程股份有限公司等都具备良好的研发基础。开展军民合作，有效利用地方优势科研成果和力量，可加速疫苗研发进程。

（军事科学院军事医学研究院　蒋丽勇　刘　术）

第十九章

全球人冠状病毒相关专利技术竞争力分析

自新冠肺炎疫情暴发以来，世界各国科研人员快速响应进行紧急科研攻关，再次掀起了对人冠状病毒的攻克热潮。专利作为技术信息最有效的载体，囊括了全球最具经济价值的技术情报。本章从专利视角出发，运用专利计量和专利地图可视化分析方法，从人冠状病毒专利市场布局和创新能力、申请机构竞争力、主要发明人竞争力、专利对抗分析等多方面展示国际竞争态势，为我国后续进行相关专利布局和研发提供参考。

一、人冠状病毒概述

冠状病毒是有包膜的单链正股 RNA 病毒，直径为 80～120nm，由约 3 万个碱基组成，是一大类病毒的统称，因其包膜上有形似日冕的棘突，如同皇冠的形状，因此得名"冠状病毒"[1]。根据国际病毒分类委员会 2018b 版报告，已鉴定的人和动物冠状病毒共有 23 个亚属，38 个种。其中，目前已知可感染人的冠状病毒有 7 种，分别是HCoV-229E、HCoV-OC43、SARS-CoV、HCoV-NL63、HCoV-HKU1、MERS-CoV、SARS-CoV-2。全球第 1 株人冠状病毒于 1965 年由 Tyrrell 和 Bynoe 从人类鼻腔中分离出来，随后，1966 年 Hamer 等用人胚肾细胞分离到类似病毒，将其命名为"229E 病毒"[2]。1967 年，Mclntosh 等从感冒患者中分离到另一种冠状病毒 HCoV-OC43[3]。人冠状病毒长期以来一直被认为是相对无害的呼吸道病原体。直至 2002 年，在我国广东佛山地区首次发现严重急性呼吸综合征（SARS）冠状病毒，之后疫情在我国乃至全球各个国家迅速蔓延传播，因其发病率和病死率高，引起社会极度恐慌，冠状病毒无害的观念被彻底打破[4]。2003 年，荷兰科学家在一名儿童患者身上查到一种新型人冠状病毒 HCoV-NL63[5]。随后，中国香港科学家从一名老年患者身上发现另一种新型人冠

① 马洲，曹国君，关明. 人冠状病毒的研究现状与进展[J]. 国际检验医学杂志，2020，41（5）：518-522.

② Berry M，Gamieldien J，Fielding BC. Identification of new respiratory viruses in the new millennium[J]. Viruses-Basel，2015，7（3）：996-1019.

③ 孙淑芳，王媛媛，刘陆世，等. 冠状病毒概述[J]. 中国动物检疫，2013，30（6）：68-71.

④ 赵卫，龙北国，张文炳. SARS 冠状病毒的起源研究进展[J]. 微生物学通报，2006，（3）：138-141.

⑤ Lia VDH，Pyrc K，Jebbink MF，et al. Identification of a new human coronavirus[J]. Nature Medicine，2004，10（4）：368-373.

状病毒 HCoV-HKU1[①]。2012 年，中东呼吸综合征冠状病毒（MERS-CoV）感染人类，该病毒初期传播仅限于中东地区，随后开始在全球范围内扩散[②]。2019 年年底暴发了新的冠状病毒感染人事件，该病毒被命名为 SARS-CoV-2，这是第三次暴发的冠状病毒跨种传播突发事件[③]。

7 种致病性人冠状病毒中 HCoV-OC43、HCoV-229E、HCoV-NL63、HCoV-HKU1 主要引起相对温和的急性上呼吸道感染症状，患者起病症状轻微，可无发热症状，多数患者为轻、中度，预后良好[④]；而 SARS-CoV、MERS-CoV、SARS-CoV-2 这 3 种病毒引起的病症则较为严重，可能引起更严重的呼吸系统疾病，导致患者因呼吸衰竭而死亡[⑤]。人冠状病毒对人类生命造成了重大威胁，分析针对该类病毒的检测方法、疫苗和抗体研发等发展态势，对疫情防控和感染人群治疗有重大意义。

二、数据来源与研究方法

专利作为一种特殊的信息和战略资源，在国家信息资源建设开发与利用中有着特殊的地位和作用。本章以人冠状病毒相关技术专利为数据来源，对国内外该领域专利进行分析。本章选取合享（incoPat）专利数据库，该数据库收录了全球 120 个国家超 13 亿件专利数据，信息内容准确可靠，数据质量高。该数据库具有支持中英文检索、可进行同族专利合并处理、提供权利要求数与同族数等可用于专利质量评估的指标等优点。在专利题名、摘要和权利说明中检索，确定的检索策略为 TIABC=（"229E" or "HCoV-229E" or "human coronavirus 229E" or "OC43" or "HCoV-OC43" or "human coronavirus OC43" or "human coronavirus NL63" or "NL63" or "HCoV-NL63" or "HKU1" or "HCoV-HKU1" or "human coronavirus HKU1" or "SARS virus" or "SARS-CoV" or "SARS coronavirus" or "MERS coronavirus" or "MERS virus" or "MERS-CoV" or "2019-nCoV" or "SARS-CoV-2" or "COVID-19" or "severe acute respiratory syndrome virus" or "severe acute respiratory syndrome coronavirus" or "hCoV" or "middle east respiratory syndrome virus*" or "middle east respiratory syndrome coronavirus" or "human coronavirus" or "novel coronavirus" or "2019 novel coronavirus infection" or "novel coronavirus pneumonia" or "novel coronavirus-infected pneumonia" or "人冠状病毒" or "严重急性呼吸系统综合症" or "严重急性呼吸系统综合征" or "严重急性呼吸道综合症" or "严重急性呼吸道综合征" or "严重急性呼吸综合症" or "严重急性呼吸综合征" or "重症急性呼吸综合征" or "重症急性呼吸综合症" or "非典型性肺炎" or "非典型肺炎" or "新型冠状病毒" or "中东呼吸综合征" or "中东呼吸综合症" or "人冠状病毒 229E" or "人冠状病毒 OC43" or "人冠状病毒 NL63" or "人冠状病毒 HKU1" or "人冠状病毒"），共检索到相关专利论文 9658 条，通过数据清洗、去噪，

① Woo PCY，Lau SKP，Chu CM，et al. Characterization and complete genome sequence of a novel coronavirus, coronavirus HKU1，fromPatients with Pneumonia[J]. Journal of Virology，2005，79（2）：884-895.

② 沈军，俞蕙，朱启镕. 人冠状病毒与人类呼吸道感染 [J]. 中国循证儿科杂志，2013，8（2）：154-159.

③ 谢华玲，吕璐成，杨艳萍. 全球冠状病毒疫苗专利分析 [J]. 中国生物工程杂志，2020，40（Z1）：57-64.

④ 翟通，李蕊，杜津萍，等. 人冠状病毒检测技术中国专利分析及启示 [J]. 中国发明与专利，2020，17（5）：11-16.

⑤ 巩玥，史志祥，陈菁，等. 冠状病毒的研究现状 [J]. 中国生物工程杂志，2020，40（1）：1-20.

简单合并同族后检索到 6234 个专利家族，以此作为专利分析的数据源，从专利发展趋势、重点技术布局、重点核心专利、主要申请机构、主要申请机构技术领域和优势领域，以及中美专利沙盘对抗等多个方面进行人冠状病毒相关专利态势分析。

三、结果分析

（一）全球申请趋势分析

通过专利申请趋势分析可以了解专利技术在不同国家或地区的起源和发展情况，对比各个时期内不同国家和地区的技术活跃度，分析专利全球布局情况，预测未来的发展趋势，可为制订全球的市场竞争或风险防御战略提供参考。全球人冠状病毒抗体技术领域相关专利申请随冠状病毒疫情的暴发时间呈波动式发展态势。2003 年，SARS 疫情暴发，全球在该领域的专利申请量快速增加，专利公开量在 2005 年达到高峰。随着 SARS 疫情得到有效控制，2006 年开始相关专利申请量逐步下降，相关专利申请内容也从疫苗和抗体研发转为以治疗性药物为主。2012 年，MERS 疫情暴发，相关专利申请量开始有所增加，至 2015 年、2016 年增加出现小峰值，随着疫情得到控制，专利申请量又有所回落，直至 2019 年暴发全球范围内的新冠肺炎疫情，2020 年专利申请量突增，达到 2000 件以上（图 19-1）。

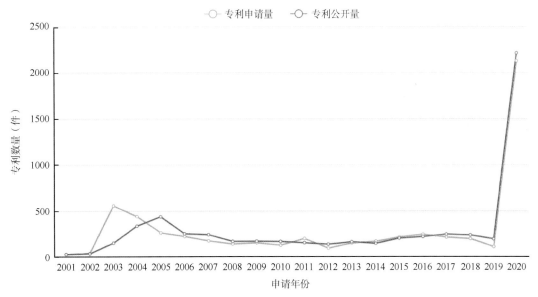

图 19-1　2001 ～ 2020 年人冠状病毒相关专利申请趋势

（二）技术生命周期分析

生命周期分析是专利定量分析中最常用的方法之一。通过分析专利技术所处的发展阶段，推测未来技术发展方向。该方法针对的可以是某件专利文献所代表技术的生命周期，也可以是某一技术领域整体技术生命周期。技术生命周期图中专利申请人数反映了参与某领域机构的数量，专利申请量反映了该领域的科技产出情况，数量越大，表明该领域的科技活动越频繁。通过观察两者之间的关系，可以初步判断某技术领域的技术成熟度。一般来说，技术专利生命周期包括技术萌芽期、发展期、成熟期、衰退期和复苏期 5 个阶段，从全球人冠状病毒相关技术专利生命周期图可以看出该技术目前处于技术发展期（图 19-2）。

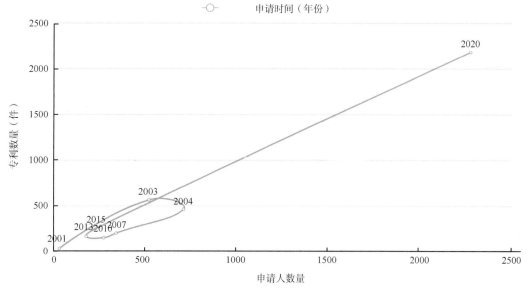

图 19-2　全球人冠状病毒相关技术生命周期图

技术萌芽期：2001 年以前为人冠状病毒相关技术萌芽期。1987 年，全球首件人冠状病毒抗体技术相关专利由美国得克萨斯大学研究人员提交申请，主要研究人肠溶性冠状病毒诊断性抗体的相关制备。由于当时冠状病毒并未对人类造成很大影响，所以该专利并未引起研究人员对该领域较多的关注。

技术发展期：2001—2003 年人冠状病毒相关技术达到发展的小高潮，该领域专利申请量和申请人数量呈波动增长趋势。之后随着 SARS 疫情得到有效控制，专利研发力度有所下降。2019 年年底暴发的新冠肺炎疫情范围不断扩大，严重威胁着人类的生命安全，全球科研人员集中进行科研攻关，人冠状病毒相关领域专利申请人数量与专利申请量均呈快速增长。从目前看该技术还处于发展期，尚未到成熟期。

（三）市场布局分析

通过分析各个国家或地区的专利数量分布情况，即市场布局情况，可以了解分析对象在不同国家技术创新中的活跃情况，从而发现主要的技术创新来源国和重要的目标市场。专利申请和维护需要一定的费用，特别是国际专利维护费用较高，一般认为某个国家某个市场环境或市场潜力较好时，专利申请人会在这个国家进行专利申请。

从人冠状病毒相关技术专利公开国情况可见，该领域市场布局最多的国家是中国，其次是美国，之后为韩国、印度、英国、乌克兰、日本、俄罗斯、法国、德国（表 19-1）。可见，全球人冠状病毒相关技术在中国、美国市场布局较多，竞争也最为激烈。

表 19-1　人冠状病毒相关技术专利公开国情况

序号	布局区域	专利数量（件）
1	中国	2387
2	美国	877
3	韩国	555
4	印度	280
5	英国	240
6	乌克兰	234
7	日本	132
8	俄罗斯	80
9	法国	73
10	德国	49

通过分析在我国申请专利的各个国家专利申请人国别分布情况，可以了解来自不同国家的申请人在我国申请保护的专利数量，从而了解各国创新主体在我国的市场布局情况、保护策略及技术实力。从图 19-3 中可见，在我国专利申请人国别分布中，我国本土专利最多，大部分为中国申请人申请专利，其他国家中美国申请人在我国申请专利最多。

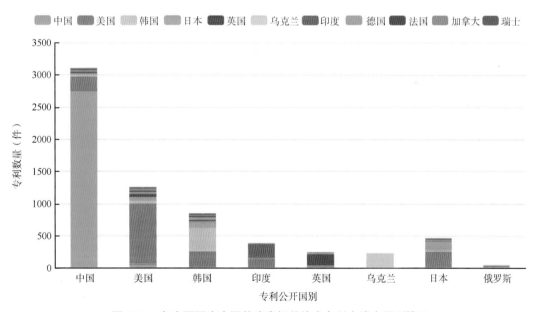

图 19-3　各主要国家人冠状病毒相关技术专利申请人国别情况

（四）创新能力分析

人冠状病毒相关技术专利申请人国别和专利价值度可以反映某个国家在该领域的技术创新能力。在专利申请数量方面，从人冠状病毒相关技术主要专利来源国（表 19-2）可见，我国在该领域专利申请量最多，达到 2400 多项。其次是美国，专利申请量达到 1600 多项。其他国家分别为韩国、日本、英国、乌克兰、印度、德国、法国、加拿大等，但与中国、美国专利申请量差距较大，可见中国和美国是人冠状病毒相关技术主要创新来源国。

表 19-2　人冠状病毒相关技术专利主要来源国（申请人国别）

序号	技术来源国	专利数量（件）
1	中国	2445
2	美国	1681
3	韩国	304
4	日本	265
5	英国	254
6	乌克兰	228
7	印度	216
8	德国	158
9	法国	128
10	加拿大	68

在专利质量方面，专利价值度是一个综合的评价指标，其他重要指标还有专利先进性等。专利价值度主要依赖于数据库自主研发的专利价值模型实现，该专利价值模型融合了专利分析行业最常见和重要的技术指标，如技术稳定性、技术先进性、保护范围层面等 20 多个技术指标，并通过设定指标权重、计算顺序等参数，使得能对每项专利进行专利强度自动评价。专利价值度分值是 1～10，分值越高代表价值度越高。在专利价值度方面，美国 10 分价值度专利最多，达到 1283 项。我国 10 分价值度专利较少，为 159 项，5～7 分价值度专利较多。其他国家专利价值度都较低，可见在人冠状病毒专利质量方面美国和中国引领全球技术发展（图 19-4）。

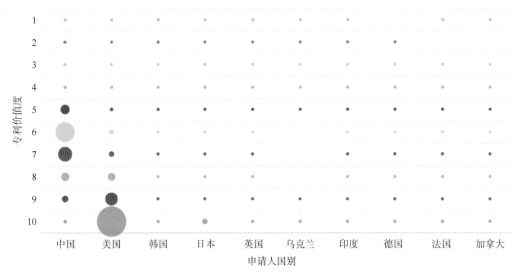

图 19-4　各主要国家人冠状病毒相关技术专利价值度

气泡代表专利数量，气泡越大，表示专利数量越多

专利先进性是指一项专利技术与其申请日前本领域的其他技术相比是否处于领先地位，主要从专利涉及的技术领域、要解决的技术问题、技术手段和技术效果等方面进行衡量和评价。技术先进性虽然难以量化，但却是高质量专利的一个重要指标，追求高质量专利和追求创新相辅相成，技术先进性越高说明创新能力越强。专利先进性分值是 1 ～ 10，分值越高代表价值度越高。在专利先进性方面，美国 10 分专利最多，达到 1291 项；我国 10 分专利较少，4 ～ 5 分专利较多。其他国家专利先进性都较低（图19-5）。

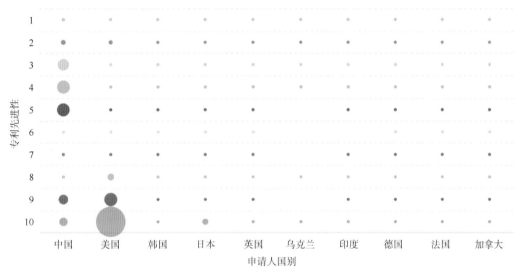

图 19-5　各主要国家人冠状病毒相关技术专利先进性比较

气泡代表专利数量，气泡越大，表示专利数量越多

（五）重点技术竞争力分析

为了更深入地了解人冠状病毒相关技术专利的研发重点，本章利用国际专利分类（IPC）进行技术分类统计分析，主要选取专利技术所在的 IPC 大组进行分析。

1. 技术 IPC 构成

通过对技术 IPC 构成进行分析可以了解分析对象覆盖的技术类别，以及各技术分支的创新热度。人冠状病毒相关专利主要分布在 A61P31（抗感染药，即抗生素和抗菌剂）、A61K31（含有机有效成分的医药配制品）、C12N15（突变或遗传工程；遗传工程涉及的 DNA 或 RNA）、A61K39（含有抗原或抗体的医药品）、C12Q1（包含酶、核酸或微生物的测定或检验方法）、A61P11（治疗呼吸系统疾病的药物）、C07K16（免疫球蛋白，如单克隆或多克隆抗体）等技术领域（图 19-6 和表 19-3）。综上所述，本领域的研究主要聚焦在人冠状病毒检测、抗体和疫苗的研发、治疗药物的研制、消毒系统等方面。

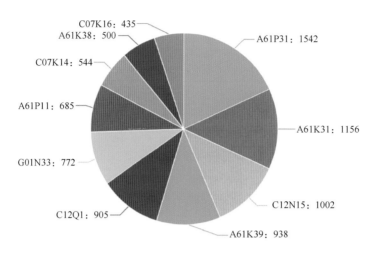

图 19-6　人冠状病毒相关技术专利主要 IPC 构成

IPC 分类号后数字代表专利量

表 19-3　人冠状病毒相关技术专利 IPC 情况

序号	IPC 分类号	专利数量（件）	注释
1	A61P31	1542	抗感染药，即抗生素和抗菌剂
2	A61K31	1156	含有机有效成分的医药配制品
3	C12N15	1002	突变或遗传工程；遗传工程涉及的 DNA 或 RNA
4	A61K39	938	含有抗原或抗体的医药品
5	C12Q1	905	包含酶、核酸或微生物的测定或检验方法；这种组合物的制备方法
6	G01N33	772	免疫测定法，包括酶或微生物的测量或试验
7	A61P11	685	治疗呼吸系统疾病的药物
8	C07K14	544	具有多于 20 个氨基酸的肽；生长激素释放抑制因子
9	A61K38	500	含肽的医药配制品
10	C07K16	435	免疫球蛋白，如单克隆或多克隆抗体

2. 技术 IPC 申请趋势

分析各阶段的技术分布情况，有助于了解特定时期的重要技术分布，挖掘近期的热门技术方向和未来的发展动向，并对研发重点和研发路线进行适应性调整。在分析人冠状病毒相关技术专利申请的重点领域之后，对 IPC 近 20 年的逐年专利申请量进行了统计分析（图 19-7）。研究发现，A61P31、C12N15、A61P11、C07K16 等技术方向专利申请量增长较为明显。2003 年人冠状病毒药物研发方面专利申请量增加较多，到 2020 年，人冠状病毒的检测、药物、抗体、疫苗研发等方面专利申请量增长快速，可见人类应对重大公共事件越来越迅速，科研能力越来越强。

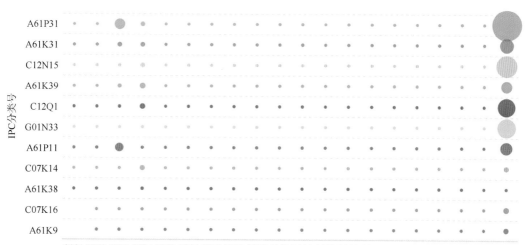

图 19-7　2001 ～ 2020 年人冠状病毒相关技术专利各 IPC 领域专利申请趋势

气泡代表专利数量，气泡越大，表示专利数量越多

3. 各主要国家技术研发重点

通过对各主要国家人冠状病毒相关专利 IPC 研发重点进行分析，可以了解和判断该国的技术创新重点和技术布局，反映该国的技术优势领域。从图 19-8 可见，中国和美国在人冠状病毒的检测、疫苗和抗体、药物研发等方面专利比较多。

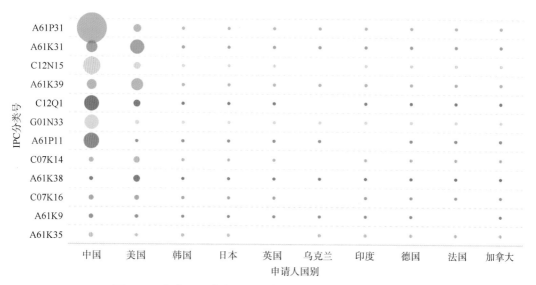

图 19-8　各主要国家人冠状病毒相关技术专利 IPC 研发重点

气泡代表专利数量，气泡越大，表示专利数量越多

（六）申请机构竞争力分析

对全球人冠状病毒相关技术专利申请量排名前十位的机构进行统计分析，可以反映该领域各机构的技术竞争力及活跃程度，以及该技术领域的技术集中程度。

1. 申请机构竞争情况

按照所属申请人（专利权人）的专利数量进行统计，可以发现创新成果积累较多的专利申请人，并据此进一步分析其专利竞争实力。从申请机构类型来看，人冠状病毒相关技术的重要研发力量集中在科研院所和公司。在全球排名前十位的机构中有5家中国机构，5家美国机构，分别是复旦大学、Intermune公司、军事科学院军事医学研究院、Kineta公司、丹娜法伯癌症研究院、清华大学、中国疾病预防控制中心病毒病预防控制所、中山大学、加州大学、埃默里大学（表19-4）。

表 19-4　人冠状病毒相关技术专利排名前十位的机构（第一申请机构）

序号	申请机构	专利数量	国家
1	复旦大学	33	中国
2	Intermune公司	32	美国
3	军事科学院军事医学研究院	32	中国
4	Kineta公司	31	美国
5	丹娜法伯癌症研究院	26	美国
6	清华大学	24	中国
7	中国疾病预防控制中心病毒病预防控制所	20	中国
8	中山大学	20	中国
9	加州大学	19	美国
10	埃默里大学	18	美国

2. 申请机构竞争趋势

分析各时期的申请人专利申请数量，有助于了解特定时期申请人的研发投入和技术活跃程度，预测未来的重要创新主体。图19-9展示的是各申请人专利申请量的发展趋势，从图中可见，各机构人冠状病毒相关技术专利申请量基本都是在2003—2004年、2011—2012年、2015年、2018年、2019—2020年出现明显增长，这与几次冠状病毒疫情暴发时间吻合。

3. 第一申请机构研发重点

从第一申请机构IPC情况可见机构研发重点，如复旦大学主要优势方向为新冠病毒A61P31、A61P11，Intermune公司和Kineta公司主要优势方向为A61K31，军事科学院军事医学研究院主要优势方向为A61P31、A61K39、A61P11、G01N33等，清华大学主要优势方向为A61K31、C12N15等（图19-10）。

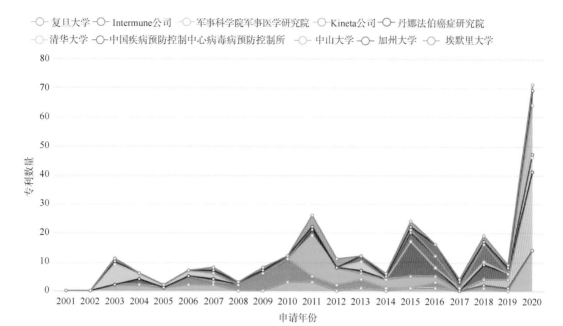

图 19-9　2001 ～ 2020 年人冠状病毒相关技术专利排名前十位的第一申请机构申请趋势

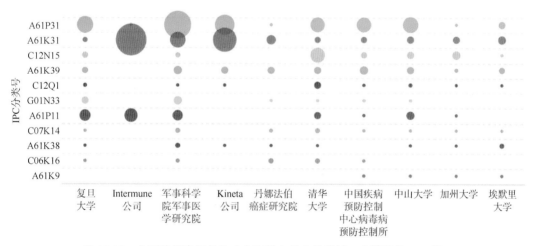

图 19-10　人冠状病毒相关技术专利排名前十位的第一申请机构 IPC 情况

气泡代表专利数量，气泡越大，表示专利数量越多

4. 第一申请机构专利价值度

在专利质量方面，主要通过专利价值度进行评估。在人冠状病毒相关技术专利中美国的 Intermune 公司、Kineta 公司、丹娜法伯癌症研究院专利价值度为 10 分的专利较多，我国的复旦大学、军事科学院军事医学研究院的专利价值度主要集中在 6 分左右，可见虽然我国机构专利申请数量较多，但专利价值度还有待提高（图 19-11）。

（七）核心专利分析

根据专利引证情况，筛选出人冠状病毒相关技术领域主要核心专利。从人冠状病

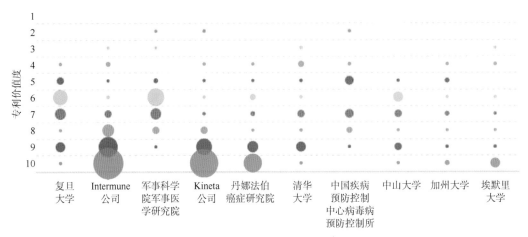

图 19-11　人冠状病毒相关技术专利排名前十位的第一申请机构专利价值度

气泡代表专利数量，气泡越大，表示专利数量越多

毒相关技术专利被引次数排名（表 19-5），可见前四位引证最高的专利均来自美国，其中被引次数最高的专利来自伊奥尼斯制药有限公司的 Hardee Greg 等发明的专利，主要为用于治疗严重急性呼吸综合征（SARS）的组合物和方法，被引次数为 129 次，合享价值度为 10。排名第五位的是我国的研发专利，来自河北以岭医药研究院有限公司研发的一种抗病毒中药组合物及制备方法，可以作为 SARS 的治疗和预防用药，对 SARS 病毒的半数抑制浓度（IC_{50}）为 3.63mg/ml，治疗指数为 40.33，说明该抗病毒组合物可明显抑制 SARS 病毒。

（八）研究主题分析

对全球人冠状病毒相关技术研究热点进行聚类分析发现（图 19-12），国内外研究主要集中于人冠状病毒的检测、人冠状病毒抗体、人冠状病毒疫苗、治疗药物的研制、中医药抗病毒、人冠状病毒感染诊断技术、网络药理学、分子对接、通过数据挖掘等方法发现治疗药物、远程医疗及互联网医药服务等[1]。

在人冠状病毒检测方面，新冠病毒感染的常规检测方法是通过实时荧光反转录聚合酶链反应（RT-PCR）鉴定，核酸检测虽然具有特异度、敏感度高等优点，但也因通量低而无法达到多种病毒平行检测的要求[2]。芯片检测是近年来生命科学与微电子学等学科相互交叉发展起来的一门高新技术，主要包括基因芯片、蛋白质芯片、细胞芯片、组织芯片、微球体芯片、微流控芯片、生物传感器芯片等。其中，基因芯片和微流控芯片在病毒检测中获得了良好的应用，不仅敏感度、特异度高，操作简便易行，还可实现同时对多种病原体进行检测，减少了外界因素的干扰，提高了检测的准确性[3]。

---

① 孙轶楠，张玢，杨雪梅，等 . 人冠状病毒全球专利技术态势分析[J]. 中华医学图书情报杂志，2020，29（4）：1-7.

② 庄向婷，白军，张振仓 . 新型分子诊断技术在动物疫病检测中的应用与发展[J]. 畜牧与饲料科学，2018，39（6）：108-112.

③ BRAY EA. Classification of genes differentially expressed during water-deficit stree in Arabidopsis thaliana：An analysis using microarray and differential expression data[J]. Annals of Botany，2002，89（7）：803-811.

表 19-5　被引次数排名前五位的人冠状病毒相关技术专利

公开号	专利名称	合享价值度	被引次数	同族专利	申请机构	发明人	国家
WO2005020885A2	Compositions and methods for the treatment of severe acute respiratory syndrome（SARS）	10	129	2 个	伊奥尼斯制药有限公司	Hardee Greg 等	美国
WO2005020884A2	Nucleosides for treatment of infection by corona viruses，toga viruses and picorna viruses	10	102	3 个	Idenix Caymanltd	Sommadossi Jean Pierre 等	美国
US20060257852A1	Severe acute respiratory syndrome coronavirus	10	74	1 个	Chiron Corporation	RinoRappuoli 等	美国
US20040229219A1	Method of inhibiting human metapneumovirus and human coronavirus in the prevention and treatment of severe acute respiratory syndrome（SARS）	10	57	1 个	Administrators of the Tulane Educational Fund	William R Gallaher 等	美国
CN1483463A	一种抗病毒中药组合物及制备方法	10	46	2 个	河北以岭医药研究院有限公司	吴以岭	中国

图 19-12　人冠状病毒相关技术专利研究主题聚类

　　在人冠状病毒抗体和疫苗研发方面，美国研究人员分别于 2004 年和 2007 年发现了 3 种能够阻断 SARS-CoV 感染的单克隆抗体 [1], [2]；日本研究人员于 2013 年发现人源化的 YS110 单克隆抗体相关制剂，有望成为 MERS-CoV 治疗的候选药物 [3]；研究人员发现，S 蛋白是冠状病毒与宿主细胞表面 ACE2 受体结合、进而介导病毒进入宿主细胞的关键表面蛋白，也是疫苗抗体研发的重要靶点 [4]。首件专利是 1993 年由葛兰素史克公司申请的基于嵌合冠状病毒 S 蛋白疫苗的专利。我国人冠状病毒疫苗研究起步较晚，2003 年申请第 1 件专利 [5]。2020 年 8 月 16 日，军事科学院军事医学研究院陈薇院士团队申报的新冠疫苗专利获批，这是我国首个新冠疫苗专利，该发明专利申请享有优先审查政策 [6]。2020 年 8 月 20 日，国药集团中国生物新冠病毒灭活疫苗的临床试验在秘鲁启动（Ⅲ期），10 月 8 日，我国同全球疫苗免疫联盟签署协议，正式加入"新冠肺炎疫苗实施计划"。美国 FDA 在 2020 年 12 月 11 日紧急批准了由美国辉瑞制药有限公司和德国 BioNTech 公司联合开发的新冠病毒疫苗 [7]。2020 年 12 月 18 日，美国 FDA

---

　　[1]　Sui JH，Li WH，Murakami A，et al. Potent neutralization of severe acute respiratory syndrome（SARS）coronavirus by a human mAb to S1 protein that blocks receptor association[J]. Proceedings of the National Academy of Sciences of the United States of America，2004，101（8）：2536-2541.

　　[2]　Cleri D J，Ricketti AJ，Vernaleo JR. Severe acute respiratory syndrome （SARS）[J]. Infectious Disease Clinics of North America，2010，24（1）：175.

　　[3]　Ohnuma K，Haagmans BL，Hatano R，et al. Inhibition of middle east respiratory syndrome coronavirus infection by anti-CD26 monoclonal antibody[J]. Journal of Virology，2013，87（24）：13892-13899.

　　[4]　Qiu TY，Mao TT，Wang Y，et al. Identification of potential cross-protective epitope between a new type of coronavirus（2019-nCoV）and severe acute respiratory syndrome virus[J]. Journal of Genetics and Genomics，2020，47（2）：115-117.

　　[5]　王胜佳. 人冠状病毒疫苗专利分析[J]. 科技与创新，2020，（10）：27，28.

　　[6]　李东巧，吕璐成，杨艳萍. 全球人冠状病毒抗体领域研究现状与发展趋势[J]. 中国生物工程志，2020，40（Z1）：65-70.

　　[7]　FDA. Pfizer-BioNTech COVID-19 Vaccine[EB/OL]. [2021-01-12]. https://www.fda.gov/emergency-preparedness-and-response/coronavirus-disease-2019-covid-19/pfizer-biontech-covid-19-vaccine.

授予了 Moderna 公司的新冠病毒疫苗 mRNA-1273 紧急使用授权[①]。2020 年 12 月 31 日，我国国务院联防联控机制发布，国药集团中国生物的新冠病毒灭活疫苗已获国家药监局批准附条件上市。

（八）中美专利对抗分析

对全球人冠状病毒相关技术专利进行分析发现，中国和美国是主要专利研发和申请国家，因此综合考虑专利数量、专利价值度、技术影响力、权力范围、运用经验值等因素，对中美专利进行综合对比分析（图 19-13）。专利数量指的是对应数据样本中的专利数，专利价值度评估平均合享价值度，技术影响力参考引证信息，权力范围参考权利要求的数量，运用经验值根据许可、转让、质押等法律事件评估。

红方代表中国专利，蓝方代表美国专利，从图 19-13 中可见，美国人冠状病毒相关技术专利综合得分为 8.07 分，中国得分为 4.05 分。具体来看，在专利价值度方面中国得分为 6.71 分，美国得分为 8.09 分；在技术影响力方面，中国得分为 1 分，美国得分为 9.11 分；在权利范围方面，中国得分为 2.84 分，美国得分为 8.61 分；在运用经验值方面，中国得分为 1.74 分，美国得分为 9.15 分。可见，我国专利在技术影响力、权利范围和运用经验值方面还有较大差距。

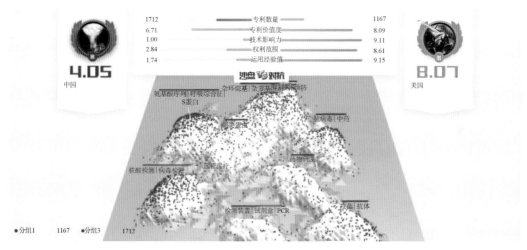

图 19-13　中美人冠状病毒相关专利沙盘对抗分析

四、结语

自 2003 年 SARS 疫情暴发以来，对于冠状病毒的研究热度不断提升，尤其是人冠状病毒的研究成果显著。正是基于前期 SARS 和 MERS 的大量研究基础和经验成果，使全球科学家尤其是我国科学家可以对新冠肺炎做出迅速反应并开展有效研究，未来围绕新冠肺炎开展的研究将出现高峰。

通过对全球人冠状病毒相关技术专利进行分析可以看出，该领域专利申请量呈不

---

① FDA. Moderna COVID-19 Vaccine[EB/OL]. [2021-01-15]. https://www.fda.gov/emergency-preparedness-and-response/coronavirus-disease-2019-covid-19/moderna-covid-19-vaccine.

断上升趋势，特别是 2020 年专利申请量出现突增现象。从市场布局来看，全球人冠状病毒相关技术在中国公开专利最多，其次是美国。从创新能力方面来看，中国和美国是人冠状病毒相关技术主要创新来源国；从研发机构来看，我国的复旦大学、军事科学院军事医学研究院、清华大学、中国疾病预防控制中心病毒病预防控制所等机构实力较强。从人冠状病毒研究核心专利来看，被引频次最高的四项专利都来自美国。综上所述，我国在人冠状病毒相关技术领域专利申请量领先全球，但在专利技术先进性、技术影响力、运用经验值质量、专利的成果转化、应用推广方面有待进一步提高。

（军事科学院军事医学研究院　刘　伟）

第二十章

新冠肺炎文献计量分析

　　进入 21 世纪以来，人类已经历了严重急性呼吸综合征（SARS）和中东呼吸综合征（MERS）等冠状病毒病的流行，每次疫情暴发后，受疫情影响较大的国家和美国等一些科研实力较强的国家都对之进行了大量研究[①]。2019 年 12 月底，新冠肺炎疫情暴发，并迅速在全球范围内传播蔓延[②、③]。2020 年 3 月 11 日，WHO 宣布新冠肺炎成为全球性"大流行病"[④]。新冠肺炎疫情的暴发，给全球公共卫生安全带来巨大挑战，对各国经济社会运行产生了深远的影响[⑤]。新冠肺炎疫情暴发以来，相关科研文献呈暴发式增长，全球科研人员从病毒学与免疫学、疾病传播与临床过程、疾病诊断与管理、试验性疗法与疫苗开发等多方面开展了相关研究，已公开发表了大量论文[6-8]。文献计量分析是对科研态势的客观评价，能够定量呈现相关科研活动的研究热点、发展趋势和主要研究国家或机构[⑨]。从整体上对新冠肺炎相关文献进行计量梳理和统计分析，对掌握全球新冠肺炎研究现状具有重要参考意义。本章基于 Web of Science 数据库收录和提交到预印本平台 bioRxiv（https://www.biorxiv.org/）、medRxiv（https://www.

　　① Bonilla-Aldana DK，Quintero-Rada K，Montoya-Posada JP，et al. SARS-COV，MERS-COV and now the 2019-novel cov：Have we investigated enough about coronaviruses? - a bibliometric analysis[J]. Travel Medicine and Infectious Disease，2020，33：101566.

　　② Wang C，Horby PW，Hayden FG，et al. A novel coronavirus outbreak of global health concern[J]. The Lancet，2020，395（10223）：470-473.

　　③ Zhu N，Zhang D，Wang W，et al. A novel coronavirus from patients with pneumonia in china，2019[J]. New England Journal of Medicine，2020，382（8）：727-733.

　　④ WHO. WHO director-general's opening remarks at the media briefing on COVID-19-11 march 2020[EB/OL]. [2020-02-24]. https://www.who.int/dg/speeches/detail/who-director-general-s-opening-remarks -at-the-media-briefing-on-covid-19---11-march-2020.

　　⑤ Nicola M，Alsafi Z，Sohrabi C，et al. The socio-economic implications of the coronavirus pandemic（COVID-19）：A review[J]. International Journal of Surgery，2020，78：185-193.

　　⑥ Hu B，Guo H，Zhou P，et al. Characteristics of SARS-COV-2 and COVID-19[J]. Nature Reviews Microbiology，2021，19（3）：141-154.

　　⑦ Wiersinga WJ，Rhodes A，Cheng AC，et al. Pathophysiology，transmission，diagnosis，and treatment of coronavirus disease 2019（COVID-19）：A review[J]. JAMA，2020，324（8）：782-793.

　　⑧ Oberfeld B，Achanta A，Carpenter K，et al. Snapshot：COVID-19[J]. Cell，2020，181（4）：954-954.e1.

　　⑨ Durieux V，Gevenois PA. Bibliometric indicators：Quality measurements of scientific publication[J]. Radiology，2010，255（2）：342-351.

medrxiv.org/）、Preprints（https://www. preprint .org/） 与 SSRN（https://www. SSRN. org/）的文献，全面梳理新冠肺炎疫情暴发以来发表的文献，对文献发表数量，作者机构、国别和研究类别等进行统计分析，以期为新冠肺炎相关科研工作者与管理部门提供参考。

一、数据来源与方法

以 Web of Science 数据库的 SCI-Expanded 数据库和 4 个预印本平台（bioRxiv、medRxiv、Preprints 和 SSRN）为数据来源，于 2020 年 10 月 14 日检索或收集新冠肺炎相关文献。其中，Web of Science 数据库的新冠肺炎相关文献通过以（TI = COVID-19 or TI = "Coronavirus disease 2019" or TI = COVID-2019 or TI = 2019-nCoV or TI = nCov-2019 or TI = SARS-COV-2 or TI = "Severe acute respiratory syndrome coronavirus 2" or TI = "Novel Coronavirus"）and "Article"[Publication Type] 为检索式进行检索与排队混杂，共检出文献 12 021 篇；bioRxiv、medRxiv、Preprints 和 SSRN 4 个预印本平台的新冠肺炎相关文献数据通过收集相应预印本平台公布的新冠肺炎相关文献而来，分别收集到：bioRxiv 平台文献 2040 篇，medRxiv 平台文献 7555 篇，Preprints 平台文献 1046 篇，SSRN 平台文献 2028 篇。

根据检索结果，对文献发表数量，作者机构、国别和研究类别等信息进行统计分析。文献作者机构信息选取第一作者机构信息，第一作者有多个机构信息的，选取第一个机构的信息，国别信息为相应机构的国别，文献发表时间选取 Web of Science 数据库提供的出版时间或预印本平台发布的时间，影响因子数据来源于 Web of Science 数据库 2020 年公布的数据（统计数据包括中国香港，不包括中国台湾）。文献研究类别分类借鉴 WHO 新冠肺炎文献数据库的分类方式，根据研究内容分为以下 10 个类别[①]：流行病学（疾病流行病学特征和预测模型相关研究）、非药物干预措施（疫情预防及院内感染控制等相关措施研究）、治疗相关（药物研发、临床治疗方案等研究）、疫苗（疫苗研发相关研究）、临床特征与并发症（临床表现和影像学表现、并发症相关研究）、检测诊断（检测标志物、临床诊断等研究）、病毒学与免疫学（病毒学和免疫学基础研究及病毒溯源研究）、疾病传播方式（传播途径和方式研究）、心理学（相关的心理学研究）和其他研究（疾病综述、病例报告、社会影响及社会科学等研究）。

二、结果分析

（一）新冠肺炎相关文献月度发文量

新冠肺炎疫情暴发以来，大量相关文献已正式发表或提交到预印本平台。从新冠肺炎研究月度发文趋势看，前 5 个月（2020 年 1 月至 5 月）每月提交到 4 个预印本平台的总文献量大于被 Web of Science 数据库收录的文献量；从 2020 年 6 月开始，每月收录到 Web of Science 数据库的文献量持续超过提交到 4 个预印本平台的总文献量（图20-1）。

---

① WHO. COVID-19 global literature on coronavirus disease[EB/OL]. https://search.bvsalud.org/global-literature-on-nov-el-coronavirus-2019-ncov/.

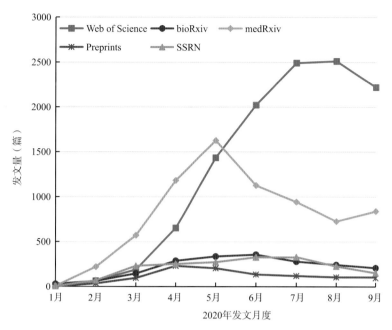

图 20-1　2020 年 Web of Science 数据库和各预印本平台新冠肺炎相关研究月度发文量

（二）进行新冠肺炎相关研究主要国家

截至 2020 年 10 月 14 日，已有 173 个国家的研究人员发表新冠肺炎相关文献。Web of Science 数据库收录的文献中，发文最多的 5 个国家是美国（2561 篇，21.3%）、中国（2483 篇，20.7%）、意大利（1138 篇，9.5%）、英国（596 篇，5.0%）和印度（484 篇，4.0%）；在 bioRxiv 预印本平台发文较多的 5 个国家是美国（732 篇，35.9%）、中国（294 篇，14.4%）、印度（141 篇，6.9%）、英国（106 篇，5.2%）和德国（95 篇，4.7%）；在 medRxiv 预印本平台发文较多的 5 个国家是美国（2007 篇，26.6%）、中国（986 篇，13.1%）、英国（862 篇，11.4%）、印度（430 篇，5.7%）和德国（259 篇，3.4%）；在 Preprints 预印本平台发文较多的 5 个国家是美国（156 篇，14.9%）、印度（143 篇，13.7%）、中国（89 篇，8.5%）、意大利（67 篇，6.4%）和英国（48 篇，4.6%）；在 SSRN 预印本平台发文较多的 5 个国家是中国（649 篇，32.0%）、美国（362 篇，17.9%）、印度（148 篇，7.3%）、英国（137 篇，6.8%）和意大利（99 篇，4.9%）（表 20-1）。此外，在 Web of Science 数据库收录的文献中，疫情暴发后的前 6 个月（2020 年 1～6 月）月度发文最多的是中国；2020 年 7 月以后，美国月度发文量超过了中国（图 20-2）。

表 20-1　新冠肺炎相关研究主要国家文献发表情况

（Web of Science 数据库和各预印本平台发文量前十位机构）

序号	Web of Science		bioRxiv		medRxiv		Preprints		SSRN	
	国家	发文量/占比	国家	发文量/占比	国家	发文量/占比	国家	发文量/占比	国家	发文量/占比
1	美国	2561/21.3%	美国	732/35.9%	美国	2007/26.6%	美国	156/14.9%	中国	649/32.0%
2	中国	2483/20.7%	中国	294/14.4%	中国	986/13.1%	印度	143/13.7%	美国	362/17.9%
3	意大利	1138/9.5%	印度	141/6.9%	英国	862/11.4%	中国	89/8.5%	印度	148/7.3%
4	英国	596/5.0%	英国	106/5.2%	印度	430/5.7%	意大利	67/6.4%	英国	137/6.8%
5	印度	484/4.0%	德国	95/4.7%	德国	259/3.4%	英国	48/4.6%	意大利	99/4.9%
6	德国	420/3.5%	法国	57//2.8%	意大利	257/3.4%	孟加拉国	41/3.9%	德国	50/2.5%
7	法国	399/3.3%	加拿大	56/2.7%	巴西	237/3.1%	巴西	40/3.8%	西班牙	45/2.2%
8	西班牙	369/3.1%	意大利	55/2.7%	法国	226/3.0%	Iran	24/2.3%	法国	44/2.2%
9	加拿大	250/2.1%	日本	42/2.1%	西班牙	204/2.7%	西班牙	22/2.1%	加拿大	39/1.9%
10	巴西	249/2.1%	巴西	38/1.9%	加拿大	159/2.1%	德国	21/2.0%	巴西	37/1.8%

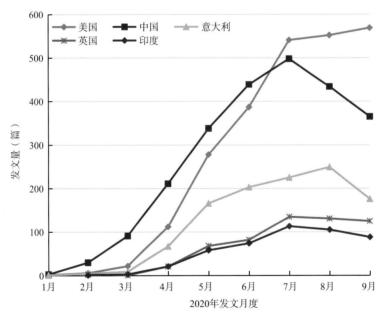

图 20-2　2020 年 Web of Science 数据库新冠肺炎相关研究主要国家月度发文量

（三）新冠肺炎相关研究主要机构

截至 2020 年 10 月 14 日，已有 5000 余所机构的研究人员发表新冠肺炎相关文献。Web of Science 数据库中发文较多的 5 个机构是华中科技大学（发文 300 篇）、武汉大学（170 篇）、复旦大学（80 篇）、哥伦比亚大学（66 篇）和浙江大学（66 篇）；在 bioRxiv 预印本平台发文较多的 5 个机构是牛津大学（20 篇）、中国医学科学院（18 篇）、华盛顿大学（18 篇）、斯坦福大学（17 篇）和复旦大学（16 篇）；在 medRxiv 预印本平台发文较多的 5 个机构是牛津大学（83 篇）、帝国理工学院（72 篇）、华中科技大学（67 篇）、斯坦福大学（63 篇）和伦敦大学学院（62 篇）；在 Preprints 预印本平台发文较多的 5 个机构是达卡大学（9 篇）、加尔各答大学（6 篇）、圣保罗大学（6 篇）、卡塔尼亚大学（6 篇）和全印度医学科学研究所（5 篇）；在 SSRN 预印本平台发文较多的机构是华中科技大学（103 篇）、武汉大学（52 篇）、上海交通大学（19 篇）、复旦大学（18 篇）和福建医科大学（18 篇）（表 20-2）。

表 20-2　新冠肺炎相关研究主要机构文献发表情况
（Web of Science 数据库和各预印本平台发文量前十位机构）

序号	Web of Science		bioRxiv		medRxiv		Preprints		SSRN	
	机构	发文量	机构	发文量	机构	发文量	机构	发文量	机构	发文量
1	华中科技大学	300	牛津大学	20	牛津大学	83	达卡大学	9	华中科技大学	103
2	武汉大学	170	中国医学科学院	18	帝国理工学院	72	加尔各答大学	6	武汉大学	52
3	复旦大学	80	华盛顿大学	18	华中科技大学	67	圣保罗大学	6	上海交通大学	19
4	哥伦比亚大学	66	斯坦福大学	17	斯坦福大学	63	卡塔尼亚大学	6	复旦大学	18
5	浙江大学	66	复旦大学	16	伦敦大学学院	62	全印度医学科学研究所	5	福建医科大学	18
6	美国疾病预防与控制中心	60	加州大学圣地亚哥分校	16	伦敦卫生与热带医学院	58	伊朗医科大学	5	中山大学	18
7	中南大学	59	耶鲁大学	16	伦敦国王学院	56	博洛尼亚大学	5	浙江大学	15
8	西奈山伊坎医学院	59	哥伦比亚大学	15	复旦大学	54	武汉大学	5	哈佛大学	14
9	上海交通大学	57	中国科学院	14	西奈山伊坎医学院	51	诺伊达大学	4	医学科学院	13
10	香港大学	57	麻省理工学院	14	哈佛大学	50	印度化学生物学研究所	4	麻省理工学院	13

（四）新冠肺炎相关文献研究期刊分布

Web of Science 数据库收录的 12 021 篇文献发表在 2076 种期刊上（表 20-3）。刊文最多的 5 种期刊为 *Int J Environ Res Public Health*（283 篇）、*J Med Virol*（261 篇）、*Plos One*（182 篇）、*Int J Infect Dis*（154 篇）和 *J Biomol Struct Dyn*（142 篇）。

表 20-3　新冠肺炎相关研究主要期刊文献发表情况

序号	期刊名称	刊文数量（篇）	影响因子
1	Int J Environ Res Public Health	283	2.8
2	J Med Virol	261	2.0
3	Plos One	182	2.7
4	Int J Infect Dis	154	3.2
5	J Biomol Struct Dyn	142	3.3
6	Sci Total Environ	133	6.6
7	J Chem Educ	89	1.4
8	Front Med（Lausanne）	85	3.9
9	Mmwr-Morbid Mortal W	82	13.6
10	Head Neck-J Sci Spec	79	2.5
11	Front Public Health	78	2.5
12	Euro Surveill	74	6.5
13	J Clin Virol	73	2.8
14	Sustainability	72	2.6
15	Epidemiol Infect	69	2.2

共有 170 篇文献发表在 Lancet、N Engl J Med、Nature、Science 和 Cell 等顶级期刊，其中 Lancet 32 篇、N Engl J Med 23 篇、Nature 37 篇、Science 47 篇和 Cell 31 篇；在这 5 种期刊合计发文较多的国家分别是美国（63 篇）、中国（53 篇）、英国（14 篇）和德国（13 篇）（表 20-4）。

表 20-4　新冠肺炎相关研究顶级期刊主要发文国家发文量（篇）

序号	国家	Lancet	N Engl J Med	Na wture	Science	Cell	合计
1	美国	6	16	11	18	12	63
2	中国	12	4	13	12	12	53
3	英国	4		3	7		14
4	德国	1	1	4	4	3	13
5	法国			1	2	1	4
6	意大利	2	1	1			4
7	瑞士	2		2			4
8	荷兰				3		3
9	新加坡	1		1			2
10	西班牙	2					2
	其他国家	2	1	1	1	3	8
	合计	32	23	37	47	31	170

（五）新冠肺炎相关研究主要研究类别

新冠肺炎疫情暴发以后，全球科研人员反应迅速，短期内发表了大量文献。从研究类别分布看，新冠肺炎研究类别多样，但各个国家侧重不同。新冠肺炎相关研究涉及非药物干预措施、流行病学、临床特征与并发症、治疗、检测与诊断、病毒学与免疫学、疾病传播、心理学、疫苗相关等多个类别；部分心理学相关文献主要致力于研究新冠肺炎疫情期间社会大众及医务人员的心理状况[①]。其中，Web of Science 数据库收录的文献中主要研究类别是临床特征与并发症（1889篇），提交到 bioRxiv 预印本平台的文献中主要研究类别是病毒学与免疫学（1243篇），提交到 medRxiv 预印本平台的文献中主要研究类别是流行病学（1956篇），提交到 Preprints 预印本平台的文献中主要研究类别是病毒学与免疫学（209篇），提交到 SSRN 预印本平台的文献中主要研究类别是流行病学（456篇）（表20-5）。

表 20-5　新冠肺炎相关研究 Web of Science 数据库和各预印本平台主要研究类别

研究类别*	数据库和各预印本平台发文量（篇）				
	Web of Science	bioRxiv	medRxiv	Preprints	SSRN
流行病学	1063	52	1956	133	456
病毒学与免疫学	1142	1243	723	209	189
非药物干预措施	1664	55	1115	136	249
临床与并发症	1889	64	806	86	366
检测与诊断	953	195	954	65	145
治疗	1226	211	418	122	135
疾病传播	364	39	543	51	107
心理学	501	5	211	23	120
疫苗相关	127	124	88	38	31

* 本表未包含其他研究（新冠肺炎疾病综述、病例报告、社会影响及社会科学等研究）类相关文献。

从研究类别国家分布看，Web of Science 数据库收录的文献中每个研究类别发文较多的国家均为美国或中国。美国在非药物干预措施（359篇）、治疗（239篇）和疫苗相关（32篇）等研究类别发文最多；中国在临床特征与并发症（638篇）、病毒学与免疫学（263篇）、流行病学（286篇）、检测与诊断（257篇）、心理学（138篇）和疾病传播（101篇）等研究类别发文最多（图20-3）。

三、讨论

本章全面梳理了 Web of Science 数据库和 4 个预印本平台（bioRxiv、medRxiv、Preprints 和 SSRN）的新冠肺炎相关文献，从文献数量、国家、机构和研究类别分布等方面，直观呈现了全球新冠肺炎研究态势。

---

① Pfefferbaum B，North CS. Mental health and the COVID-19 pandemic[J]. New England Journal of Medicine，2020，383（6）：510-512.

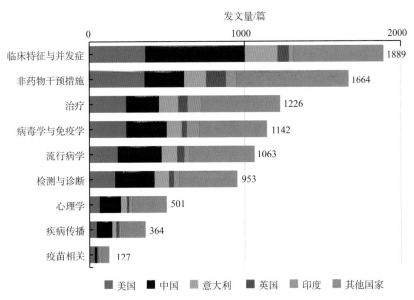

图 20-3 Web of Science 数据库收录的新冠肺炎相关文献中主要研究类别国家分布

（一）新冠肺炎相关文献中，中美机构发表文献较多

新冠肺炎疫情暴发以来，已有大量新冠肺炎相关文献发表。从月度发文量看，Web of Science 数据库收录和提交到上述 4 个预印本平台的文献量在 2020 年 1 月时仅仅为数十篇，2 月时超过 100 篇，3 月时接近 1000 篇，6 月时接近 4000 篇，但 2020 年 7 月后 Web of Science 数据库和 4 个预印本平台月度发文量增速开始放缓，9 月份有所下降。在新冠肺炎研究文献中，中国和美国的机构发文最多。在疫情暴发的前几个月，中国机构月度发文量一直保持全球最高。作为疫情暴发初期受影响最严重的国家，中国相关机构发表了大量研究文献，在全球疫情应对中发挥了重要作用，这与中国近些年加强传染病防控研究投入和感染性疾病应对相关科研能力提升有关[12-15]。从 2020 年 7 月开始，随着美国疫情逐渐加剧和相关研究增加，Web of Science 数据库中美国机构的月度发文量超过了中国。此外，发表在 *Lancet* 等顶级期刊的文献以美国和中国为主。不过，从研究类别国家分布情况来看，中美侧重不同，以 Web of Science 收录文献为例，美国机构在非药物干预措施和治疗等研究类别发文最多，而中国在临床特征与并发症、病毒学与免疫学、流行病学、检测与诊断和心理学等类别发文最多。

---

① Azman AS，Luquero FJ. From China：Hope and lessons for COVID-19 control[J]. The Lancet Infectious Diseases，2020，20（7）：756-757.

② Xiang YT，Li W，Zhang Q，et al. Timely research papers about COVID-19 in China[J]. The Lancet，2020，395（10225）：684-685.

③ Tian DQ，Zheng T. Emerging infectious disease：Trends in the literature on SARS and H7N9 influenza[J]. Scientometrics，2015，105：485-495.

④ Tian D. Bibliometric analysis of pathogenic organisms[J]. Biosafety and Health，2020，2（2）：95-103.

（二）预印本平台在新冠肺炎研究中发挥了重要作用

新冠肺炎疫情暴发的短期内，大量文献提交到了预印本平台。在第一篇文献发表后的前 5 个月内，提交到 4 个预印本平台的月度文献总量均大于 Web of Science 收录的文献量；截至 2020 年 10 月 14 日，提交到 4 个预印本平台的文献总量大于 Web of Science 收录的文献量，而在埃博拉和寨卡疫情应对中，提交到预印本平台的文献在当时的发文总量中占比不足 5%[①]。近年来，预印本平台以其发行速度快、免费、开源的特点，越来越受到广大科研人员的关注。自 1991 年第一个物理学预印本平台 arXiv 建立以来，目前已有数十个涉及各个领域的预印本平台，具有代表性的有生物医学领域的 medRxiv 和 bioRxiv 平台、化学领域的 Chemrxiv 平台和综合型 SSRN 平台。2017 年，*Science* 将预印本平台评为当年十大科技进展之一。随着发展日趋成熟，预印本平台被认为在加快科学发现传播、紧急情况传播信息和支持传染病暴发应对方面具有巨大潜力[②]，预印本平台也被认为有助于科技交流[③]。但近期也有研究指出，在新冠肺炎疫情应对中，预印本平台在发挥重要作用的同时也暴露出了它的弱点——文章未经专家同行评议，质量令人担忧[④]。例如，2020 年 2 月一篇提交到 bioRxiv 预印本平台的来自印度研究团队的文献提出新冠病毒可能含有艾滋病病毒插入片段，导致不少人在其研究基础上推测新冠病毒或为人工合成产物。后续该研究团队承认研究数据有误，并进行了撤稿。因此，预印本的发展前景、在传染病研究及应对中如何有效利用预印本文献仍需要进一步探讨。

（三）大量新冠肺炎研究相关科学问题尚未阐明，疫情应对亟需全球科研合作

当前，虽然中国等一些国家的疫情形势得益于有力防控措施而逐渐趋于平缓，但全球疫情防控整体形势依旧不容乐观。许多新冠肺炎相关科学问题，如新冠肺炎的自然来源、传播方式、疫苗保护时间及有效治疗方式尚未完全阐明[⑤]。此外，由于各国经济社会条件、医疗物资储备及公共卫生事件应对能力存在较大差距，新冠肺炎疫情最终将走向何方仍存在很大的变数[⑥,⑦]。Kissler 等认为在 1 ~ 2 年的时间内疫情不可能结束，基于密切接触者追踪和有效隔离的策略能降低新冠肺炎的发生概率，但疫情的

---

① Johansson MA，Reich NG，Meyers LA，et al. Preprints：An underutilized mechanism to accelerate outbreak science[J]. PLoS Medicine，2018，15（4）：e1002549.

② Majumder MS，Mandl KD. Early in the epidemic：Impact of preprints on global discourse about COVID-19 transmissibility[J]. Lancet Glob Health，2020，8（5）：e627-e630.

③ Sarabipour S. Preprints are good for science and good for the public[J]. Nature，2018，560（7720）：553.

④ Kwon D. How swamped preprint servers are blocking bad coronavirus research[J]. Nature，2020，581（7807）：130，131.

⑤ Hu B，Guo H，Zhou P，et al. Characteristics of SARS-COV-2 and COVID-19[J]. Nature Reviews Microbiology，2020，19（3）：141-154.

⑥ Kelley M，Ferrand RA，Muraya K，et al. An appeal for practical social justice in the COVID-19 global response in low-income and middle-income countries[J]. Lancet Glob Health，2020，8（7）：e888-e889.

⑦ Kandel N，Chungong S，Omaar A，et al. Health security capacities in the context of COVID-19 outbreak：An analysis of international health regulations annual report data from 182 countries[J]. The Lancet，2020，395（10229）：1047-1053.

长期发展对于各国医疗系统造成的负担和对各国经济的影响是巨大的[①]。科技文献的发表量在一定程度上代表了相应国家科技水平的高低，从文献发表总量看，截至 2020 年 10 月 14 日，Web of Science 数据库中，中国、美国、意大利、英国等国发表的新冠肺炎相关文献量超过文献总量的 60%，该四国发表在顶级期刊的文献占比接近 80%，来自亚洲、欧洲和北美的文献相对较多，而非洲、南美等地区的文献较少，这在一定程度上反映了全球各地区生物医学科技水平的差距。从全球角度来看，新冠肺炎确诊病例数不断上升给全球公共卫生体系带来了史无前例的巨大挑战，在全球互联互通的背景下，目前迫切需要各国政府和科研人员加强科研合作，共同抗击疫情。

（军事科学院军事医学研究院　王盼盼　田德桥）

---

① Kissler SM，Tedijanto C，Goldstein E，et al. Projecting the transmission dynamics of SARS-CoV-2 through the post-pandemic period[J]. Science，2020，368（6493）：860-868.

第四篇

其他专题

第二十一章

美国发布《全球卫生安全议程（GHSA）：2020—2024》报告

2020年3月16日，美国国会研究服务部（CRS）发布《全球卫生安全议程（GHSA）：2020—2024》[*The Global Health Security Agenda*（GHSA）：2020-2024][1]。该报告梳理了国际卫生条例（International Health Regulation，IHR）、全球卫生安全议程的进展，以及美国防范传染病全球大流行的工作。

一、国际卫生条例

1969年，世界卫生组织（WHO）的管理机构世界卫生大会（WHA）通过了国际卫生条例。之后，世界卫生大会对国际卫生条例进行了数次修订，最近一次是在2005年。该条例没有执行机制，但要求WHO会员国做到：①建立并维护疾病监测和应对的核心公共卫生能力；②与其他成员国合作，提供或促进技术援助以帮助资源匮乏国家发展和维持公共卫生能力；③将可能构成国际关注的突发公共卫生事件（PHEIC）通知WHO；④遵循WHO关于应对突发公共卫生事件的建议并制定应对措施。

当国际上出现一种可能成为突发公共卫生事件的疾病时，WHO可召集相关专家组成一个名为国际卫生条例突发事件委员会（IHR Emergency Committee）的咨询小组。该小组审查相关情况及数据，并向WHO总干事提出控制建议。

该小组若建议某种疾病可宣布为突发公共卫生事件时，WHO总干事通常会遵循其建议并予以宣布。在宣布突发公共卫生事件之后，各国应采取行动，包括加强监测并向WHO报告相关疾病的情况。宣布突发公共卫生事件还可使WHO获得某些紧急资金，如联合国中央应急基金（CERF）和世界银行大流行紧急融资基金（PEF）。

二、全球卫生安全议程

国际卫生条例（2005）于2007年正式生效。2014年，WHO和美国联合启动了一项"全球卫生安全议程"，这是一项为期5年（2014—2018年）的旨在加速实现国际卫生条例的多边合作。各受援的合作伙伴国家可以通过全球卫生安全议程向贡献国寻求援助，

---

① CRS. The Global Health Security Agenda（GHSA）：2020-2024[EB/OL]. [2020-04-01]. http://crsreperts. longress. gov/product/pdf/IF/IF11461.

以发挥国际卫生条例的核心能力。

2017 年，参与国将全球卫生安全议程延长至 2024 年，并将成员资格扩大至非国家行为体。2018 年 11 月，全球卫生安全议程指导小组发布了"全球卫生安全议程 2024"框架。全球卫生安全议程的第一阶段缺乏明确的管理框架，而"全球卫生安全议程 2024"旨在确定战略性和合理性，制订明确的管理和协作框架与流程，增加全球卫生安全议程联盟的参与度。

全球卫生安全议程由轮值主席领导，包括美国在内的 15 个国家和非政府利益相关者组成的指导小组负责提供战略指导并跟踪全球卫生安全议程的进度。

美国在全球卫生安全议程的发展和实施中发挥了领导作用。时任总统奥巴马除了与 WHO 共同发起该倡议外，还主持了一系列有关全球卫生安全议程的高级别会议，其中包括宣布美国承诺在 5 年内投资超过 10 亿美元，以帮助至少 30 个国家达到全球卫生安全议程的目标。在 2015 年的七国集团峰会期间，七国集团领导人同意兑现美国的承诺，向至少 60 个国家提供支持。2016 年，奥巴马签署了一项行政命令，宣布了美国 11 个机构和部门在实施全球卫生安全议程中的作用和职责。

2019 年，美国政府发布《全球卫生安全战略》(*Global Health Security Strategy*)，重申美国对全球卫生安全议程的支持，维持美国政府在全球卫生安全议程中的作用和职责。

三、美国采取的行动

美国在全球卫生安全议程框架下采取的行动由美国疾病控制与预防中心和美国国际开发署执行，两个机构在该领域的财政支出情况如表 21-1。

表 21-1　美国全球卫生安全议程资金支出情况（亿美元）

机构	2017 年	2018 年	2019 年	2020 年	2021 年（需求）
美国疾病控制与预防中心	0.551	1.082	1.078	1.832	2.25
美国国际开发署	0.725	0.725	1.0	1.0	1.15

（一）美国疾病控制与预防中心

美国疾病控制与预防中心的主要任务包括 3 个方面：①阻止可避免的灾难。具体工作是改善全球食品和药品安全性，解决微生物耐药性，加强生物安全，提高人群免疫能力和增强边境安全性。②支持早期威胁检测。具体工作是建立全球实验室网络，改善疾病监测系统，培训和部署流行病学家和科学家创建生物信息系统，开发新型诊断工具并推广应用。③促进有效的疫情应对。具体工作是建立相互联系的全球紧急行动中心网络，在全球范围内建立快速响应小组，调配全球试剂资源，开发应对通信系统及危机规划与管理工具。

（二）美国国际开发署

美国国际开发署主要通过"新发传染病流行"（EPT）应对计划下的预测项目，提高全球应对疾病大流行的能力。该项目第一阶段于 2009 年启动，第二阶段于 2015 年启动，2020 年 3 月结束，其中 2015—2019 年共帮助近 30 个国家发现了具有大流行潜力的病毒。美国国际开发署通过该项目对 42 次疫情暴发采取了应对措施，目前正在进行下一阶段预测项目的设计。

该项目已经进行了如下工作：①检测到 1100 多种病毒，其中 931 种是新型病毒（如埃博拉病毒和冠状病毒）；②采集动物和人类样本数量达 16.3 万份；③在 2009—2019 年提供了 2.07 亿美元的援助。

（三）下一步计划

在协调与监督方面，美国国会部分人士呼吁建立一个常设的大流行防备工作队，以定期协调大流行防备工作，并随时准备应对全球疾病暴发。美国国会正在讨论《2019 年全球卫生安全法案》（Global Health Security Act of 2019），旨在授权美国对发展中国家提供全面的战略援助，以加强全球卫生安全。法案的重要内容包括正式成立全球卫生安全议程跨部门审查委员会（GHSA Interagency Review Council），发布有关美国实施全球卫生安全议程的年度报告等。据美国国会预算办公室估计，在 5 年内（2020～2024 财年）维护该委员会将花费 100 万美元。

（军事科学院军事医学研究院　陈　婷）

第二十二章

美国智库分析生物技术的利与弊

卡内基国际和平基金会是美国成立最早的智库之一，在全球具有较大影响力，2020 年 11 月 20 日其发布报告《生物技术的利与弊》（ *The Blessing and Curse of Biotechnology* ）[1]，对生物技术的安全和安保问题，以及全球范围内生物技术监管准则和机制进行了探讨。报告主要内容如下。

一、生物技术带来的生物安全挑战

生物技术的发展带来对其误用和谬用等多方面风险，涉及病原体的意外释放、基因编辑生物对自然环境的影响，以及人为恶意使用生物技术等。

（一）病原体的意外释放

生物技术带来的安全威胁有可能源自实验室的意外事故。例如，生物安全实验室的研究人员想通过研究埃博拉病毒的弱毒株，了解其流行病学特征，进而协助疫苗或其他治疗方法的开发，但实际操作过程中可能会意外产生具有新特征的致病毒株。实验室的病原微生物或者基因编辑生物也有可能意外地从实验室泄露，如附着在实验人员衣服上或通过实验室排水系统释放到外部环境，进而给人类社会或生态环境造成巨大安全隐患。

这些虚构的场景在许多情况下已成为现实，如 2001 年，澳大利亚科学家希望对鼠痘病毒进行基因工程改造使实验室小鼠不育，却偶然产生了致命的鼠痘病毒；2002 年，纽约州立大学的研究人员根据公开遗传信息合成了脊髓灰质炎病毒毒株；2005 年，美国科学家复活了导致 1918 年流感大流行的病毒[2]；2007 年，加拿大艾伯塔大学的一个研究小组通过在线订购 DNA 片段重新合成了马痘病毒[3]。

---

① Ronit Langer，Shruti Sharma. The Blessing and Curse of Biotechnology：A Primer on Biosafety and Biosecurity[EB/OL]. [2020-12-13]. https://carnegieendowment.org/2020/11/20/blessing-and-curse-of-biotechnology-primer-on-biosafety-and-biosecurity-pub-83252.

② CDC. Reconstruction of the 1918 Influenza Pandemic Virus[EB/OL]. [2021-01-04]. https://www.cdc.gov/flu/about/qa/1918flupandemic. htm.

③ DiEuliis D，Berger K，Gronvall G. Biosecurity Implications for the Synthesis of Horsepox，an Orthopoxvirus[J]. Health Security，2017，15（6）：629-637.

尽管这些实验均未导致严重感染或大规模疫情暴发，但现实中确实存在病原体意外释放导致实验室人员感染或疾病暴发的案例。例如，尽管在 20 世纪 70 年代初英国已经消灭了天花，但是 1978 年伯明翰大学某天花病毒研究实验室的一名研究人员意外感染天花病毒并最终死亡。在另一起事件中，一位经验丰富的俄罗斯科学家由于在研究埃博拉疫苗时不小心给自己注射了致命病毒而死亡。2019 年，中国一家生物制药公司发生病原体泄漏，导致近 3000 人感染布鲁氏菌。

由于这些事故是在受监管的研究实验室中发生的，因此比较容易将事故的社会影响降至最低。但是，当前活跃的、独立的生物技术爱好者和小型组织难以受到严格监管，这些独立群体在新冠病毒大流行期间已经有所行动，其中一些人甚至加入到新冠病毒疫苗的研发中。由于这些小组未接受过安全性和伦理道德相关的培训，因此其活动很可能造成难以遏制的后果。

（二）基因编辑生物对自然环境的影响

出于善意目的引入自然环境的基因编辑生物有时会产生意外后果。例如，尽管 CRISPR-Cas9 基因驱动技术有可能根除某些依托媒介传播的疾病，或应对入侵物种及控制虫害，但基因驱动技术的自我传播性质及其意外扩散或影响非目标物种的可能性，已经引起了监管机构的关注。

（三）人为恶意使用生物技术

利用合成生物学技术可在实验室中人工创建生物体，具有发展生物武器的巨大威胁。恐怖分子很容易获得制造生物武器所需的信息。以前开发生物武器依托于从实验室或自然界获取病原体，现在则可以通过在线订购 DNA 片段或者利用公开的基因组信息，从头合成致命病原体。此外，不良动机者还可能利用实验室和私人公司网络防御中的漏洞来访问并获取敏感信息。

现实中确实有人试图获取致命病原体和其他敏感生物学信息。例如，1984 年两名加拿大人因涉嫌非法将肉毒梭菌和破伤风毒株偷运到加拿大而被捕；1995 年，日本邪教组织奥姆真理教试图从非洲中部获得埃博拉病毒毒株，以开展该组织的生物武器计划，但未成功；还有一些恐怖组织寻求通过实验室内部人员来开发生物武器、接触病原体或敏感信息，如一名马来西亚科学家曾试图为基地组织创始人本·拉登开发炭疽杆菌武器。

二、国际条约和其他风险管控措施

虽然大多数国家都有关于生物安全的国家准则，但生物威胁是全球性的。有多项国际条约、制度或联盟可以帮助降低生物技术滥用带来的风险，其中最主要的是《生物多样性公约》《禁止生物武器公约》和澳大利亚集团，它们针对风险概况的不同方面进行了规定，但各自都有局限性。

（一）《生物多样性公约》

《生物多样性公约》旨在促进生物多样性保护和可持续发展，已有 196 个国家批约。

该公约有两项议定书，即《卡塔赫纳生物安全议定书》《名古屋议定书》。

1.《卡塔赫纳生物安全议定书》

《卡塔赫纳生物安全议定书》于 2003 年生效，旨在保持各国生物多样性与经济发展间的平衡，解决生物技术对生物多样性和人类健康的威胁。尽管该协议涵盖了转基因生物的跨境处理、运输和使用的规定，但并不包括对违法行为的处罚规定或对实验室意外释放病原体的责任机制。此外，《卡塔赫纳生物安全议定书》的主要管理对象是转基因生物，而非 DNA 序列或转基因生物的其他前体。

2.《名古屋议定书》

2010 年通过的《名古屋议定书》主要侧重于区域生物多样性遗传信息或区域专门知识的惠益分享。《名古屋议定书》为潜在的商业行为体和当地居民之间的转让协议设定了标准，规定商业行为体在使用某地生物多样性资源时，当地居民应得到适当补偿。尽管该协议可在补偿前监督遗传资源的合理利用，但不会在补偿后监督实验的安全性。此外，《名古屋议定书》仅针对本地利益分享，而不涉及病原体的跨境数据。

3.《生物多样性公约》机制存在的问题

《卡塔赫纳生物安全议定书》和《名古屋议定书》的涵盖范围都有一定局限性，均未涵盖 DNA 序列信息转移带来的安全问题，因此无法防范恶意攻击者订购用于制造危险病原体的序列。从根本上讲，《卡塔赫纳生物安全议定书》和《名古屋议定书》旨在保护当地生物多样性免遭转基因生物破坏或被生物技术公司非法利用的贸易机制，两者没有提供建立生物安全协议的国际准则，也无法规避更便宜且快速的 DNA 测序、简单的 DNA 合成、在线获取基因组信息及合成生物学等带来的风险。

（二）《禁止生物武器公约》

《禁止生物武器公约》是第一个禁止发展、生产及储存一整类大规模杀伤性武器的多边裁军条约，于 1975 年生效。考虑到生物技术固有的两用性问题，《禁止生物武器公约》未彻底禁止所有生物材料，而是禁止创造和储存超出和平目的所需数量的生物毒素和其他生物剂，并且禁止使用任何生物材料作为武器。《禁止生物武器公约》的局限性主要有下述几方面。

1. 缺乏核查机制

《禁止生物武器公约》的任何成员国均可发起双边或多边磋商，以解决条约实施过程中出现的任何问题。如果怀疑有生物武器袭击，《禁止生物武器公约》成员可以向联合国安理会报告。但目前《禁止生物武器公约》没有确保各国遵约的监督机制，也缺乏核查手段。同时，《禁止生物武器公约》没有为"和平目的"所需要的生物剂数量设定阈值。《禁止生物武器公约》制订了建立信任措施（CBM）机制，要求缔约国进行自我报告，如宣布建立高封闭性研究中心和疫苗生产设施等。但是由于成员国之间缺乏共识，这些努力在很大程度上以失败告终。由于美国在 2001 年退出谈判，国际社会努力建立核查机制的谈判失败。美国政府一直认为，生物活动本来就无法核查，核查过程将使生物技术公司和制药公司的专有信息处于危险之中，而又不能解决问题。

2. 缺乏专门机构

《禁止生物武器公约》没有建立类似于《禁止化学武器公约》机制下禁止化学武

组织那样的国际监督机构，而是在联合国裁军事务部设立了履约支持机构（ISU）。禁止化学武器组织是一个国际组织，由一个大型技术秘书处管理，该秘书处成员由成员国任命的工作人员和常任工作人员组成。技术秘书处的重点工作是核查对《禁止化学武器公约》的遵守和执行情况。相比之下，《禁止生物武器公约》履约支持机构只有3名常驻人员，其任务不是核查和监督，而是提供行政支持，帮助并促进缔约国提交建立信任措施资料。

3. 其他问题

除了上述问题外，《禁止生物武器公约》还存在其他一些问题使其难以发挥作用。例如，尽管成员国定期举行年会和专家组会议，但学者们经常认为公约难以解决诸如合成生物学和人工智能等新兴技术的影响等问题。还有一个主要问题是缺乏资金，许多成员国存在拖欠会费的情况，其中2019年95个成员国的欠款总额超过14万美元。

（三）澳大利亚集团

澳大利亚集团是一个非正式的多边出口管制体制联盟，目前有43个成员国（包括欧盟委员会）。该集团于1985年首次召集，旨在防止化学和生物武器扩散，帮助各成员国决定哪些物质需要接受出口管制，以最大限度地降低出口商无意中协助制造生物或化学武器的风险。

尽管澳大利亚集团确实填补了《卡塔赫纳生物安全议定书》和《禁止生物武器公约》所留下的空白，即制定了应受到严格出口管制的生物武器前体的清单，但其并不具有法律约束力。此外，许多国家未包括在该集团中，从而限制了其覆盖范围。

三、结论

生物技术的不断进步为应对全球性挑战提供了机遇，包括解决传染病传播、粮食安全和环境退化等问题。但是，恶意攻击者或敌对国家可以运用相同的技术来创造致命病原体，造成人类大范围感染，或对农业供应链造成负面影响或破坏现有的生态平衡。许多危险情形已在现实中发生，如谬用生物技术开发生物武器、活生物体从实验室意外释放，以及实验室发生获得性感染等。

为了应对这些挑战，大多数国家已制定法律或非正式指南以确保生物技术相关研究的安全性，建立防止未经授权获取生物材料的机制，并实施出口管制制度来管理敏感生物材料的转移。在全球范围内，国际社会已经起草了相关条约、公约和准则，以确保公平、透明地促进生物技术发展，但尚未能建立必要的监督机制，以促进生物技术研究安全开展。此外，这些全球机制没有定期更新，无法跟上新技术发展的步伐，缺乏监测全球生物技术发展所需的专业知识和资金。

此外，目前缺乏所有研究实验室都必须遵守的生物安全强制性全球标准，也没有引入问责制度和适当的程序判断责任归属。例如，当国家行为者故意滥用生物技术时，《禁止生物武器公约》的成员国在没有核查和监测协议的情况下只能相互协商或向联合国安理会提出投诉。

因此，目前这些全球机制尚不足以应对生物技术发展所带来的威胁。为了确保安全开展生物技术相关研究，国际社会需要制定规范的实验安全性标准，制定《禁止生物武器公约》框架下的核查和监督机制，并纳入责任划分和问责条款。这些做法将促进全球在生物技术发展中获利，同时降低生物安全风险。

（军事科学院军事医学研究院　马文兵　王　磊）

第二十三章

美国智库倡导建立国家传染病预测分析中心

快速准确预判疫情的潜在传播趋势和危害严重程度，对公共卫生决策具有重大现实意义。在新冠肺炎疫情扩散期间，WHO和美国疾病控制与预防中心都组建了传染病趋势预测分析团队，为疫情应急响应提供了重要的决策支持，但仍存在诸多不足之处。

美国约翰斯·霍普金斯健康安全中心发布了专题研究报告[1]，深入剖析了美国在使用传染病预测模型支持疫情准备和应对决策方面所面临的挑战和机遇，认为美国迫切需要大力发展传染病"暴发科学"（outbreak science）[2]，提高在疫情暴发期间利用模型预测支持决策的能力，提出将传染病暴发科学纳入疫情防控体系，并建议成立美国国家传染病预测分析中心。

该研究报告对美国传染病暴发预测能力现状进行了系统反思，并提出美国国家传染病预测分析中心的愿景和构想，这对于促进我国生物安全领域相关能力建设具有重要参考价值。

一、美国传染病暴发预测能力现状

当前，通过数学模型预测分析来指导疫情防控已经越来越普遍。美国的传染病预测分析力量主要由联邦政府内设部门和独立学术机构两部分组成，这些力量能够在疫情防控中提供专业支持。但是，目前美国利用数学模型协助疫情防控的机制存在诸多缺陷，如传染病建模研究与实际应用严重脱节，难以形成直接的传染病暴发预测能力。

（一）美国联邦政府机构传染病预测分析能力现状

当前美国联邦政府内的传染病预测分析机构主要分布于卫生与公众服务部下辖的应急准备与响应部长助理办公室（ASPR）、疾病控制与预防中心（CDC）和国立卫生研究院福格蒂国际中心（RAPIDD）。

---

① Rivers C，Martin E，Meyer D，et al. Modernizing and expanding outbreak science to support better decision making during public health crises：Lessons for COVID-19 and beyond[R]. New York：The Johns Hopkins Center for Health Security，2020.

② Rivers C，Chretien JP，Riley S，et al. Using "outbreak science" to strengthen the use of models during epidemics[J]. Nature Communications，2019，10（1）：1-3.

1. 应急准备与响应部长助理办公室

ASPR 内设一个建模分析部门，专门研究应对传染病威胁的卫生政策问题。2014—2016 年西非埃博拉疫情期间，ASPR 针对加快疫苗和治疗产品研发等方面的迫切需要，通过预测预期发病率，设计了科学合理的临床试验方案。另外，ASPR 还利用数学模型进行了流感大流行的风险评估、寨卡病毒病暴发期间的医疗保健需求评估、基孔肯亚疫情预测及美国埃博拉病毒病患者的治疗需求估计等工作。

2. 美国疾病控制与预防中心

美国 CDC 的传染病预测分析力量主要包括卫生经济学专业部门，以及传染病科、流感科、监测中心、流行病学和实验室服务中心等下属机构的专业团队。2009 年甲型 H1N1 流感大流行期间，以及 2014—2016 年西非埃博拉疫情期间，美国 CDC 的传染病预测分析能力都发挥了重要作用。

2014 年以来，美国 CDC 流感科每年都会举办 1 次名为"季节性流感预测协作挑战"（又名 FluSight）的比赛，邀请研究人员参与季节性流感预测。通过对不同团队的预测结果进行比较，综合评估季节性流感的威胁，并将这些结果纳入其情况报告和提交高级领导人的简报中，这既有助于揭示未来可能发生的威胁，也促进了相关职能部门进一步熟悉预测模型，为紧急情况下的应急使用铺平道路。

2019 年，美国 CDC 流感科新成立了两个流感预测中心，率先在公共卫生业务中进行传染病暴发预测分析，以提高国家、地区和州各级的季节性和大流行性流感疫情预测的及时性和准确性，提高风险预知能力，改善公共卫生应对措施，并为制定大流行性和季节性流感应对政策提供依据。

3. 美国国立卫生研究院福格蒂国际中心

RAPIDD 传染病动力学研究小组是美国政府传染病预测分析力量的重要组成部分，其职能包括改进传染病预测分析模型，提高对公共卫生决策者的支持能力；在疫情暴发期间及时组织研讨，为疫情防控提供支持。该组织致力于将模型研究与提供决策建议相结合，为政府机构政策制定提供支撑。

RAPIDD 为 2014—2016 年的埃博拉病毒病、寨卡病毒病和中东呼吸综合征等新发突发传染病疫情提供了决策支持。另外，RAPIDD 还主办了一项埃博拉疫情预测竞赛，要求参赛者使用综合数据进行预测，模拟不同条件下的疫情态势。这类竞赛对于改进预测方法和协作机制非常重要，特别是对突发公共卫生事件有重要参考价值。

（二）美国学术机构传染病预测分析能力现状

美国国立卫生研究院传染病病原体研究模型（Models of Infectious Disease Agent Study，MIDAS）网络是美国学术界传染病预测分析研究领域的专业合作组织。早期，MIDAS 为哈佛大学公共卫生学院、弗雷德哈钦森癌症研究中心和匹兹堡大学等研究机构提供了专门经费支持。作为资助计划的一部分，这些机构也有义务在紧急情况下为公共卫生决策者提供支持。

2009 年，MIDAS 以多种方式为 H1N1 疫情应对做出贡献，包括针对保持社交距离、感染预防和控制措施，以及疫苗干预和抗病毒药物作用等方面的模型分析，为决策者提供了以往无法获得的信息。一项针对 H1N1 流感大流行期间模型使用的回顾性评估发现，数学模型在确定最有效的干预措施和医疗能力需求方面，比准确预测 H1N1 疫情的过程或严重程度更有价值。

但是，2017 年 MIDAS 职能发生了重要变化，不再为公共卫生决策者提供支持，而是专注于资助基础科学研究。新的拨款机制限制了经费使用，MIDAS 资助的实验室不能再使用他们的项目经费参与疫情应对。随着 MIDAS 基金资助的取消，美国学术机构几乎没有用于此类研究的经费来源。多位专家表示，缺乏资助是建立和应用传染病建模分析能力的最大障碍。

当然 MIDAS 原有的资助模式也并不完美，研究人员和公共卫生决策人员只在公共卫生危机时期才开展合作，但这种合作并非来自决策部门的授权或直接要求，对于 MIDAS 中的许多人来说，他们的参与完全是一种自发行为。一些独立的研究团队虽然已经与政府决策部门建立了联系，但研究成果却只能通过学术文献间接进行传递。另外，这些服务于政府部门的专业研究人员，也很难获取"仅供官方使用"的数据和信息。与疫情相关的高价值数据的缺失，导致该领域研究人员的学术水平无法充分发挥。

二、美国传染病暴发预测领域面临的挑战

美国传染病预测分析能力所面临的主要挑战包括合作关系缺位、激励机制不足、经费资助匮乏、数据情报不全及基础建设缺失。

（一）合作关系缺位

目前，美国的传染病预测分析主要基于相关领域研究人员的临时合作。研究人员在过去疫情期间，为美国政府机构提供了非常有价值的决策支持信息。但是，美国政府与外部研究人员之间的合作机制，完全是临时性的。除了少数拥有专业研究人员的联邦机构，公共卫生决策者目前还没有获得建模研究专家支持的正式途径。

（二）激励机制不足

激励机制不足是改善合作的主要障碍。对于研究人员来说，其学术生涯建立在发表论文的基础上。另外，对于从事疫情应对的公共卫生专业人员，其首要任务是专注于遏制疫情，尽管发表学术论文对于与领域内的其他从业者共享知识很重要，但与防控任务相比，发表论文是次要的。而且，还存在一种普遍的担忧，即研究人员只是为了发表论文，为了进一步拓展自己的研究领域而参与应急响应。

（三）经费资助匮乏

经费缺乏严重影响了研究人员参与传染病预测分析研究的动力。缺少了可用于疫情防控的 MIDAS 资助，研究人员在这一领域获得其他经费资助的机会非常少。美国国家科学基金会（National Science Foundation）和美国国立卫生研究院作为两个主要的公共资助机构，它们的资助项目都旨在支持具有传统学术成果的研究活动，如发表论文，所以通常不会对突发事件做出反应，也不会支持应用或转化问题研究。此外，大多数经费资助组织希望将经费投入创新性工作，而不是持续资助诸如方法评价等维持性项目。虽然 CDC 偶尔会在数学建模和预测分析方面进行资助以支持决策，但无法形成持

续资助能力。目前美国也没有私人基金会定期为这一领域的工作提供捐助。

经费缺失带来的影响对于年轻科学家来说尤为明显。以往 MIDAS 培养了一代对公共卫生有兴趣同时具有专业技能的建模分析研究人员，然而新的 MIDAS 不再为传染病暴发科学提供资助，这将导致早期已形成的能力的退化，又无法形成新的能力。在未来几年，随着上一代资深从业人员的退休，这种状况将变得越来越明显。

（四）数据情报不全

数学模型的稳健程度很大程度上取决于构建模型的输入数据。基于不完整、有偏倚或不能很好反映实际情况的数据建立的模型，将产生高度不确定性，甚至不准确。

数据的质量、数量和获取速度，是限制传染病暴发科学发展的重要因素，对于诸如患者基础数据和接触者追踪信息等疫情数据尤其如此。在许多情况下，收集、整理和分析高质量数据的基础设施还不发达。在疫情暴发期间，很难从头创建和实现数据收集。理想情况下，在重大疫情暴发期间使用的监测系统可用于疫情应对。然而，在许多地方，这些系统或是不存在，或是不够健全，无法在公共卫生紧急情况下使用。

对于收集到的数据，其访问也很困难。数据完全由受疫情影响的司法管辖区所有，对这些数据的任何访问都必须得到数据所有者的批准。尽管这种机制对于保持对数据源的控制至关重要，但有时也会成为影响防控措施的阻碍。对于许多参与响应的建模分析学者来说，其数据来源主要依赖于卫生部定期公开发布的报告，但是作为疫情数据来源，这些报告还远不够理想。它们通常只包含州一级的数据，数据分辨率太低，缺乏许多有助于了解疫情流行病学的数据元素。数据不足使数学模型的建立和更新变得困难，提高流行病学数据的质量和获取速度将改善模型的产出，反过来可更好地支持基于这些模型的决策。

（五）基础建设缺失

当前迫切需要开展一些传染病暴发科学正规化发展所必需的基础性建设。

1. 模型验证

对已有模型预测结果和实际观测结果的归档非常重要，当前传染病暴发科学领域却根本没有开展这项工作，领域中也几乎没有人认识到这是一项非常重要的工作。

2. 方法改进

建模分析专家在特定疫情的约束下，通常依赖直觉判断最合适或最准确的方法，但这种直觉的可靠性难以检验。方法论证可通过举办建模竞赛和设立专注于类似问题的研究项目来实现，但目前还没有特定经费来支持这两类工作。

3. 数据采集

目前，在疫情应对期间用于预测的数据质量欠佳，而且通常无法获得。需要哪些数据元素，以及空间和时间分辨率要求，仍然不清楚。更具体、更深入地了解产生特定模型输出所需的最小数据集，将是非常有价值的。

4. 人才培养

对于培养下一代传染病预测科学人才，目前几乎没有切实可行的计划。大多数科学家主要专注于学术研究项目，而不是公共卫生应用，下一代传染病暴发科学人才的培养缺乏目的性。尽管部分接受传统建模培训的人在疫情期间能够获得传染病暴发科学方面的实践，但这还远远不够。目前尚需要额外的机制，促进该领域人才培养，并对从业人员的职业生涯做好支持。

5. 能力建设

目前虽然中低收入国家拥有流行病学家和生物统计学家，但仍未提供传染病暴发科学培训项目。可以将这种培训植入到研究生教育中，以更好地支持疫情应对。

三、建立国家传染病预测分析中心

报告建议在美国联邦政府设立专门机构，称为"国家传染病预测分析中心"，负责发展和利用传染病暴发科学来为公共卫生决策提供支持。该中心类似于美国国家气象局，在疫情暴发期间和平时都能为职能部门提供服务。

（一）传染病暴发期间的作用和职责

1. 开展预测和分析

为公共卫生决策者提供支持，包括预测疫情的发展趋势，评估公共卫生干预措施效果，确定疫苗试验所需的资源，以及制定有限资源的分配方案等。

2. 整理和标准化疫情数据

传染病暴发期间的数据质量、数量和及时性通常不利于支持疫情建模。预测中心将帮助建立一个数据中心，进行数据汇总、标准化和分析。

（二）平时的角色和职责

1. 鼓励发展数据创新

鼓励发展数据创新包括提高疫情数据的及时性和质量。

2. 建立新的发展方案

针对疫情防控面临的挑战（如数据匮乏），为传染病暴发科学提供新的发展方案。相关调查显示，大多数受访者支持建立国家传染病预测分析中心，并认为这是真正实现传染病暴发科学作为一个专门领域的适宜途径。它将改善以往疫情暴发期间建立的临时机制，使专家能够专注于传染病暴发预测分析研究，但建立国家传染病预测分析中心并非易事，还存在诸多困难。

（三）建立国家传染病预测分析中心面临的挑战

第一，在美国目前的筹资环境下，为建立一个新实体而争取经费将是非常困难的，需要国会的批准和单项拨款。重要的是，这笔经费不是一次性拨款，而是一项持续的预算项目，以确保预测中心的长期可持续性。虽然传染病暴发科学在疫情期间能够发挥重要作用，但学科的持续发展仍然需要持续的财政和政策支持。

第二，中心的组织地位需要论证。美国CDC作为国家卫生和疫情应对的领导机构，理论上是此类组织的管理单位。但是，美国联邦政府中还有许多其他机构和部门也负责疫情应对，并做出公共卫生决策。例如，美国国际开发署和国防部都参与了美国政府应对2014—2016年埃博拉危机的行动。在CDC设立国家传染病预测分析中心，可能导致研究成果转化为疫情防控措施的过程需要与跨部门利益相关方进行复杂协调。

（四）建立国家传染病预测分析中心的愿景

报告认为，国家传染病预测分析中心能够提高专家的业务能力，促进传染病暴发科学领域的创新，同时也需要获得可持续的经费支持，并与公共卫生相结合。

1. 组建专业团队

国家传染病预测分析中心将培养传染病暴发科学方面的专家，他们对流行病学和疫情响应行动有透彻的了解。他们需要具备包括流行病学、统计学或物理学等领域的高级学位，接受过疫情响应建模的培训或具备相关经验，以及接受过现场流行病学方面的培训或具备相关经验。

这些专业人员能够灵活地处理不完美或零散数据所带来的问题，并在有限时间窗口内高效工作。学术界经常会出现这样的情况：除非数据足够准确地回答一个问题，否则就不会开展研究；如果遇到障碍，将延长研究时间。这两种情况在疫情环境中通常都不可能出现，无论存在何种挑战，公共卫生决策者必须在特定的时间内采取行动，并且提供分析结果以支持决策。

这些专家应该具备一种直觉或感受能力，能够在正确的时间和地点关注正确的问题。有时，一个快速的分析要比一个精心构建的、详细的分析更有价值。建立这种直觉是传染病暴发科学专家的重要特质。

这些专家还应善于与不具备公共卫生专业知识的人交流。在疫情响应中有许多利益相关者，但不管其专业背景如何，传染病暴发预测分析专家都应该能够清楚和有效地与所有利益相关者进行沟通。这不仅是传递信息的相关技能，也是与利益相关者一起讨论建模问题的相关技能。

2. 促进方法创新

在平时，传染病暴发科学专家应从事提高疫情预测分析质量和及时性的基础工作，其在国家传染病预测分析中心的工作可能包括开发新的模型和方法以改进分析或预测；评估现有模型方法对不同场景的适用性，根据观测数据测试现有方法，以找到最有效的方法；创新性地在传染病建模分析中使用数据，致力于不断改进疫情数据的质量、及时性和空间分辨率，为更快、更可靠的建模提供支持；总结评估已完成的工作，包括存档预测和相关的元数据，只有当该领域能够系统地、严格地评估其长期表现时，它才能发挥其潜力。

3. 持续经费支撑

建立一个成功的国家传染病预测分析中心必须获得经费支持，并且该经费应该具备专用、灵活和可持续的特点。①专用，致力于维持传染病暴发科学的现有能力，并支持人才培养，没有这种支持，就难以真正建立能力；②灵活，为疫情期间开展与决策者需求同步的建模分析，以及在平时为开展创新研究提供经费保障；③可持续，可持续性有助于确保研究人员长期参与疫情应对决策，这种经费不应与任何特定疫情挂钩；④与公共卫生部门密切配合，传染病暴发科学专家应与公共卫生部门的同行密切合作，以确保他们在疫情应对行动中发挥最大作用，而建立国家传染病预测分析中心将有助于维持这种关系；⑤长期持续合作，传染病暴发科学专家应有机会与公共卫生人员开展直接的合作，在任何时期开展这种合作都能够促进两者之间工作上的协同性。在疫情应对期间，当需要迅速采取行动时，这种协同性至关重要。缺乏直接合作，传染病暴发科学专家将很难持续参与决策过程，也很难掌握每个决策的具体意图。召开这两个领域的年度会议，也有助于建立这种合作关系。

四、结论

约翰斯·霍普金斯健康安全中心的研究报告通过对传染病暴发科学在大规模疫情暴发期间起到的作用和价值，以及美国这方面能力现状的系统剖析，提出了建立国家传染病预测分析中心的设想，以期改善美国传染病暴发科学相关领域的能力。报告认为建立国家传染病预测中心将巩固传染病暴发科学作为现代危机管理的重要组成部分，促进该领域的发展和演变。同时提出建立传染病暴发科学奖学金计划和重新设计MIDAS两个备选方案，以促进美国传染病暴发科学的发展。该研究报告对于我国在这一领域的能力建设具有较大参考价值。

（军事科学院军事医学研究院　蒋大鹏　张　斌　祖正虎　许　晴）

第二十四章

美国政府问责局审查《国家生物防御战略》实施情况

2020年2月，美国政府问责局（GAO）向国会提交工作报告《国家生物防御战略：额外的努力将增加有效实施的可能性》（*National Biodefense Strategy：Opportunities and Challenges With Early Implementation*）[①]，并评估了2018年10月至2020年2月《国家生物防御战略》（简称《战略》）的具体实施情况，通过采访生物防御体系相关机构人员，审查《战略》目前的实施情况，分析了当前生物防御能力存在的差距，指出了落实《战略》面临的挑战和问题，提出了改进协调管理机制的相关建议。

一、战略的重要意义

报告指出，《战略》建立了美国国家生物防御能力评估框架，整合了生物防御体系内的关键要素。同时发布的《总统备忘录》（NSPM-14）制定了识别机构差距和确定预算优先级的管理架构，提供了全面考虑优势与不足的机会，以便综合评估能力风险，对资源分配做出权衡决策，从而有效提升美国生物防御能力体系建设。

《战略》通过评估、预防、准备、响应和恢复5个目标创建了能力评估框架，确定了长期目标、短期目标和至少240项单独活动，以应对不同来源的生物威胁（偶然、故意和自然发生）。这是联邦政府首个涵盖整个生物防御体系的活动框架，并以此全面评估国家生物防御的能力和差距，确保整个生物防御体系朝着共同的目标迈进。此外，《战略》在战略方法和投资决策方面，制定了生物防御体系信息的收集和分析流程，整合了生物防御体系内各不相同但相互联系的功能领域，以确保整个生物防御体系的效率，为全方位战略决策做出重要贡献。

《总统备忘录》（NSPM-14）确定了实现《战略》目标的管理架构和流程，管理架构包括生物防御指导委员会和协调小组。生物防御指导委员会由卫生与公众服务部（HHS）部长担任主席，国务卿、国防部部长等7个机构负责人担任委员。生物防御协调小组由多个机构的生物防御负责人组成，位于HHS内，负责协助生物防御指导委员会履行职责，监测和协调《战略》的实施。美国总统国家安全事务助理担任政策协调和审查主管，为生物防御工作提供战略投入和政策整合。管理流程包括生物防御指

---

① GAO. National Biodefense Strategy：Opportunities and Challenges with Early Implementation[EB/OL]. [2020-3-25]. https://www.gao.gov/products/GAO-20-483T.

导委员会确定生物防御能力相关机构；机构制定并提交生物防御相关项目、计划和活动的备忘录；协调小组根据机构上报的数据评估各机构的生物防御能力；各机构与总统国家安全事务助理协调，制定优先领域的联合政策指南；各机构审议优先领域的联合政策指南，编制预算并提交行政管理与预算办公室。该流程可有效识别体系缺口，为所需的资源和投资建立优先顺序。

二、战略实施存在的问题

由于《战略》生物防御协调小组是跨机构、跨部门的联合响应团队，需要改革联合团队的管理方式，以满足多机构协调合作的需要。美国政府问责局通过访谈和分析发现，《战略》在第一年实施过程中存在三点问题，包括前期收集的数据质量有待提升，数据分析缺乏有效指导，联合决策流程不够清晰，这些问题可能会阻碍《战略》的有效实施。

（一）数据质量有待提升

美国行政管理和预算办公室（OMB）的工作人员承认数据收集存在问题，为得到更准确的分析结果，需确保收集的数据质量合理有效。目前在数据收集过程中存在三方面问题：①缺乏专业人才的配备。由于政策和项目经理缺乏财务知识，无法提供准确的计划和预算信息，且项目有大量附带工作，分散了其处理重要事务的时间和精力。②难以量化生物防御活动。对于无特定生物防御项目的机构，无法量化其在生物防御中的投资数量，虽然生物防御协调小组制定了估算指南，但仍难以区分各机构内生物防御专项与化生放核防御项目的活动和预算，仍需大量人员和精力投入量化工作。③数据收集平台的技术故障。为使机构间收集数据的过程顺畅有序，行政管理和预算办公室要求使用 Max 信息系统，但该系统在操作中出现了技术故障，无法及时输入生物防御预算数字。因此，缺乏专门的生物防御需求集成平台，将难以保障机构间协同合作。

由于以上问题，各机构尚未提交生物防御计划的完整信息，HHS 尚未发布总结前期经验教训的文件，也尚未与其他生物防御机构合作建立反馈监控机制和沟通教育机制。

（二）数据分析缺乏指导

为评估国家现阶段生物防御能力，生物防御协调小组需收集各机构上报的数据后，对各机构开展生物防御能力分析评估，以确定资源分配的优先顺序，但目前数据分析过程中存在三方面问题：①缺乏数据分析指导方法。应急准备与响应办公室作为生物防御协调小组的领导机构，对于收集到的信息如何用于识别能力缺口、如何确定优先事项，仍未制定出具体的指导方案，无法保证数据分析的公开性和一致性。②缺乏非政府机构能力评估。美国对重大生物事件的应急响应严重依赖非政府力量，然而目前收集的信息主要集中在联邦政府活动上，未包括私营企业等非政府机构，因此所做的数据分析不能真实反映国家能力现状，限制了管理风险的方案选择。③缺乏人员配备和资金支持。目前并非所有机构都能派出专职人员支持生物防御协调小组的工作，影响了跨机构协同合作的效率，且 HHS 计划的 500 万美元拨款尚未落实，在专职人员和资金支持不足的情况下，生物防御协调小组将不具备组织分析能力。

由于以上原因，生物防御协调小组未将非政府资源纳入数据收集和分析指标，未提供清晰系统的数据分析指导，HHS 也尚未将支持资源落实，使得信息收集和评估过程具有一定局限性。

（三）联合决策流程不够清晰

跨部门的多个机构应在评估国家生物防御能力后，综合考虑生物防御体系需求，并就确定优先级、生物防御责任、资源分配等问题做出联合决策。但目前在联合决策过程中存在两方面问题：①缺乏流程和原则。相关官员对资源再分配的协调过程仍不清楚，目前新任务没有国会批准的额外拨款或授权则难以实施，由于新任务可能与该机构的其他优先事项相竞争，因此在缺乏具体原则或步骤的情况下，联合决策难以对资源重新配置产生效力。②缺乏角色与职责。由于生物防御协调小组的章程尚未成形，使联合决策的人员和职责始终没有确定，无法建立共同议程和共同愿景。另外，生物防御指导委员会对分配资源和确定计划的权力有限，而国家安全委员会的人员更替导致白宫缺乏连贯性领导，使得相关文件仍未获得最终批准，延迟了战略目标的有效实施。

由于联合决策的流程与职责尚不清楚，缺少了问责和监督环节，导致在《战略》实施过程中，生物防御指导委员会和协调小组难以实现跨机构间的任务权衡。

三、下一步改进建议

为解决当前遇到的挑战和问题，美国政府问责局根据审查结果向 HHS 部长提出四点建议：① HHS 部长应让生物防御协调小组制定管理计划，其中应包括反馈、沟通和教育策略等，以加强机构间的协作和全企业范围的统筹管理，防止早期实践过程中遇到的挑战和问题变得根深蒂固。② HHS 部长应让生物防御协调小组针对各机构收集来的数据制定清晰的数据分析指南，确保分析数据时考虑到非联邦资源和能力。③ HHS 部长应让生物防御协调小组制定资源计划，为其配备工作人员和相关支持，维持其进行中的工作。④ HHS 部长应让生物防御协调小组在全企业范围制定和执行决策时，清楚地记录商定的流程、角色和职责。

（军事科学院军事医学研究院　宋　蓄　王　磊）

第二十五章

俄罗斯正式颁布《俄罗斯联邦生物安全法》

2020 年 12 月 30 日，俄罗斯总统普京签署第 492-ФЗ 号总统令，正式颁布《俄罗斯联邦生物安全法》（简称《生物安全法》）。该法案正式文件共 36 页 17 条，根据第 17 条规定，该法案将于正式颁布之日起生效。本章简要介绍《生物安全法》的颁布背景、内容及特点。

一、颁布背景

俄罗斯此前并未有生物安全领域的综合性法律文件。2019 年 3 月 11 日，俄罗斯总统普京签署第 97 号命令，批准《2025 年前及未来俄罗斯联邦化学和生物安全国家政策基础》，作为俄罗斯化生安全领域正式的战略规划文件。同年 8 月 28 日，时任俄罗斯总理梅德韦杰夫签署第 1906-p 号命令，批准了落实该战略规划的政府工作计划。全部计划分为法律规范和政策措施两大类，其中法律规范部分明确要求：2019 年应由俄罗斯卫生部负责牵头完成俄罗斯《生物安全法》的起草工作。

实际上，在政府工作计划公布之前，俄罗斯《生物安全法》的起草工作已经启动。2019 年 3 月，俄罗斯联邦政府将《生物安全法》草案提交至俄罗斯国家杜马（俄罗斯联邦会议下议院），此后经过三次审议修改，国家杜马与联邦委员会于 2020 年 12 月 24 日和 25 日先后批准通过。12 月 30 日，俄罗斯总统普京签署命令最终批准并颁布该法案。

二、基本内容

俄罗斯《生物安全法》严格遵守《禁止生物武器公约》，明确了在维护生物安全领域的基本原则，制定了一系列预防生物威胁、建立和发展国家生物风险监测系统的措施，旨在保护居民和环境免受危险生物因素影响，为确保俄罗斯联邦的生物安全奠定了法律基础。该法案共 17 条，主要内容如下所述。

（一）维护生物安全的基本原则与主要活动

俄罗斯《生物安全法》第 3 条和第 4 条分别明确了维护生物安全的基本原则与主要活动。生物安全遵循的基本原则包括保护公民和环境免受生物危险因素影响，将个人、社会和国家在生物安全领域的利益和责任结合起来，采取系统的方法实施生物安全措施，提高公众对生物安全的认识，保护、再生和合理利用自然资源，对生物危险进行评估，及时响应生物威胁（危险），并做好物资储备等。维护生物安全的主要活动包括制定本领域的国家政策与战略规划，对生物风险进行预测、识别、控制及消除后果，采取专门的经济措施，确保潜在危险设施的防护，开展与生物安全相关的科技活动，协调各级政府维护生物安全的行动，进行以维护生物安全为目的的国际合作等。

（二）各级国家权力机关、个人和组织的职责、权利和义务

俄罗斯《生物安全法》第 5～7 条分别规定了俄罗斯联邦各级国家权力机关（指行政、立法、司法机关，最高国家权力机关还包括总统，其中行政机关也被称为国家执行权力机关）、个人和组织机构在生物安全领域的职责、权利与义务。

俄罗斯政府负责制定和实施生物安全保障领域统一的国家政策、批准生物威胁（危险）应对计划，以及协调组织其他各级政府的相关活动与合作；联邦及各联邦主体、国家权力机关负责参与制定并实施国家政策、进行法律规范调整，建立并管理病原微生物和病毒库，开展生物风险检测，实施控制传染病和动植物疫情的预防措施等；地方自治机构主要负责在本行政区内实施控制传染病和动植物疫情的预防措施。

公民的权利和义务包括保护健康和环境不受危险生物因素的影响，遵守生物安全领域法规。各组织机构的权利和义务包括参与和制定生物安全措施，遵守生物安全领域法规，提交生物安全领域科研通报等。

（三）生物威胁判定与维护生物安全的主要措施

俄罗斯《生物安全法》第 8～15 条是关于生物威胁判定与维护生物安全的主要措施，这部分也是该法案的核心内容。

第 8 条阐述了 11 种主要的生物威胁，包括病原体的特性与形态发生改变或出现突破种间屏障的可能，利用合成生物学技术制造病原体，各种新发、复发传染病，动植物疫情扩散传播，利用病原体实施破坏活动或恐怖袭击，微生物耐药性扩散，擅自进行危险的相关科研活动等。

第 9～15 条规定了维护公民和环境免受危险生物因素影响、预防生物威胁（危险）的各种措施。其中第 9 条总体阐述了 7 条措施，分别是控制传染病传播，建立和发展病原微生物与病毒库，防止因使用病原体发生事故、恐怖主义行动和（或）破坏，预防危险科技活动，建立并发展统一的生物风险监测网络，在生物安全领域开展基础和应用科学研究，以及规划生产能力与物资储备建设。第 10～13 条分别对以上措施进行了具体阐述。此外，第 14 条规定要建立生物安全领域国家信息系统，第 15 条规定了生物安全领域的国际合作。

（四）其他

俄罗斯《生物安全法》第 1 条界定了该法案涉及的 20 个主要术语。第 2 条规定了维护生物安全的法律基础，主要是俄罗斯宪法、各领域签署的国际条约及联邦法律文件等。第 16 条规定违反生物安全领域法律应承担法律责任。第 17 条规定该法案自公布之日即 2020 年 12 月 30 日起生效。

三、主要特点

纵观俄罗斯《生物安全法》的全部内容，可发现该法案有以下3个突出特点。

（1）尽管采用广义生物安全概念，但仍有部分生物安全问题涉及较少。俄罗斯《生物安全法》各项条款涵盖了大部分目前常见的生物安全问题，包括传染病和动植物疫情、两用生物技术风险、生物恐怖主义活动、微生物耐药等，但缺少明确针对生态环境保护、生物多样性保护及外来物种入侵的相关规定，仅要求"保护微生物群的生物多样性""保护环境免受危险生物因素影响""保护、再生和合理利用自然资源，作为维护生物安全的必要条件"。同时也未涉及有关人类遗传资源的相关问题，仅在第15条国际合作的规定中提及"安全使用生物资源，协调跨境运输，并监督跨境运输基因工程处理过的生物体"。

（2）俄罗斯《生物安全法》详细规定了各级国家权力机关、个人和组织机构在维护生物安全领域的职责、权利与义务，但在整部法律中并未提及俄罗斯武装力量的职责与义务，而实际上俄罗斯军队在传染病监测与应对、生物安全相关科学研究、生物军控与履约等领域一直发挥重要作用。

（3）俄罗斯《生物安全法》尚未规定违反生物安全法律规定应承担的具体法律责任。第16条仅规定"根据俄罗斯联邦法律，确定违反俄罗斯联邦生物安全保障领域法律应承担的责任"，此外并无其他内容。具体哪些行为构成犯罪、需要追究什么样的刑事责任，哪些行为造成人身、财产或其他损害，需要承担什么样的民事责任，俄罗斯未来仍需制定专门的法律法规。

（军事科学院军事医学研究院　周　巍　李丽娟）

第二十六章

联合国报告分析生命科学技术发展对生物安全与军控的影响

2020年8月19日，联合国裁军研究所（UNIDIR）发表题为《生命科学技术发展对生物安全与军控的影响》的报告。作者为约翰斯·霍普金斯大学卫生中心与联合国裁军研究所大规模杀伤性武器与其他武器项目的研究人员。报告认为，当前生命科学技术在解决许多医疗、生态和社会问题的同时，也对生物安全与军控构成潜在风险。

一、生命科学技术发展概况

生物经济市场估计在未来10～20年将增长至4万亿美元。生物学、物理学和数字融合被称为"第四次工业革命"，将对人类生存产生巨大影响。除生物技术飞速发展之外，人工智能、纳米技术、小型化、机器人技术和量子计算等技术也在蓬勃发展。生命科学的发展面临诸多挑战，包括如何应对传染病流行及生物武器发展的潜在威胁。

（一）基因技术

1. DNA测序技术

随着测序技术的飞速发展，现在只需数小时就能完成整个人类基因组的测序。此外，DNA测序的成本已从2003年的每兆碱基约100万美元降至2019年的每兆碱基0.01美元。人类基因组测序的费用由超过1000万美元（2003年）下降至约1000美元（2020年）。对病原体基因组进行测序有助于研究人员重新认识相关疾病机制，并可能开创更好的治疗方法。在新冠肺炎疫情期间，测序被用于新冠病毒溯源，有助于更好地了解疫情传播链，以及病毒与动物宿主之间的相互作用。近年来兴起的"第四代测序技术"可用于诊断和基础研究，有助于了解细胞如何控制其基因表达。

DNA测序技术也有助于合成传播能力更强、毒力更大的新病毒毒株。在人类遗传学领域，测序分析甚至可能被用于开发生物武器，针对特定人群或个人，发动恶意攻击。

2. 基因编辑技术

人类基因编辑技术（CRISPR）为消除某些个体遗传性疾病提供了可能性。该报告认为新型基因编辑工具可被用于改变植物、动物和昆虫的基因组，也可进行体细胞和生殖细胞或胚胎细胞基因编辑。CRISPR还可用于开发新型检测、诊断和治疗工具。此外，在蓬勃发展的全球生物经济中，人类借助于基因编辑技术已经创造了转基因生物，能以更加灵活、可持续的方式生产高价值化合物，如治疗性药物。因此，基因和基因组修饰对生物安全具有积极影响。但是，该技术发展迅速、使用简单、普遍可及，也可能被国家行为体和非国家行为体用于开发生物武器。此外，基于基因编辑技术开发的"基因驱动"技术可以在植物、动物或昆虫基因组中插入新的人工序列，该序列经过几代繁殖后就能传播至整个种群中。这种能力是武器化的新途径，能够对食物供应或目标人群造成破坏性影响。

3. 基因和基因组合成技术

高效、经济的基因组测序技术为基因合成技术的发展奠定了基础，而基因合成技术使科学家能够在实验室中人工创建基因。有研究人员预计，在未来 10 年内，该领域的发展将使科学家有能力合成性地创造整个人类基因组。快速、廉价的核酸合成技术已在多个行业中得到应用。例如，在医疗行业中，针对癌症和其他遗传性疾病的新疗法需要合成患者特有的遗传物质。

然而，更简单、快速、廉价合成核酸的能力也使人们担忧，该技术可能被用于制造生物武器。为此，学术界已经有步骤地采取了一些措施来降低基因合成带来的风险。国际基因合成联盟是由一些国际基因合成提供者组成的组织，他们遵循一套生物安全指南以防止滥用这些技术。未来可能面临的风险是，生物技术前景不断变化，基因合成技术日益普及，可能会进一步削弱监管措施的有效性。

（二）纳米技术

纳米技术涵盖了所有在纳米水平（1 ~ 100nm 范围内）工作所需的工具。由于多学科融合，特别是物理、化学、生物学和工程学之间的融合，针对纳米级材料的处理能力得到了提高。纳米技术装置的新发展已经影响了疾病预防、诊断和治疗领域的发展。药物递送方面的纳米技术革命已影响到农业、医疗和制药行业。据估计，它将影响药物递送市场上未来 90% 的产品。纳米技术主要有 3 大优势：低毒性、低成本和高靶点特异性。例如，一种常见的药物递送机制是使纳米材料形成一种结构，将较大的材料输送至以往难以到达的部位，如通过血脑屏障到达大脑。此类结构可以将类似新型药物的化合物成功地运送到特定位置，从而提高治疗效果。

纳米技术对化合物递送和分子机器设计具有重大意义，将对人类健康和安全产生显著影响。基于纳米技术的药物递送平台可广泛、有效地治疗或预防包括毒素在内的生物武器损伤。纳米粒子药物递送方法的相关技术和研究进展，带来的潜在风险之一是递送系统信息被用于敌对目的。理论上，构建独特治疗载体所需的信息也可以为创建新方法传播有害物质提供借鉴。正如瑞士施皮茨实验室 2018 年的一份报告指出：这种纳米粒子有可能以气溶胶的形式递送并被吸入肺部，通过血脑屏障后被吸收。因此，它们可能适用于靶向递送大量毒素或生物调节剂。

纳米技术在药物递送方面的具体应用对《禁止生物武器公约》产生了重大影响。化合物递送方面的进展尤其突显了《禁止生物武器公约》第一条第二款的重要性，该条款禁止"为了将此类物剂或毒素用于敌对目的或武装冲突而设计武器、设备或运载工具"。

（三）大数据、机器学习和人工智能

大数据、机器学习和人工智能影响着生物技术的诸多发展方向。基于人工智能的机器或系统需要能够处理和表示语言、知识，还需要机器学习技术（即迭代算法处理）。这些领域正在融合"从网络到生物技术，从情感计算和神经技术到机器人技术和增材制造的其他众多技术"。人工智能和机器学习与其他新兴技术不断融合，意味着采集的大量数据可用于模式分析和信息提取。

尽管这些计算技术的优势之一是能通过提高速度并可能减少错误来减少对人类的依赖，但是由于对其缺乏监管，因而也可能构成风险。算法本身具有偏好，也可以被操纵，如果没能及时发现问题，可能会导致产生危险产品或网络安全风险。操控和分析大量遗传数据能够从病原体和宿主的角度，快速提升我们对毒力和发病机制的认识，但是访问数以百万计的人类基因组意味着生物信息学家可以绘制特定人群的疾病易感性图谱，而这种信息也可用于开发针对特定人种的武器。在识别可能用于敌对目的的生物调节剂和毒素方面，应用于蛋白质工程的机器学习具有深远的影响。

二、应用领域的发展

生命科学领域的多种技术不断发展、融合，为全社会和全球经济带来巨大的潜在效益，但同时也引发了人们对其安全性的担忧。基因测序、合成和修饰技术，纳米技术，以及人工智能技术的不断发展，将影响免疫学、神经科学、遗传学和生殖科学、农业及传染病等领域的发展，尽管这些领域的研究多是出于和平目的，但同时也存在许多伦理和安全性问题。

（一）免疫学

无论是外源性疾病（如病毒感染或细菌感染），还是内源性疾病（如癌症或自身免疫性疾病），免疫应答都是治愈疾病的关键。虽然免疫系统通常具有保护性，但该系统也会转而产生过度反应，对宿主造成实际的损害。复杂的细胞群体调控网络和信号通路决定了个体免疫应答的强度和质量，获得相关认识对人类健康具有重要意义。数学建模、统计建模和计算机建模已应用于临床免疫学和实验免疫学。基于系统的分析依赖于基于海量数据集的数据驱动方法，这些数据集对细胞中所有基因、蛋白质和代谢产物的综合体进行了分类。

免疫学的发展带来了巨大的社会效益，但是其进步也具有两用性。例如，英国有关《禁止生物武器公约》的工作文件指出：通过研究宿主与病原体之间的相互作用和机制所获得的知识可以用于克服宿主的免疫应答，但也可用于有害目的，如设计新型生物武器制剂或基因工程改造现有制剂，提高其对生物武器使用的适用性。

（二）神经科学

细菌产生的高特异性神经毒素对神经组织的入侵及其作用机制已得到很好的研究。神经调控机制方面的知识急剧增长，并已经被用于开发调节神经功能的高级药物。将这些知识与基因治疗技术结合，能实现递送 DNA 编辑酶套件，意味着在不久的将来，改变人类神经系统基因表达的方法将被用于疾病治疗（如亨廷顿病或各种精神疾病）。

随着人们对神经科学的认识不断深入，很可能扩大"攻击"范围，包括对运动、感觉、认知等造成影响。例如，军事部门出于认知、行为或神经生理学的目的而滥用神经科学相关进展，有可能会将战争武器扩展至一个不受约束的领域。

（三）人类遗传学和生殖科学

尽管 CRISPR 技术提供了令人兴奋的可能性，但改变人类基因具有潜在的危险。有时基因治疗是致命的，修饰生殖细胞中的基因可能导致意外的后果。该方法相关的技术问题，如脱靶效应、序列改变产生畸形蛋白质等，引发了人们对某些生殖细胞修饰实验的广泛关注和谴责。弗朗西斯·克里克研究所（Francis Crick Institute）的最新研究表明，CRISPR 编辑人类胚胎基因可产生脱靶和意外编辑事件。相关国际组织正在审查与其相关的伦理问题。

（四）农业（动植物）

合成生物学可能威胁人类、动植物和环境。基因技术发展所催生的"基因驱动"领域是需要特别关注的。基因驱动工程改造产物进入宿主后将继续以不受自然选择压力影响的方式传播其自身基因元件。基因驱动来源于天然存在的细菌防御系统，不是单一的生物技术类型，目前研究中的很多不同的驱动系统如释放到环境中，可在无人类干预的情况下自我繁殖。但基因驱动也有许多潜在益处，如可用于减少疟蚊种群，预防疟疾。

除了担心基因驱动技术可能被用于开发破坏作物的新一代生物武器外，人们主要担心基因驱动可能对目标物种造成脱靶效应。此外，除非研究者主动发布研究结果或宣布活动情况，否则很难监控此类研究。

（五）传染病

2017 年，研究人员将从 DNA 合成公司订购的基因组小片段连接在一起形成完整染色体，人工合成了马痘病毒。WHO 和许多国家制定的条例都严格禁止以类似方式合成天花病毒。人工合成病毒研究表明，大流行病毒可在实验室合成，并凸显了每种技术的不同相对风险，同时指出普遍治理的紧迫性。修饰病原体的基因组可能会创建某些新生物，它们在人类中的传染或传播能力可能得到增强或改变。例如，2011 年，两家实验室为了研究能确定宿主范围的遗传序列，修饰了高致病性禽流感病毒毒株。据称，该实验的意图是采集序列信息，帮助追踪、识别潜在的大流行禽流感病毒毒株。重组流感病毒毒株未进行直接的人体试验，但显示能够感染雪貂，可作为人类感染的既定实验模型。与此类工作相关的高传染性因子逃逸、被盗或释放的风险引起了人们对生物安全和生物安保方面的担忧。

三、产生的影响

生命科学领域在过去 10 年取得了长足的进展，其中部分原因是纳米技术等领域的广泛发展。与此同时，在这 10 年里，国际合作模式发生了转变，国家间竞争加剧，地缘战略紧张局势再次抬头。尽管近年尚未在冲突中使用生物武器，但是新冠肺炎大流行的持续后果提醒人们关注生物学的潜在能力。这增加了一种可能性，即面对不断变化的安全环境，各国可能寻求借助生命科学新能力以制造新型生物武器。

在未来一个世纪里，随着人类改变基本生命过程的能力继续迅速发展，其将操纵包括认知、发育、复制和遗传的过程。当前生命科学革命的主要驱动因素是技术融合，这在帮助人类解决许多医疗、生态和社会问题的同时，也使人类面临潜在的危险。

生物技术发展对《禁止生物武器公约》的影响是双方面的。国际社会不断加强对两用性研究的监管，近年来的国际会议公开讨论了人类基因编辑的安全性、监管问题和伦理。各国和利益攸关方已经采取了一系列生物安全举措，针对生命科学研究"全生命周期"的不同阶段进行监管。学术研究机构设有生物安全审查委员会，某些生物技术研究资助机构同意在资助阶段审查两用性研究的项目申请，生物技术公司要在研究阶段对基因合成序列进行筛查，期刊编辑同意在出版时审查文章是否包含生物安全敏感内容。

此外，科学家本身也参与了许多国际、国家和地区的生物安全相关倡议。科学家之间的全球合作，除了提高对《禁止生物武器公约》的认识和促进其履行之外，还包括强调负责任地开展科学活动，制定生物风险管理标准，并将其纳入国际"预防网络"。

（军事科学院军事医学研究院　李丽娟　武士华）

第二十七章

我国入侵昆虫预防与控制研究进展

随着全球经济一体化快速发展，商品贸易、国际旅游及交通运输业快速增长，我国正面临着严峻的生物入侵问题。20 世纪以来，大规模的生物入侵集中发生在农田、森林、草原、岛屿、湿地、河流、海洋和自然保护区等。自 2001 年以来，我国科研人员在全国范围内逐步开展了广泛的外来入侵物种调查。2012 年，我国外来入侵物种中有 488 种生活在陆地、内陆水域和海洋生态系统，包括 171 种动物、265 种植物、26 种真菌、3 种原生生物、11 种原核生物和 12 种病毒①。直至 2016 年年末，我国至少存在 610 种外来入侵物种，其中 50 种被列入全球 100 种最具威胁的外来入侵物种（ICUN）中。外来入侵物种每年在我国造成的直接经济损失高达 170 亿美元，同时严重破坏了我国多种生态系统及生物多样性。因此，生物入侵被认为是我国最大的生物安全问题之一，近几十年来受到我国政府和学术界的高度重视。

随着外来入侵物种数量日益增多，入侵机制越来越复杂，危害面积逐步增加，防控难度日趋加大。从 21 世纪开始，我国各部委逐渐加大了对生物入侵研究的投入。国内学者也围绕入侵生物学的 3 大科学问题——入侵性、可入侵性与控制力，开展了深入细致的研究，取得了一系列创新性成果。外来入侵昆虫是我国生物入侵物种的重要组成部分，阐明其传入至成灾的发生过程与机制，研发快速高效的防控技术体系具有重要意义。因此，本章总结了近 20 年来我国在外来入侵昆虫的生物学特性、种群遗传分化、种间互作与生态适应方面取得的重要研究成果，以及在入侵昆虫早期快速检测、田间监测与高效防控技术的研发与应用方面取得的显著进展，并提出入侵昆虫学科未来发展的方向与思路。

一、入侵昆虫的基础研究

（一）生物学特性

1. 寄主范围

寄主范围的宽窄决定了昆虫到达新生境后能否找到充足的资源以满足自身生长及种群发展的需要。寄主范围广、食性杂通常是外来昆虫成功入侵的重要因素。扶桑绵

---

① Xu HG，Qiang S，Genovesi P，et al. An inventory of invasive alien species in China[J]. NeoBiota，2012，15：1-26.

粉蚧（*Phenacoccussolenopsis Tinsley*）的寄主种类包括 57 科 207 种，随着调查的深入，寄主范围还在不断扩大^①，在我国主要寄主超过 160 种^②。西花蓟马 [*Frankliniella occidentalis*（Pergande）] 也为杂食性害虫，可在 60 多个科、500 多种植物上取食。桔小实蝇（*Bactrocera dorsalis* Hendel）作为全球危害最为严重的五种实蝇之一，寄主范围也超过 250 种^③。总体来看，宽广的寄主范围促进了入侵昆虫的定殖与扩散，然而有些昆虫从原产地入侵到新的栖息地后，寄主范围反而变窄。例如，马铃薯甲虫 [*Leptinotarsa decemlineata*（Say）] 在原产地美国的寄主种类超过 20 种，但传入我国后寄主范围明显缩小，在新疆仅有 6 种，其中以马铃薯（*Solanum tuberosum* L.）最为偏好，正是由于这一食性改变，导致该甲虫入侵后对我国马铃薯产业造成毁灭性的经济损失。这可能与生态环境变化（如种植模式、气候因子等）相关，也进一步说明入侵昆虫具有较强的寄主适应性进化能力。

2. 繁殖能力

入侵昆虫通常具有较高的繁殖能力，如烟粉虱 [*Bemisia tabaci*（Gennadius）]、红火蚁（*Solenopsis invicta* Buren）、马铃薯甲虫、扶桑绵粉蚧等单雌虫产卵量可达几百上千头。除此之外，生殖方式多样化也是其成功入侵并快速扩张的重要因素，多种入侵昆虫兼具两性生殖与孤雌生殖两种模式，如扶桑绵粉蚧、西花蓟马。稻水象甲（*Lissorhoptrus oryzophilus* Kuschel）雌虫在原产地主要选择两性生殖，而入侵我国后，所有雌性个体均为孤雌生殖，这极大地加快了其在我国的定殖与扩散。不同昆虫雌虫交配次数不同，在入侵过程中所起的作用也不同。多次交配雌虫能够从中获得更多的营养物质以提高其繁殖能力，如草地贪夜蛾 [*Spodoptera frugiperda*（Smith）]。然而，交配次数并非越多越好。水椰八角铁甲 [*Octodonta nipae*（Maulik）] 在交配次数达到 15 次时，其雌虫产卵量最大，卵的孵化率与种群增长率也最高，当交配次数增加至 20 次时，产卵量与孵化率都显著降低，且雄虫寿命显著缩短^④。相反，桔小实蝇雌虫则通过交配抑制（单次交配）来提高其后代数。不同的交配策略可能与入侵昆虫的资源分配权衡密切相关。还有一些入侵昆虫具有很强的后代保护能力，能在恶劣环境条件下控制自身的产卵行为直至条件改善，以保证后代的存活率。

3. 迁飞力

迁飞力强弱是决定入侵昆虫快速扩散的重要因素之一，红脂大小蠹（*Dendroctonus valens* LeConte）具有很强的迁飞能力，它在北美的飞行距离已超过每年 16km^⑤，进入

① Fand BB，Suroshe SS. The invasive mealybug *Phenacoccussolenopsis Tinsley*，a threat to tropical and subtropical agriculturaland horticultural production systems-a review[J]. Crop Protection，2015，69：34-43.

② Tong HJ，Yan AO，Li ZH，et al. Invasion biologyof the cotton mealybug，*Phenacoccussolenopsis Tinsley*：Currentknowledge and future directions[J]. Journal of Integrative Agriculture，2019，18（4）：758-770.

③ Aketarawong N，Guglielmino CR，Karam N，et al. The oriental fruitfly *Bactrocera dorsalis* in East Asia：Disentanglingthe different forces promoting the invasion and shaping the genetic make-up of populations[J]. Genetica，2014，142（3）：201-213.

④ Li JL，Zhang X，Hou YM，et al. Effects of multiplemating on the fecundity of an invasive pest（*Octodonta nipae*）：The existence of an intermediate optimal female mating rate[J]. Physiological Entomology，2014，39（4）：348-354.

⑤ Smith RH. Red turpentine beetle[*Dendroctonus valens*][J]. Forest Pest Leaflet，1971，55：8.

我国后，其飞行距离可增加至每年 35km 以上[①]。这一优势使红脂大小蠹成虫能够成功入侵到我国大部分地理区域，甚至能够翻越吕梁与太行山等屏障。草地贪夜蛾也是一种典型的迁飞型入侵害虫，每晚可飞行 100km 以上，雌成虫在产卵前的迁飞距离可达500km，这有效促进了草地贪夜蛾种群的扩散[②,③]。有报道称草地贪夜蛾成虫在 30 小时内可从美国密西西比州迁飞至加拿大南部，迁飞距离长达 1600km[④]。昆虫的迁飞能力主要由其自身条件，以及环境因子决定。例如，迁飞能力可能与温度、食物、寄主植物、种群密度及生殖状态密切相关。

（二）种群遗传分化

1. 入侵来源

明确外来昆虫的入侵来源对解析其入侵机制及制定防控策略，如早期监测预警与天敌引种等具有重要意义。然而，当前我国学者对于入侵昆虫的入侵来源分析仅集中在几种昆虫。我国 Q 型烟粉虱起源于西地中海地区，可能是摩洛哥和（或）西班牙，而非东地中海地区[⑤]。分布在我国西北与东北地区的苹果蠹蛾 [*Cydia pomonella*（L.）] 的遗传结构具有明显差异，推测其入侵来源可能不同。Men 等[⑥] 和 Li 等[⑦] 发现西北地区与东北黑龙江的苹果蠹蛾可能分别来源于中亚与俄罗斯远东地区。王帅宇[⑧] 通过群体遗传结构分析表明，亚洲和欧洲南美斑潜蝇（*Liriomyza huidobrensis* Blanchard）种群可能起源于南美洲，而我国的三叶斑潜蝇 [*Liriomyza trifolii*（Burgess）]，除广西种群外，均可能来源于我国台湾或欧洲地区，但对于广西种群的起源地仍无法确定。红火蚁在我国的入侵来源则相对复杂，何晓芳等[⑨] 研究显示，红火蚁可能直接从靠近阿根廷的南美地区传入我国香港，并以此作为起源地传播到我国其他地区。另外的研究则表明，广东吴川的红火蚁可能起源于美国南部。Ascunce 等[⑩] 也支持我国红火蚁种群可能来源于美国南部。由此我们推测，外来入侵昆虫可能在起源地即发生种群遗传分化，因此

① 张历燕，陈庆昌，张小波，2002. 红脂大小蠹形态学特征及生物学特性研究[J]. 林业科学，2002，28（4）：95-99.

② Westbrook JK，Nagoshi RN，Meagher RL. Modeling seasonal migration of fall armyworm moths[J]. InternationalJournal of Biometeorology，2016，60（2）：255-267.

③ Roger D，Phil A，Melanie B. Fall armyworm：Impacts and implications for Africa[J]. Outlooks on Pest Management，2017，28（5）：196-201.

④ Rose AH，Silversides RH，Lindquist OH. Migration flight by anaphid, *Rhopalosiphum maidis*（Hemiptera：Aphididae），and anoctuid, *Spodoptera frugiperda*（Lepidoptera：Noctuidae）[J]. Canadian Entomologist，1975，107（6）：567-576.

⑤ Chu D，Gao CS，De Barro P，et al. Investigation ofthe genetic diversity of an invasive whitefly in China using bothmitochondrial and nuclear DNA markers[J]. Bulletin of Entomological Research，2011，101（4）：467-475.

⑥ Men QL，Chen MH，Zhang YL，et al. Genetic structureand diversity of a newly invasive 420 species，the codling moth，*Cydia pomonella*（L.）（Lepidoptera：Tortricidae）in China[J]. Biological Invasions，2013，15（2）：447-458.

⑦ Li YT，Duan XL，Qiao XF， et al. Mitochondrial DNA revealed the extent of geneticdiversity and invasion origin of populations from two separateinvaded areas of a newly invasive pest，*Cydia pomonella*（L.）（Lepidoptera：Tortricidae）in China[J]. Bulletin of Entomological Research，2015，105（4）：485-496.

⑧ 王帅宇. 几种入侵斑潜蝇线粒体全基因组序列分析及种群分化研究[D]. 北京：中国农业科学院，2010.

⑨ 何晓芳，陆永跃，张维球，et al. 入侵我国红火蚁的三种单倍型[J]. 昆虫学报，2006，49（6）：1046-1049.

⑩ Ascunce MS，Yang CC，Oakey J，et al. Global invasionhistory of the fire ant *Solenopsis invicta*[J]. Science，2011，331（6020）：1066.

起源与入侵种群的遗传结构和（或）多样性密切相关。

2. 入侵路径

入侵路径研究也是制定害虫管理策略的基础，并对入侵昆虫的风险评估具有重要意义。遗传结构分析发现，B 型与 Q 型烟粉虱均可能通过多次入侵事件进入我国。而我国红棕象甲（*Rhynhophorus ferrugineus* Fabricius）种群既可能来源于多次入侵事件，也可能来源于同一事件中多个单倍型的入侵。据推测，入侵非洲和夏威夷的桔小实蝇种群由南亚种群单一入侵而来，且南亚可能也是其他亚洲种群的来源地[①]。然而，桔小实蝇向北入侵进入我国华中地区则可能经历了多次、反复入侵过程，这可能与水果贸易相关。除此之外，入侵路径与种群定殖后的扩散分布也密切相关。邵敬国等[②]研究表明，红火蚁在我国广泛的地理分布可能与其多次入侵事件有关。苹果绵蚜 [*Eriosoma lanigerum*（Hausmann）] 已在我国多个地区发生，而其传播扩散途径仍不明确，已有研究表明，近期在新疆建立的苹果绵蚜种群可能并非由我国北方的"超级群体"传入，而是具有多个传入来源[③]。以上证据显示，我国入侵昆虫的传入扩散途径是复杂多样的，仍有很多昆虫的入侵路径尚不明确，直接制约了我国对入侵昆虫早期预警与风险分析策略的制定。

（三）种间互作

1. 竞争取代

昆虫之所以能够成功入侵到世界各地并造成严重危害，与其强有力的竞争能力息息相关，如资源竞争、干涉竞争等。研究表明，入侵 B 型烟粉虱与本地温室粉虱 [*Trialeurodes vaporariorum*（Westwood）] 相比具有更高的有毒植物次生物质降解能力，其有利于 B 型烟粉虱对寄主资源的利用，从而竞争取代温室粉虱种群。在我国大陆地区，无论在个体水平还是群体水平上，红火蚁与绝大多数本地蚂蚁相比，均表现出竞争优势，如限制土著蚂蚁利用蜜露资源，限制其觅食行为与活动，同时自身表现出更快速的食物搜索与募集能力。除资源获取、搜寻与抢夺等方面，资源变质也是入侵昆虫资源利用竞争的重要方式，它通过降低或改变现有资源质量限制其他物种（如天敌昆虫）的生长发育，从而提高自身竞争力[④]。除了资源竞争外，干涉竞争也是入侵种成功取代本地种的关键，如格斗干涉、生殖干涉等。我国学者发现，当入侵 B 型烟粉虱与土著烟粉虱处于同一生态位时，会发生"非对称交配互作现象"，即雄性 B 型烟粉虱能干扰土著烟粉虱的交配，反之则没有影响，这一现象显著加快了入侵烟粉虱的竞争取代速度。

2. 协同互作

① Qin YJ, Krosch MN, Schutze MK, et al. Population structure of a global agricultural invasive pest, *Bactrocera dorsalis*（Diptera: Tephritidae）[J]. Evolutionary Applications, 2018, 11（10）: 1990-2003.

② 邵敬国，罗礼智，陈浩涛，等，应用多元 PCR 技术对我国红火蚁社会型的鉴定[J]. 昆虫学报，2008，51（5）：551-555.

③ Zhou HX, Zhang RM, Tan XM, et al. Invasion genetics of woolly apple aphid（Hemiptera, Aphididae）in China[J]. Journal of Economic Entomology, 2015, 108（3）: 1040-1046.

④ Feng DD, Michaud JP, Li P, et al. The native ant, *Tapinoma melanocephalum*, improves the survival of an invasivemealybug, *Phenacoccus solenopsis*, by defending it from parasitoids[J]. Scientific Reports, 2015, 5: 15691.

（1）与病毒的协同互作：作为病毒传播的媒介昆虫，B 型烟粉虱参与了双生病毒的复制、转运与传播，而病毒则增强了烟粉虱在寄主植物上的生存表现。与本地烟粉虱 Asia Ⅱ 3 相比，B 型烟粉虱在感染中国番茄曲叶病毒（*tomato yellow leaf curl China virus*，TYLCCNV）与烟草曲茎病毒（tobacco curlyshoot virus，TbCSV）的寄主上取食时，其繁殖力与寿命显著增加。随后，我国学者发现，TYLCCNV 可能是通过抑制茉莉酸介导的寄主植物防御反应，从而间接地使 B 型烟粉虱受益，如 TYLCCNV 中的 βC1 蛋白能够抑制植物萜类物质的合成。取食带毒植物的 B 型烟粉虱体内氧化磷酸化通路基因和解毒酶基因表达下调[①]。由此说明，病毒可能通过抑制植物的防御反应，从而改变入侵昆虫在"生长与防御"资源分配中的权衡。入侵昆虫用于应对植物防御的能量分配减少，间接提高了其在生存表现上的资源利用。

（2）与共生菌的协同互作：越来越多的证据表明，共生微生物促进了昆虫生物入侵的发生。肠道细菌协助红脂大小蠹释放信息素马鞭草烯酮，从而调控其入侵我国后对寄主的最适选择[②]。此外，红脂大小蠹蛀道内的共生菌还可以帮助其降解植物防御物质柚皮素，从而提高其寄主适合度。由此说明，共生菌能够有效促进入侵种寄主适应。除此之外，共生菌还参与调控入侵种与本地种之间的资源竞争。在面对红火蚁的竞争压力时，黑头酸臭蚁（*Tapinoma melanocephalum* Fabricius）肠道共生菌类群会发现相应变化，以帮助其改变营养生态位，从而避开与红火蚁竞争原本偏好的蜜露等糖类物质而偏向于取食更多的动物尸体等高蛋白食物。共生菌类型也可能与入侵昆虫的定殖与传播扩散密切相关，*Hamiltonella* 仅存在于两种入侵烟粉虱中（B 型和 Q 型）。Himler 等[③]证实，感染 *Rickettsia* 的烟粉虱产卵量增大，后代存活率增加，发育加快，以及雌性比例显著增加。这可能是由于内共生菌与烟粉虱宿主之间存在水平基因转移，从而提升了其自身代谢与营养获取的需求。

（3）与伴生菌的协同互作：昆虫伴生菌的变异可能也与其成功入侵息息相关。例如，入侵我国的红脂大小蠹伴生菌数量和种类与其北美本地种群相比具有明显差异，尤其是其伴生真菌长梗细帚霉（*Leptographium procerum*）变异形成中国独特单倍型，该单倍型对油松的致病力明显高于北美本地种的 *L.procerum* 单倍型。然而，伴生菌 *L.procerum* 对红脂大小蠹的作用并非总是正向的，它会与红脂大小蠹幼虫争夺糖类资源，从而导致幼虫生长速度减慢。而 Zhou 等[④]证实共生菌能够调节 *L. procerum* 对松醇与葡萄糖的消耗顺序，从而减轻 *L. procerum* 对红脂大小蠹幼虫的拮抗作用。研究结果表明，入侵昆虫–共生菌–伴生菌–寄主植物是一个复杂的协同互作网络，从而保证了物种之间的资源利用稳定与平衡，对入侵昆虫的定殖与扩张具有重要意义。

---

①　Luan JB，Wang YL，Wang J，et al. Detoxificationactivity and energy cost is attenuated in whiteflies feeding on *Tomato yellow leaf curl China virus*-infected tobacco plants[J]. Insect Molecular Biology，2013，22（5）：597-607.

②　Xu L，Lou Q，Cheng C，et al. Gut associated bacteria of *Dendroctonus valens* and their role in verbenone pheromone-production[J]. Microbial Ecology，2015，70（4）：1012-1023.

③　Himler AG，Adachi-Hagimori T，Bergen JE，et al. Rapid spread of a bacterial symbiont in aninvasive whitefly is driven by fitness benefits and female bias[J]. Science，2011，332（6026）：254-256.

④　Zhou FY，Lou QZ，Wang B，et al. Altered carbohydrates allocation by associated bacteria-fungiinteractions in a bark beetle-microbe symbiosis[J]. Scientific Reports，2016，6：20135.

（4）与其他物种的协同互作：一些外来入侵昆虫自身，以及与本地昆虫及其他入侵昆虫也可能具有协同互作效应，如红火蚁工蚁之间的相互清洁行为能显著提高其自身的存活率。松材线虫幼虫分泌的蛔甙（ascarosides）既能加快松墨天牛（*Monochamus alternatus* Hope）的发育进程，又能吸引自身幼虫进入天牛气门，从而促进其种群扩散。红脂大小蠹和本地种黑根小蠹（*Hylastes parallelus* Chapuis）能释放共同的聚集信息素而产生协同危害，且它们具有不同的取食分布，避免了资源竞争[①]。入侵种扶桑棉粉蚧与红火蚁，以及黑头酸臭蚁也具有协同互作的关系。扶桑棉粉蚧为红火蚁和黑头酸臭蚁提供蜜露资源，红火蚁与黑头酸臭蚁则通过抑制或削弱天敌减少其对扶桑棉粉蚧的寄生或捕食。此外，红火蚁还能缓解其他植食性昆虫，如美洲棘蓟马（*Echinothrips americanus* Morgan）与扶桑棉粉蚧的竞争。

（四）生态适应

1. 温度适应性

随着全球气候变暖的加剧，温度胁迫成为昆虫成功定殖的关键屏障，而入侵昆虫通常具有较强温度适应能力，如 B 型烟粉虱与红火蚁均具有很强的高温适应力与热激耐受性，推测可能与热抗性基因的表达变化相关，而烟粉虱、苹果绵蚜和扶桑棉粉蚧等的耐寒能力很强，能在我国大部分地区安全越冬。有些昆虫还能通过滞育现象有效提升自身对极端高低温的适应性，如稻水象甲、苹果蠹蛾与马铃薯甲虫等。另外，昆虫不同龄期的温度适应策略也不相同，如桔小实蝇，其卵对高温具有较高耐受性，而蛹期，尤其是越冬前期对低温的适应性更强，且幼虫的寄主植物可影响其后代抗寒力，这一温度适应机制可能与其体内氧化还原酶、抗氧化酶等密切相关。有趣的是，同种昆虫不同地理种群的温度适应性也可能不同，如红棕象甲在上海与福州的温度适应阈值及最适生长温度均具有明显差异[②]。

2. 抗药性

20 世纪 90 年代末，我国农药行业进入高速发展阶段[③]。大量农药的使用导致入侵昆虫产生严重的抗药性，如马铃薯甲虫、桔小实蝇等。入侵昆虫抗药性进化可能与其解毒代谢增强、敏感性下降、消化代谢增强等有关。抗药性增强还可促进物种之间的竞争替代，入侵烟粉虱（B 型和 Q 型）的抗药性明显高于本地粉虱，促进了其对本地粉虱的竞争替代。其中，Q 型烟粉虱的抗药性明显高于 B 型烟粉虱，室内与大田试验均证实，杀虫剂的广泛使用加快了入侵 Q 型烟粉虱在我国对 B 型烟粉虱的竞争替代。

3. 其他适应性

外来昆虫入侵到新环境，很可能面对食物不充足的情况，抗饥饿能力可能是影响其种群成功定殖的重要因素。在剥夺食物资源的情况下，扶桑棉粉蚧若虫可存活 5 天

---

① 吴建功，赵明梅，张长明，等 . 红脂大小蠹对油松的危害及越冬前后干、根部分布调查[J]. 中国森林病虫，2002，21（3）：38-41.

② Peng L, Miao YX, Hou Y. Demographic comparison andpopulation projection of *Rhynchophorus ferrugineus*（Coleoptera：Curculionidae）reared on sugarcane at different temperatures[J]. Scientific Reports，2016，6：31659.

③ Pan XL, Dong FS, Wu XH, et al. Progress ofthe discovery, application, and control technologies of chemicalpesticides in China[J]. Journal of Integrative Agriculture，2019，18（4）：840-853.

左右，成虫存活的时间更长，平均可达 9 天，且饥饿 4 天对其成虫繁殖力没有显著影响 [1]，这一适应性促进了扶桑棉粉蚧的成功定殖与扩散。桔小实蝇对湿度的适应范围较宽，干燥不会影响其幼虫化蛹，且蛹比幼虫的湿度耐受性更强，可以在 10% ~ 60% 的湿度范围内存活和发育 [2]。不同地理种群的稻水象甲对水稻耕作制度（如水肥管理）的适应性并不相同，在美国，延迟水稻浸水时间可以减少稻水象甲卵的沉积，从而减轻危害，但入侵我国后，并未发现这一现象，反而是苗期施氮量对稻水象甲繁殖具有显著影响。

二、入侵昆虫的应用研究

（一）检验检疫

口岸检验检疫是预防外来生物入侵的第一道防线，而开发快速检测识别技术是提高检验检疫效率的关键。有研究人员获得一对特异性 CO Ⅰ 引物，其能够从 21 种近缘种中快速、灵敏地鉴定出木薯绵粉蚧（*Phenacoccus manihoti* Matile-Ferrero）[3]。张桂芬等 [4] 采用特异性聚合酶链反应（SS-PCR）技术，获得一对特异性引物，可用于美洲斑潜蝇 [*Liriomyza sativae*（Blanchard）] 的快速识别与鉴定。利用 CO Ⅱ TS1 与间接酶联免疫吸附试验（ELISA）方法同时鉴定三叶斑潜蝇发现，以 CO Ⅰ 作为条形码序列鉴定效果更好，而 ELISA 方法更适用于样本量较大的田间样品。当前，基因组学与分子生物学技术的快速发展，为入侵物种的快速鉴定提供了更有力的数据支撑，有效促进了 CO Ⅰ、特异序列扩增区域（SCAR）分子标记、小沟结合物（MGB）探针，以及 DNA 芯片等一系列分子鉴定技术的开发与应用。

（二）农业防治

入侵昆虫的农业防治措施包括调整寄主作物种植期，选择不敏感作物轮作，清除作物残茬，进行合理水肥管理，以及选择抗性作物品种等。例如，选择适宜的马铃薯种植期与非寄主作物轮作能够提高马铃薯甲虫越冬成虫的死亡率与延长越冬成虫的出现时间。郭利娜等 [5] 研究也证实，第一代马铃薯甲虫幼虫在轮作马铃薯田的密度仅为连作马铃薯田的 29% ~ 84%（平均 65%）。水旱作物轮作也能有效控制稻水象甲危害，且轮作面积越大防效越好。水肥管理策略对不同入侵昆虫的影响也不相同，Bi 等 [6] 证实过量施用氮肥将显著增加烟粉虱种群数量，从而加剧危害。然而，增加施肥却能通过

① 郑婷，崔旭红，汪婷，等 . 饥饿对扶桑棉粉蚧存活率和产卵量的影响[J]. 生物安全学报，2011，20（3）：239-242.

② Hou B，Xie Q，Zhang R. Depth of pupation and survival of the Oriental fruit fly，*Bactrocera dorsalis*（Diptera：Tephritidae）pupae at selected soil moistures[J]. Applied Entomology and Zoology，2006，41（3）：515-520.

③ Wang YS，Tian H，Wan FH，et al. Species-specific COIprimers for rapid identification of a globally significant invasivepest，the cassava mealybug *Phenacoccus manihoti* Matile-Ferrero[J]. Journal of Integrative Agriculture，2019，18（5）：1042-1049.

④ 张桂芬，刘万学，郭建英，等 . 美洲斑潜蝇 SS-PCR 检测技术研究[J]. 生物安全学报，2012，21（1）：74-78.

⑤ 郭利娜，郭文超，吐尔逊，等 . 寄主对马铃薯甲虫飞行能力的影响[J]. 新疆农业科学，2011，48（5）：853-858.

⑥ Bi JL，Lin DM，Li KS，et al. Impact of cotton plantingdate and nitrogen fertilization on *Bemisia argentifolii* populations[J]. Insect Science，2005，12（1）：31-36.

提高植物抗性而减少马铃薯甲虫危害。

（三）化学防治

1. 化学农药

随着社会经济的发展，以及可持续生态环境建设的迫切需求，越来越多的对环境友好的病虫害防治措施逐步出现，但化学农药依然是最经济有效的技术手段之一。筛选低毒高效的药剂是科学用药的基础。我国学者针对多种入侵昆虫进行了化学农药筛选与控制效应评估，并将相关结果逐步运用于生产实践。例如，在实验室和田间条件下，评估了氟磺胺、吡虫啉与毒死蜱等多种杀虫剂对红火蚁的防治效果，随后发现，亚致死剂量的吡虫啉能够显著降低红火蚁蚁后生殖能力，从而导致成年工蚁和蛹的出现时间显著推迟，对蚁巢早期的建立有很大影响。基于红火蚁的社会性特征，毒饵也是控制其危害的有效手段，黄田福等[1]发现将毒饵与接触性杀虫剂结合，可大规模杀灭94%的红火蚁种群。此外，我国学者还成功筛选出了多种高效、低毒的新烟碱类杀虫剂，如乙酰胺类和吡虫啉类杀虫剂，通过拌种或喷施方法能够有效控制马铃薯甲虫的越冬成虫或第一代幼虫。刘中芳等[2]研究发现，240g/L氟啶虫胺腈悬浮剂5000倍液对苹果绵蚜持续控制效果较好，适用于绵蚜发生盛期。欧善生等[3]发现，田间施用500倍3%的阿维菌素苯甲酸酯和45%的马拉硫磷，对红棕象甲的防治效果分别可达93.4%和84.5%，并且发现熏蒸法比其他方法更有效，推荐在野外使用[4]。

2. 植物源农药

植物源杀虫剂被看作环境友好的化学制剂，其在入侵昆虫防控中的应用越来越广泛。植物挥发物或提取物对红火蚁有较高效的毒杀或趋避作用，如非洲山毛豆与青蒿挥发物对红火蚁工蚁具有高效的毒杀作用，分别可达95%和80%[5]；辣椒与杜仲的精油提取物对红火蚁具有强烈的趋避效应。杠柳毒苷对红火蚁也具有很高的控制活性，可对其中肠上皮细胞造成严重伤害。油松释放的(＋)-3-蒈烯是红脂大小蠹的最佳引诱剂，目前在我国各红脂大小蠹入侵地区，（＋)-3-蒈烯已成功应用于红脂大小蠹的诱集防控。植物源农药虽然具有对环境污染小、抗药性产生难、成本低等特点，但仍存在效应缓慢、控制范围狭窄、残效期短、稳定性较差，以及易受到环境因素制约等劣势，这直接限制了其在生产实践中的广泛应用。

（四）生物防治

---

① 黄田福，熊忠华，曾鑫年. 15 种杀虫剂对红火蚁工蚁的触杀活性研究[J]. 华南农业大学学报，2007，28（4）：26-29.

② 刘中芳，张鹏九，郭晓君，等. 240 g/L 氟啶虫胺腈悬浮剂防治苹果绵蚜田间药效试验[J]. 山西农业科学，2016，44（10）：1526-1528.

③ 欧善生，谢恩倍，谢彦洁，等. 不同药剂对红棕象甲的防治效果研究[J]. 安徽农业科学，2009，37（36）：18005-18006.

④ 刘丽，阎伟，魏娟，等. 红棕象甲幼虫化学防治研究[J]. 热带作物学报，2011，32（8）：1545-1548.

⑤ Zhang N，Tang L，Hu W，et al. Insecticidal, fumigant, and repellent activities of sweet wormwood oil and its individual components against redimported fire ant workers（Hymenoptera: Formicidae）[J]. Journal of Insect Science，2014，14（1）：201-204.

1. 天敌昆虫

在我国，入侵昆虫的生物防治研究也取得了一系列重要的进展，如烟粉虱、椰心叶甲 [*Brontispa longissima*（Gestro）]、桔小实蝇等。据统计，烟粉虱在我国的寄生性与捕食性天敌分别有 56 种与 54 种[①]，其中 10 余种寄生性与捕食性天敌目前已商品化应用。天敌对烟粉虱的控制效应通常不是由单一天敌种类所决定，不同天敌间通常形成复杂的协同互作网络。例如，海氏桨角蚜小蜂 [*Eretmocerus hayati*（Zolnerowich & Rose）] 与浅黄恩蚜小蜂 [*Encarsiasophia*（Girault & Dodd）] 联合释放，可以有效增强控制效应。另外，丽蚜小蜂（*Encarsiaformosa* Gahan）、浅黄恩蚜小蜂与异色瓢虫 [*Harmonia axyridis*（Pallas）] 联合释放，以及东亚小花蝽 [*Oriussauteri*（Poppius）] 与丽蚜小蜂联合释放均能够显著增强它们对烟粉虱的控制效应。除此之外，天敌昆虫的联合释放也应用于其他昆虫中，以提升控制效应。吴正伟等[②] 研究表明，赤眼蜂和周氏啮小蜂（*Chouioiacunea* Yang）联合释放能够有效防治苹果蠹蛾。但椰心叶甲的生物防治比较例外，当前，椰心叶甲啮小蜂（*Tetrastichus brontispae* F.）与椰甲截脉姬小蜂（*Asecodes hispinarum* Bouček）已经成功工厂化生产及田间释放应用，其单一释放的寄生率分别可达 100% 与 90%，但是同时寄生效率并不稳定[③]，两种寄生蜂之间是否存在寄生干涉及其机制还有待进一步研究。

2. 昆虫病原微生物

白僵菌（*Beauveria bassiana*）与绿僵菌（*Metarhizium anisopliae*）是常见的昆虫病原真菌，并被逐步应用于入侵昆虫的生物防治。室内实验证实，白僵菌对桔小实蝇成虫、稻水象甲成虫与烟粉虱若虫表现出较高毒力。白僵菌控制稻水象甲的大田实验也开始进行[④]。绿僵菌也被逐步应用于椰心叶甲、稻水象甲、水椰八角铁甲等的生物防治。我国学者对椰心叶甲的高效绿僵菌菌株进行了筛选，并研发出大量生产技术及制剂类型，大田实验显示，施用绿僵菌 1 周后，椰心叶甲的死亡率可达 80%[⑤]。除此之外，还有多种昆虫病原微生物在我国开展应用，刘晓燕等[⑥] 从红火蚁工蚁上分离获得一株淡紫色拟青霉菌 [*Paecilomyces lilacinus*（Thom）Samson]，其对红火蚁工蚁的致死率可达 70%，但长期持续控制效应并不稳定，可能由于协同进化导致红火蚁防御体系的形成。粉虱座壳孢（*Aschersonia aleyrodis*）、蜡蚧轮枝菌（*Verticillium lecanii*）及玫烟色棒束孢（*Isaria fumosorosea*）对烟粉虱也有较好的防治效果。昆虫病原线虫也是一种极具潜力的昆虫致病微生物，小卷蛾斯氏线虫（*Steinernema carpocapsae*）能够抑制水椰八角铁甲的细

① Li SJ, Xue X, Ahmed MZ, et al. Host plants and natural enemies of *Bemisia tabaci*（Hemiptera：Aleyrodidae）in China[J]. Insect Science, 2011, 18（1）：101-112.

② 吴正伟, 杨雪清, 张雅林. 生物源农药在苹果蠹蛾防治中的应用[J]. 生物安全学报, 2015, 24（4）：299-305.

③ Lu BQ, Peng ZQ. Coconut leaf beetle *Brontispa longissima* Gestro//Wan FH, Jiang MX, Zhan AB（eds.）. Biological Invasions and Its Management in China[M]. The Netherlands：Springer Press, 2017：229-243.

④ 徐进, 杨茂发, 狄雪塬, 等. 球孢白僵菌 YS03 菌株对稻水象甲的田间防治效果[J]. 西南农业学报, 2015, 28（4）：1630-1633.

⑤ 秦长生, 徐金柱, 谢鹏辉, 等. 绿僵菌相容性杀虫剂筛选及混用防治椰心叶甲[J]. 华南农业大学学报, 2008, 29（2）：44-46.

⑥ 刘晓燕, 吕利华, 何余容. 自然寄生红火蚁病原真菌的分离、鉴定及其对红火蚁的致病力[J]. 中国生物防治, 2010, 26（3）：373-377.

胞免疫，可作为一种极具潜力的生物防治剂。夜蛾斯氏线虫（*Steinernema feltiae*）与异小杆线虫（*Heterorhabditis bacteriophora*）分别对稻水象甲幼虫与成虫具有高致死力。然而，受温度、湿度等环境因素的制约，病原微生物对昆虫的田间防治效果通常较慢，且不稳定，在大田应用中通常需要与其他物质联合使用，才能发挥其控制效应。近年来的研究表明，玫烟色棒束孢与噻虫嗪或吡虫啉、白僵菌与非离子表面活性剂联合使用对控制烟粉虱具有协同增效作用。樊江斌等[①]发现添加低剂量的氧化铁，能够显著增强和提升颗粒体病毒在田间的活性与持久性，从而提高其对苹果蠹蛾的控制效果。其外，颗粒体病毒与线虫混合或轮换使用对于防治苹果蠹蛾具有明显效应。

三、发展方向

综上所述，近年来我国学者在外来入侵昆虫研究领域取得了一系列重要进展，尤其是在解析入侵昆虫生物学特性、生态适应性进化、昆虫种内/间的竞争互作机制方面取得重大突破，同时对于入侵昆虫的综合防控技术研发也逐步深入。尽管如此，我国生物入侵防控发展仍然任重道远。习近平总书记指出要将生物安全纳入国家安全体系，其中外来生物入侵是生物安全领域的重要组成部分。为此，我国政府成立了专门的部门，从政策研究、法律法规体系建设及项目设置等方面，指导和支持我国生物入侵研究的发展，以及防控策略的制定。在此大背景下，也在全球经济一体化、农业结构调整及全球气候变化等因素的影响下，我国生物入侵研究，尤其是入侵昆虫研究将迈入一个全新的时代，未来的发展方向主要包括以下 3 个方面。

（1）基于多层次、多维度的生态因子，如景观生态因子、区域生态因子及全球生态因子（如全球气候变化），解析其对外来物种传入、定殖、扩散的影响，这将有利于制定各国之间、地区之间、省市之间入侵昆虫传入与扩散的早期预警与风险分析策略，也能进一步明确外来入侵昆虫的遗传分化特性、生态适应机制，以及种群扩张行为与机制等。

（2）新一代测序技术和生物信息学的发展加速了昆虫基因组的研究，这不仅有助于解决学术界广泛关注的种群遗传和进化生态等问题，也促进了我们对害虫适应性和致害性变异机制更新更全的认识，为害虫治理提供了新的机遇和挑战。当前，入侵昆虫的基因组测序研究也日益发展，截至 2018 年 12 月，已有 67 种入侵昆虫完成了基因组测序[②]，如苹果蠹蛾、烟粉虱等。这为我们解析害虫的入侵机制，开发新型防控技术提供了新的思路和研究方向。一是可以利用全基因组重测序方法弥补分子标记技术遗传信息不全的缺点，全面深入地解析入侵昆虫的遗传结构与分化特征，从而明确其入侵来源与路径。二是从全基因组层面，利用 RNAi 或 CRISPR-Cas9 等分子生物技术解析入侵昆虫－植物互作、入侵昆虫抗药性，以及入侵昆虫发育、繁殖及免疫的分子机制等，从而为抗性育种、抗药性治理，以及行为调控提供数据支撑。

（3）抗药性的快速发展导致化学农药的控制效应逐步降低，而天敌昆虫、病原微

---

① 樊江斌，吴正伟，刘国锋，等 . 一种增强苹果蠹蛾颗粒体病毒田间防效方法的建立 [J]. 生物安全学报，2015，24（4）：310-314.

② 黄聪，李有志，杨念婉，等 . 入侵昆虫基因组研究进展[J]. 植物保护，2019，45（5）：112-120，134.

生物及生物农药受环境因子制约通常田间应用效应也较低。因此，开发新型友好的入侵昆虫防治技术，如遗传调控、生物农药基因改造等，是未来入侵昆虫治理的发展趋势。近年来，基于基因组大数据的支持，遗传调控技术在害虫防治方面取得了一定进展，在入侵昆虫防治方面也展现出良好前景。在全基因组范围内筛选昆虫生长发育的关键基因，采用性别控制开关，通过遗传转化手段改变自然种群性别，从而实现种群数量逐步下降。生物农药基因改造方面，可利用 RNAi 技术改造微生物农药，将害虫的靶标基因 dsRNA 表达元件转入微生物（如 Bt）中，构建具有 RNAi 杀虫活性的微生物。

　　随着全球经济发展，入侵生物扩散速度越来越快，扩散途径更加复杂。传统的物理或化学诱集监测无法精准快速地获取信息，使早期预警与风险分析的准确性受到限制。未来应该充分利用物联网、大数据等现代信息技术，如整合卫星遥感数据、无人机遥感数据、物联网观测数据、地面调查数据、气象数据、环境数据等多源数据，基于 AI 数据处理，构建实时监测、早期预警、预测预报和应急防控指导等综合智能信息化平台，从而全面提高害虫监测预警的准确性和时效性。

（福建农林大学　彭　露　侯有明）

（中国农业科学院　万方浩）

第二十八章
我国外来生物入侵防控现状、问题和对策

随着全球经济一体化，国际贸易、跨国旅游业等快速发展，外来生物入侵已成为当前全球性的问题，对各国生态环境和农业发展造成了重大负面影响，被认为是 21 世纪五大全球性环境问题之一，开展外来生物入侵防控已是全球各国政府关注的主要环境问题和工作重心之一[1]。Elton[2]提出生物入侵的概念：非本地生物物种由于人为因素有意或无意进入新的区域建立其种群并可持续生存，且进一步扩散到其他区域的过程。我国学者也对外来生物入侵进行了定义，认为广义上的外来入侵生物物种见于所有类群，狭义的外来入侵生物指害虫、害螨、病原真菌、病原原核生物（包括细菌、植原体和螺原体）、病毒类（包括病毒和类病毒）、杂草、线虫和软体动物等。总的来说，入侵生物一般具有较强的繁殖能力、适应环境能力和扩散能力，而且在新入侵区域缺乏天敌，因而生长扩展迅速，从而影响本地物种的生存。

近年来，我国已成为世界上遭受生物入侵危害最为严重的国家之一，生物入侵对我国生态环境和农业生产造成了极大危害，并且还在随着气候变化、国际贸易等的发展不断加剧。加拿大一枝黄花（*Solidago canadensis* L.）、空心莲子草[*Alternanthera philoxeroides*（Mart.）Griseb.]、豚草[*Ambrosia artemisiifolia*（L.）]、烟粉虱（*Bemisia tabaci Gennadius*）、福寿螺（*Pomacea canaliculata* Spix）、松材线虫[*Bursaphelenchuhxylophilus*（Stei-ner & Buhrer）Nickle]等重大入侵杂草、病虫害已成为公众熟知的入侵物种，给我国造成严重的经济、社会和生态危害，它们不仅导致农林渔牧业生产遭受损失、生物多样性丧失、区域自然景观和生态环境被破坏、生态系统退化，甚至威胁人类健康及社会安全稳定[3]。

为防止外来生物入侵，保护生态环境和生物多样性，国际组织与全球主要发达国家纷纷研究并制定了相应的对策，采取多种办法管理外来物种，包括物种引进的风险管理、传播的监测预警和处置等，实施了适合本国应对外来生物入侵的防控措施，取

---

① 赵彩云. 中国国际贸易往来中的"外来客"[J]. 世界环境, 2016, （S1）：84, 85.

② Elton CS. The ecology of invasions by animals and plants[M]. London：Chapman and Hall, 1958.

③ Walsh JR, Carpenter SR, Vander ZMJ. In-vasive species triggers a massive loss of ecosystem servicesthrough a trophic cascade[J]. Proceedings of the National Acad-emy of Sciences, 2016, 113（15）：4081-4085.

得了较好的生态和经济效益 ①。我国也需要客观理性地借鉴国际先进经验，加强管理，严加防控，保障国家生态安全。本章对外来生物入侵防控进行系统梳理，探讨我国生物入侵的现状和面临的问题，并总结导致这些问题的主要原因，进而提出适合我国的生物入侵防治建议，以期为我国的生物入侵防控工作提供参考。

一、外来生物入侵的发生及防控

据估计，全球外来生物入侵造成的损失每年高达 1.4 万亿美元，接近全球国民生产总值（GNP）的 5%②。数据表明，美国外来入侵物种种类超过 50 000 种，其中 73% 的杂草属外来物种，扩散面积超过 0.4 亿公顷，且以每年 8% ~ 20% 的速度增加，仅入侵杂草每年就造成 234 亿美元的经济损失，外来生物入侵造成的损失总计达 1380 亿美元③；澳大利亚 6 种外来入侵杂草每年造成的经济损失达 1.05 亿美元；菲律宾的福寿螺每年给水稻生产造成的经济损失达 2800 万 ~ 4500 万美元；南非和印度每年遭受生物入侵造成的经济损失分别达 1200 亿和 980 亿美元④。

外来生物入侵作为全球性问题已经引起国际组织和世界各国的广泛关注，从 20 世纪 50 年代开始，国际组织如世界自然保护联盟（International Unionfor Conservation of Nature，IUCN）、国际海事组织（International Maritime Organization，IMO）、环境问题科学委员会（Scientific Committee on Problems of the Environment，SCOPE）、国际应用生物科学中心（Centerfor Agriculture and Bioscience International，CABI）等就开始通过制定国际公约、协议，成立联合管理机构等方式来预防和管理外来物种。目前，已通过 40 多项国际公约、协议和指南，如《实施卫生与植物卫生措施协议》《生物多样性公约》《国际植物保护公约》《贸易技术壁垒协议》《全球入侵物种计划》（*Global Invasive Species Programme*，GISP）等。同时，还建立了 80 余个外来生物入侵的重要信息数据库和网站，为制定外来生物入侵的最佳预防与管理策略提供了技术指导，为制定防控外来生物入侵的全球对策、组织实施国际合作项目研究和公众教育等方面提供了平台和支撑⑤。

大多数国家特别是发达国家高度重视外来生物入侵防控工作，制定了相关法律法规，并投入大量财政用于外来生物入侵的防控工作及研究。美国先后颁布《国家入侵物种法（1996）》《入侵物种法令（1999）》，2016 年美国再次成立了国家入侵物种委员会，协调全国的外来生物入侵防控工作，联邦政府投入 23 亿美元，用于国内预防、控制和根除外来入侵物种。美国农业部收集了全球 3000 余种有害生物信息，实现了全国范围内的限制性信息开放和共享。美国联邦政府每年都会编制巨额预算用于入侵生

① Holden MH，Nyrop JP，Ellner SP. The econom-ic benefit of time-varying surveillance effort for invasive species management[J]. Journal of Applied Ecology，2016，53：712-721.

② 吴金泉，Smith MT. 发达国家应战外来入侵生物的成功方法[J]. 江西农业大学学报，2010，32（5）：1040-1055.

③ Johnson R，Crafton RE，Upton HF. Invasivespecies：major laws and the role of selected federal agencies[M]. Washington：Congressional Research Servic，2017.

④ Pimentel D. Biological invasions：economic and envi-ronmental costs of alien plant，animal，and microbe species[M]. Boca Raton：CRC press，2014.

⑤ 万方浩，谢丙炎，褚栋. 生物入侵：管理篇[M]. 北京：科学出版社，2008.

物防控，如仅防控密西西比河泛滥成灾的亚洲鲤鱼的预算就高达 190 亿美元。澳大利亚制定了《生物安全法（2015）》《澳大利亚杂草战略（2017—2027）》《澳大利亚有害动物战略（2017—2027）》，强化对生物入侵防控的领导和管理，推动生物入侵科学研究工作。欧盟于 2013 年重新修订了《欧盟入侵物种法案》。日本于 2004 年颁布《入侵物种法案》，2010 年 3 月发布了包括 97 种生物的外来入侵生物名录[①]。一些发展中国家如印度、泰国、马来西亚、南非等也成立了由国家农业委员会（理事会）牵头的专门机构，统一管理入侵物种问题。总之，发达国家外来生物入侵防控工作的总体机制、法律法规体系和财政投入优于发展中国家，但也存在预防预警不及时、响应滞后等问题。

二、我国外来生物入侵总体状况

对 124 个国家 1300 余种入侵生物的对比分析表明，我国是遭受生物入侵威胁最大和损失最为严重的国家之一[②]。我国外来植物的入侵地点主要分布于东南沿海地区，其次为西南地区和辽东半岛。外来植物入侵和扩散过程受人类活动的影响最为显著，甚至突破一些自然条件的限制。近年来，网购热、宠物热、不规范放生活动等新情况的出现，使得外来生物入侵途径更加多样化、复杂化，监管和防控工作难度进一步加大，防控形势更加严峻[③]。

根据我国农业部门的初步调查总结，目前我国外来生物入侵的严峻形势主要存在下述 3 个特点。

（一）入侵生物种类多

我国疆域辽阔，生态系统类型多，生态脆弱带分布广泛，极易遭受生物入侵、定殖，从脊椎与无脊椎动物、陆生与水生植物、海洋与淡水生物到动植物细菌和真菌等，各种类型的生物入侵均有发生。截至 2018 年年底，我国的外来入侵生物有近 800 种，已确认入侵农林生态系统的有 638 种，其中动物 179 种、植物 381 种、病原微生物 78 种。大面积发生和危害严重的重大入侵生物多达 120 余种。在国际自然保护联盟公布的全球 100 种最具威胁的外来入侵生物中，我国有 51 种。近 10 年，我国新入侵生物有 55 种，是 20 世纪 90 年代前入侵物种新增频率的 30 倍之多，且该趋势还在不断增加[④]。同时，为了水产养殖和经济发展的需要，近 30 年我国许多地区先后从国外引进了上百种外来水生生物，如罗非鱼（*Oreochromis* spp.）、豹纹脂身鲇（*Pterygoplichthys pardalis*）、大口黑鲈（*Micropterus salmoides*）等，许多物种在带来经济利益的同时也对我国的水生生态系统造成了严重的影响和危害，随着养殖逃逸及其自我扩散，部分物种已成为

①　王运生，肖启明，万方浩，等.日本《外来入侵物种法》及对我国外来物种管理立法和科研的启示[J].植物保护，2007，33（1）：24-28.

②　万方浩，郭建英，王德辉.中国外来入侵生物的危害与管理对策[J].生物多样性，2002，10（1）：119-125.

③　Shackleton RT, Shackleton CM, Kull CA. The role of invasive alien species in shaping local livelihoods and human well-being：a review[J]. Journal of Environmentalmanagement，2019，229：145-157.

④　冼晓青，王瑞，郭建英，等.我国农林生态系统近 20 年新入侵物种名录分析[J].植物保护，2018，44（5）：168-175.

华南地区水域的入侵种[①]。

（二）入侵生物分布范围广

我国 31 个省（自治区、直辖市）均有入侵生物危害，半数以上县域都有入侵物种分布，涉及农田、森林、水域、湿地、草地、岛屿、城市居民区等几乎所有的自然或人工生态系统。全国外来生物入侵发生面积超过 0.25 亿公顷，其中 80% 以上的入侵生物出现在农田等人为干扰频繁的环境中。据调查，河北、江苏、广东、海南、云南等省的入侵生物数量均在 200 种以上，云南最为严重（288 种）；宁夏、西藏、甘肃、内蒙古等省（自治区）的入侵生物数量相对较少，宁夏最少（77 种）；在沿边沿海地区，天津、山东、福建、广西等 12 个省（自治区、直辖市）入侵生物首次发现比例高达 74.6%。入侵生物更是扩散到了青藏高原腹地，2009 年印加孔雀草（*Tagetesminuta* L.）在西藏米林县第一次被发现，2013 年已经形成较大规模的种群，近期的野外调查发现，印加孔雀草在西藏的朗县和米林县已呈暴发增长趋势[②]。由于边境贸易不断发展，我国最内陆的新疆也面临入侵生物的危害，农林外来入侵生物多达 95 种，如刺苍耳（*Xanth-ium spinosum* L.）、豚草等[③]，以前外来入侵生物大多分布在伊犁河谷、乌鲁木齐等地区，现在已经扩散至全疆各绿洲农区，每年给新疆造成的损失超过 30 亿元[④]。

（三）入侵生物危害严重

入侵生物的最大危害即可造成直接经济损失。据统计，外来入侵生物在我国每年造成直接经济损失逾 2000 亿元，其中农业损失占 61.5%[⑤]。外来入侵生物可造成农产品产量下降、品质降低、生产成本增加，如稻水象甲（*Echinocnemus squamous* Billherg）、香蕉穿孔线虫 [*Radopholussimilis*（Cobb）Thorne] 和美洲斑潜蝇（*Liriomyza sativae* Blanchard）造成相应农作物减产分别达 50%、40% 和 60% 以上，严重时甚至造成绝收[⑥]。许多国家将入侵生物问题作为非关税壁垒，限制我国农产品进入国际市场，给我国出口贸易带来了巨大的经济损失。此外，外来入侵生物还通过竞争排斥本地生物，降低了生态系统的生物多样性。外来入侵生物还会破坏当地物理、化学、水文环境等，威胁其他生物的生存，改变当地的生态系统结构，使当地生物多样性不断降低，并严重影响当地生态环境系统的各项功能。在《国际自然保护联盟濒危物种红色名录》中，约 30% 的灭绝物种是由于外来生物入侵导致的。加拿大一枝黄花导致上海地区 30

① 朱冰涛，徐猛，刘超，等 . 外来鱼类革胡子鲶与本地鲶的功能反应及生物学特性的比较[J]. 生态学杂志，2020，39（2）：567-575.

② 土艳丽，仇晓玉，罗建，等 . 西藏林芝入侵植物印加孔雀草与农作物藏青稞的竞争研究 [J]. 西藏科技，2018，308（11）：62-65.

③ 郭文超，张祥林，吴卫，等 . 新疆农林外来入侵生物的发生现状、趋势及其研究进展[J]. 生物安全学报，2017，26（1）：1-11.

④ 董合干，周明冬，刘忠权，等 . 豚草和三裂叶豚草在新疆伊犁河谷的入侵及扩散特征[J]. 干旱区资源与环境，2017，31（11）：175-180.

⑤ 马玉忠 . 外来物种入侵中国每年损失 2000 亿[J]. 中国经济周刊，2009，（21）：43-45.

⑥ 邓启明，张秋芳，周曙东 . 外来入侵物种的危害及其安全管理问题[J]. 自然灾害学报，2006，15（2）：25-31.

多种本地物种消失。云南大理洱海原产鱼类 17 种，在有意无意引入 13 个外来生物后，17 种土著鱼类中已有 5 种陷入濒危状态。在畜牧养殖方面，普通豚草和三裂叶豚草（*Ambrosia trifida* L.）所产生的花粉是引起人类花粉过敏症的主要病原，近年来导致北方地区花粉症发病率逐年上升。生物入侵还会给人类健康带来直接的负面影响，对其潜在影响范围和持续时间还有待进一步认识[①]。

三、我国已开展的主要工作

（一）制度建设

2004 年，农业部牵头成立环保、质检、林业等多部门参加的外来入侵生物防治协作组，并先后成立农业部外来入侵生物预防与控制研究中心和外来物种管理办公室。发布了《农业重大有害生物及外来生物入侵突发事件应急预案》，指导湖南省出台《湖南省外来物种管理条例》。2013 年，《国家重点管理外来入侵物种名录（第一批）》发布，其收录了 52 种对生态环境和农林业生产具有重大危害的入侵物种，包括 21 种植物、27 种动物和 4 种微生物。同期，环境保护部会同中国科学院发布 3 批《中国外来入侵物种名单》和 1 批《中国自然生态系统外来入侵物种名单》，共收录入侵物种 71 种，其中有 36 种物种和农业部门发布的名录保持一致。目前，全国人民代表大会正在研究制定生物安全法，拟将外来入侵物种防控纳入其中；农业农村部正会同生态环境部、国家林业和草原局积极推动出台《外来物种管理条例》，研究制定《国家重点管理外来入侵物种名录（第二批）》。这些工作将为全国的入侵生物防控提供法律政策基础，明确防控内容和方向。

（二）调查监测

多年来，农业部门牵头组织各省开展外来入侵物种调查，建立了我国外来入侵物种数据库，其中收录了近 1000 种外来入侵物种的数据信息；对南方 11 个省区 20 处重点水域水生入侵植物持续开展遥感监测，指导地方开展应急灭除[②]；在云南、湖北、内蒙古等地针对刺萼龙葵（*Solanum rostratum* Dunal）、少花蒺藜草（*Cenchruspauciflorus* Benth）、豚草、空心莲子草 [*Alternanthera philoxeroides*（Mart.）Griseb.]、薇甘菊（*Mikania micrantha* Kunth）等设置 500 处入侵杂草定位监测点，定期发布全省危险性农业外来入侵植物预警预报。调查监测工作为入侵生物的防控提供了数据和科学基础。

（三）综合防控

针对水花生 [*Alternanthera philoxeroides*（Mart.）Griseb.]、水葫芦 [*Eichhorniacrassipes*（Mart.）Solms]、豚草、椰心叶甲 [*Brontispalongissima*（Gestro）] 等入侵物种，我国已建成 30 个天敌防治基地。湖北省水花生天敌基地防治面积约为 333.3km²，湖南省豚

① Laverty C，Green KD，Dick JT，et al. Assessing the ecological impacts of invasive species based on their functional responses and abundances[J]. Biological Invasions，2017，19（5）：1653-1665.

② 孙玉芳，姜丽华，李刚，等. 外来植物入侵遥感监测预警研究进展[J]. 中国农业资源与区划，2016，37（8）：223-229.

草天敌昆虫生产基地年均生产 2 亿头，已累计释放 50 亿头。在贵州和内蒙古等地开展本土植物替代技术试点，建成黄顶菊 [*Flaveriabidentis*（L.）Kuntze]、刺萼龙葵、少花蒺藜草入侵杂草生态拦截和修复综合防控示范基地 10 处。针对新发和集中暴发外来入侵物种，组织开展集中灭除行动，先后开展灭除活动 1000 余次，面积达 20 000km^2。这些措施都减轻了入侵生物的危害和扩散，取得了较好效果[①]。

（四）科技支撑

农业部门组织专家开展外来生物入侵的科学研究和防治技术攻关，发布了 40 种重大入侵生物应急处置技术，制定了 23 项调查监测及防控技术标准，确定了 120 余种入侵生物的适生性风险区域，建立了 300 余种危险与潜在入侵生物的检测、监测技术与方法，开发了多种快速分子检测与野外监测的试剂盒，为外来生物入侵的防控提供了技术保障。

四、我国外来生物入侵防控面临的主要困难

（一）法制建设滞后

我国涉及外来物种管理的法律条文散见于《中华人民共和国农业法》《中华人民共和国种子法》《中华人民共和国环境保护法》《植物检疫条例》《中华人民共和国进出境动植物检疫法》等 18 部法律法规之中，缺少一部专门针对外来生物入侵防控的相关法律。在监管职责、风险评估、应急处置、责任追究等方面存在法律空白，对非法引进、随意丢弃或放生、网络平台交易等行为的管理缺乏充足法律依据，已有的相关法律条文相对陈旧。

（二）长效投入机制有待建立

相对于美国等发达国家在入侵生物防控工作的财政预算，我国目前外来生物入侵防控领域资金投入规模小，与防控需求相比缺口巨大。在入侵物种普查、监测预警网络构建、综合防控工程建设、应急物资储备、技术装备研发等方面缺乏长效稳定的投入，严重制约防控工作。

（三）监测预警能力薄弱

虽然我国已经开展了针对部分入侵生物的监测点建设，但外来入侵物种监测工作基础仍相对薄弱，监测点数量少，布局不尽合理，监测"盲点"较多，且监测预警仪器、设备简陋，多以手查目测为主，疫情信息搜集能力弱，极大地影响了监测预警和防治决策的准确性与时效性。

（四）综合治理与应急控制能力不足

目前，我国外来生物入侵防治多以单一的化学防治为主，过程费时、费工、费力，

---

① 高尚宾，张宏斌，孙玉芳，等．植物替代控制 3 种入侵杂草技术的研究与应用进展[J]．生物安全学报，2017，26（1）：18-22，102．

以生态调控为主的生物综合治理和无害化防控技术尚处于研发起步阶段。大多数基层农业部门应急处置能力不足，专业工作人员缺乏，专业技能培训有待加强，应急基础设施落后，防控措施难以落实，严重影响防控效果。

五、建议

外来生物入侵防控任务长期而艰巨，需加强法制建设，开展外来入侵生物普查，推进源头预防和监测预警体系建设，提升综合治理与应急控制能力。同时，强化科技支撑，改善技术手段，完善数据信息支撑体系，逐步形成系统的外来生物入侵预防、控制、治理机制，切实保障国家经济、生态和生物安全。

（一）加强法制建设，推动防控工作法治化管理

推动形成我国外来生物入侵防控法治化和长效化的管理体制机制，积极配合有关部门开展《生物安全法》的立法调研，争取将外来物种管理列为专章。落实国家生物安全战略要求，会同有关部门加快研究制定《外来物种管理条例》，争取其尽快列入国务院立法计划，并加紧该条例的制定和审核工作。继续完善外来入侵物种管理名录，尽快发布《国家重点管理外来入侵物种名录（第二批）》。

（二）开展本底调查，强化长期性监测预警

推动由多部门联合开展的外来入侵物种普查，全面摸清我国外来入侵物种的扩散规律和发生情况。在自贸区（边贸区）、生物多样性富集区、生态脆弱区、粮食主产区等重点区域，针对部分造成重大危害的入侵物种开展重点调查，补充完善外来入侵物种数据库信息。开展基础性、长期性监测，合理布局监测点形成系统性网络，探索利用卫星遥感、物联网等信息技术进行监测，形成数据联网综合监测体系，提升外来入侵物种动态监测预警能力。

（三）设立专项资金，启动外来生物入侵重大防控工程

根据外来生物入侵发生特点和防控工作需要，加大财政和人力投入力度，构建全国性监测预警网络，在重点区域建设外来入侵物种生物阻截带、有害生物天敌繁育基地、可持续综合防控示范区和应急物资基地。利用国家重点研发计划、国家农业科技创新联盟等科技平台，联合国内外科研机构及公司，全面提升外来生物防控科研水平，为外来生物防控科技创新与行业管理提供科技支撑。

（农业农村部农业生态与资源保护总站　陈宝雄　孙玉芳　黄宏坤　张宏斌　李垚奎）

（国防专利审查中心　韩智华）

（中国农业科学院农业环境与可持续发展研究所　张国良）

（中国农业科学院植物保护研究所　刘万学）

第二十九章

合成生物技术武器化潜在风险

饥饿、疾病和战争是人类生存发展史上的三大"杀手"。前沿生物技术的颠覆性发展在为人类面临的健康、能源、环境、生态等困境提供解决方案的同时，也潜在地放大了技术应用和管控风险，并推动着主权国家军事竞争形态的革命性变迁。自2001年，被誉为"三大科学计划"的人类基因组草图发布和合成生物学概念被重新定义（E. Kool），其工程学原理的采纳和会聚式的研究视角[①]，为生命科学研究带来了新概念、新策略、新路径，但其在微观基因改造方面模糊了疾病和战争的边界，将军事对抗的维度拓展到了微观生命疆域，生物武器风险陡然攀升。

颠覆性技术一直都是世界大国战略博弈的制高点，更是军事领域装备技术突袭和代差性发展的关键科技要素，是保持非对称军事优势和战略性威慑力的核心力量。伴随着使能技术的创新突破，合成生物技术所展现的"上帝之手"力量，使其具备快速打破与敌对势力"军力平衡"的效能，具备成为军事竞争中"新一代"杀手锏的巨大潜质，有可能改变或延展现有战略制权理论，创建新的"游戏规则"，引领下一代军事战备新形态。

一、未来战争形态的转变

战争的目的从未改变，战争的形态却雕刻着时代的"烙印"。作为标志的主战兵器随技术革新而不断发生质变，并将战争形态不断推向新高度。而所谓的制海权、制空权、制天权、制网权、制生权，其本质无一不是制科技权。现代信息化战争越来越高的武器成本，越来越失衡的攻守效费，越来越缩小的技术代际差，使其越来越难以胜任下一代新生武器的重任。

同时，在全球化和一体化的大格局下，人们的反战情绪占据主导，再次发生20世纪两次世界大战性质的大规模毁灭式战争的概率极小。未来，主权国家间小范围的摩擦冲突或代理人间的局部武装战争将成为战术对抗的主要形态；在战略上更加强调"不战而屈人之兵"的制权策略，战场的效率与精确性更加重要，战争向技术压制的方向倾斜。主权国家迫切需要一种功能上"软硬"杀伤、毁伤效果高度可控、兼具强大震慑力的新生武器系统来执行新时代、新场景下的战争任务。战争形态的演进将这一需

---

① 熊燕、陈大明，杨琛，等.合成生物学发展现状与前景[J].生命科学，2011，23（9）：826-837.

求聚焦为非接触式精准可控特异性打击。合成生物技术从基因水平上选择攻击目标，可实现特异性、隐蔽性、非接触式攻击，只对目标某种基因的特定序列或某种蛋白质进行定向靶标，形成微环境领域的精确打击和可控损伤，可形成强大的战略威慑力和压制力，驱动武器装备以前所未有的速度进行跨越式、颠覆式发展[①]。

二、合成生物技术武器化风险成因

技术伴随着风险。合成生物技术与生俱来的两用性（dual use）特性，在给人类带来解决能源、资源、环境、医药、健康等领域焦点问题巨大希望的同时，伴随着使能技术门槛的降低和普及、生物资源的广泛获取和易得、新技术发展的不确定性和难预测，极大地增加了误用、滥用的潜在风险。可以说，合成生物技术从一开始就受到各国军界的广泛关注，两用性生物技术已经进入美国等西方国家的战略防御"核心科学"之列，并开展了如组织安全基因项目、开发便携式生物威胁监测系统、开展威胁性功能基因组研究，并逐步放开人体基因编辑等高风险生物技术研究……美国科学院亦应美国国防部的要求，发布《合成生物学时代的生物防御》报告，为合成生物技术带来的生物武器和生物恐怖风险确立评估框架和消减策略[②]。

生物武器化从未从人们的视野中消失，并逐渐成为国际反恐的主要防御对象，1995 年日本东京地铁沙林毒气事件、2018 年德国蓖麻毒素恐怖事件，特别是 2001 年美国发生的震惊世界的"9·11 恐怖袭击事件"和"炭疽邮件事件"，掀起了全球反恐的大高潮。现代生物技术不断与信息计算技术、能源材料技术、制造加工技术深度交叉融合，开创了军用生物技术这一新兴领域，并在强化机体机能、生物防护材料、军用疫苗和应急药品、生物能源供给模块、生物计算和生物感知等领域崭露头角，然而它的具体应用大多体现在辅助性、保障性和恢复性装备中，从未上升为"断代"性的主战兵器，亦未能成为战略性威慑力量存在。

合成生物技术的潜在威胁对传统安全格局和形式造成了新的挑战与冲击。合成生物技术的发展一方面可对天然的生物系统进行重新设计和改造，通过功能性获得技术，赋予生物特异性功能；另一方面可以构建全新的生物元件、装置和系统，突破原有的生命存在形式，使已构建的防御防控系统失去靶向或效能，"马其诺防线"再现。首先，其在基因水平上进行修饰和操控，可贯通式实现敌对目标的"纵向到底、横向到边"，全维式定向精准打击。这得益于人类基因组计划、DNA 百科全书计划、人类基因组单体型图谱计划、千人基因组计划、人类微生物基因组计划的实施，将不同种族、不同群体甚至不同个体的基因和表型差异特征描绘得更为精准，使攻击行为更易实现"定点清除"或有限功能性损伤。其次，合成生物技术的跨越式技术突破，已经实现了数十种病毒的人工合成，在生命体方面也已完成了原核模式生物——大肠杆菌的人工合成，并已布局真核模式生物——酵母基因组的人工全合成，人亦属于真核生物域。有理由相信，在 DNA 重组技术、PCR 技术、CRISPR 技术等的支撑下，技术门槛不断降

---

① 郭子俊. 生物技术重塑未来战争[J]. 理论探索，2017，（10）：49-52.

② 美国科学院研究理事会. 合成生物学时代的生物防御[M]. 郑涛，叶玲玲，程瑾，等，译. 北京：科学出版社，2020：24-34.

低，人类掌握了"读、写、编"基因的精巧技能，合成生物技术一旦武器化将会具备实施生物全域精准打击的能力。最后，在理念上，合成生物学采用工程化、标准化、模块化和智能化的构建策略，可将技术成果迅速放大和应用于实践；设计-建设-测试-学习（DBTL）的"干湿分离"理念，基因的流水式批量编辑，催动大量基因路线被重新发掘和优化，规模化的基因网络系统搭建成为可能，可以说合成基因将生物技术作为大规模杀伤性武器的威力又提升了一个层次。

　　未来，生物技术将成为世界政治重要的断裂线[①]。我们应坚定理念、信念，抢抓前瞻性部署，要把"颠覆性技术博弈作为实施科技兴军战略的重要战略抓手"，并"努力实现关键核心技术自主可控"，把合成生物技术武器化作为"下一代"战略性震慑力量来考量。

三、合成生物技术武器化潜在威胁

　　合成生物技术武器化的攻击靶标是敌对者的基因，可造成有限性损伤或致死，具备非接触式精准可控的特性。其攻击类型可分为直接攻击和间接攻击，直接攻击就是针对敌对对象本体，进行有限性生理伤害，可直接产生致伤或致死效果。间接攻击就是针对敌对对象相关联事物进行攻击，如制造新发传染性病毒、驱动虫灾引发粮食危机、炮制重大食品安全事件等，给敌对对象形成压迫、干扰或震慑等效果。

　　合成生物技术武器化的终极是"基因武器"，它将颠覆传统武器形态，也必定颠覆传统防控手段，从根本上改变战争理论和战争方式，掀起一场全新的军事革命。首先，与传统生物武器的无差异性攻击不同，合成生物技术武器化攻击目标为敌对者的特异性基因（个体、种群等的特定生化特征），攻击武器具备单一性或唯一性，易销毁且难以进行溯源追查；合成生物技术武器化攻击隐蔽性强，以目前的手段来看，在攻击实施前难以实现有效预防；合成生物技术能够"自下而上"地从头设计和构建基因路径和网络，可创造全新的生命体攻击形式，可绕过现有生物防控系统或免疫系统，致使既有防御体系"失灵"；合成生物技术武器化同信息技术的深度融合，可将ACGT碱基以0和1计算代码的形式进行运算和网络传递，可实现情报或讯息的跨时空递送，实现生物武器"本土化"制造；工程化的构建策略，易使合成生物技术武器化批量化复制，实施"过饱和式"袭击，让敌对者无还手之力；鉴于生物碱基对的易得性和广泛性，以及技术门槛的降低，极易造成合成生物技术武器化的泛滥，生物恐怖主义分子完全有能力制造出致命病毒[②]。基于上述合成生物的普适性来源和特异性表征，合成生物技术武器化一旦发动，其消减措施将面临极大的挑战和困境，且无成熟先验可以借鉴。

　　尽管合成生物技术武器化潜在威胁态势严峻，但其尚未在全球范围内形成实质性进展，原因主要包括以下3个方面：①技术成熟度不够。合成生物技术刚刚诞生20年，相关重大基础理论和关键技术尚待突破，技术武器化成熟等级较低。②研发成本太高。从第一个病毒的人工合成到原核生物的基因组合成，动辄数千万数亿美元的投入，门

---

　　① 弗朗西斯 . 福山 . 我们的后人类未来：生物技术革命的后果[M]. 黄立志译 . 桂林：广西师范大学出版社，2020：193.

　　② 楼铁柱 . 合成生物学发展回顾与军事应用前景展望[J]. 军事医学，2011，35（2）：81-87.

槛太高。③合成生物技术武器化不仅包括生物战剂，还有施放装置和运载工具，这两个部分目前仍停留在传统方式层面（导弹、炸弹、气溶胶发生器、布洒器等），极易被发现或拦截，归因也相对容易，风险较大。站在时间的视角上看，虽然基因武器被形容为"人类的终极武器"，甚至被称为"穷人的原子弹"，却仍前途漫漫。

四、行为体的行为约束

两用性技术被标签为"好坏"的一个重要维度就是行为体的行为约束。如今行为体日益多样化，主要分为国家行为体，以及包括地区或国际组织、跨国企业、非政府组织、犯罪集团、宗教团体、专家、个人在内的非国家行为体等，不同行为体的行为约束力和控制力大相径庭。目前合成生物技术因其武器化技术成熟度相对较低，技术准入门槛高，在基因层面进行的操控技艺过于精巧，会聚式的前沿科学研究复杂交汇，普通行为体的知识储备尚难匹及；同时研究需要较高防护等级生物实验条件，针对大型动物的生物实验更是受到严格的伦理约束。另外，合成生物技术虽已实现了部分生命体和非生命体的人工合成，但其技术实现成本在数千万美元到数亿美元，足以令大部分行为体望而却步。

然而合成生物技术设计和合成新生命的能力及其武器化的巨大潜质，仍如"金苹果"般引起了部分典型国家行为体的关注，甚至已将其作为军事竞争的"新一代"非对称性对抗的优选事项。当前，国际上国家行为体之间尚未就合成生物技术武器化的研发、使用和管控等达成共识。在冷战思维和意识形态对抗的"霸权"观念割裂下，未来合成生物技术实体化为"大规模杀伤性武器"的风险降低，但其作为威慑性战略力量的地位会不断提升。

五、国际共识与对话困境

自 1975 年《禁止生物武器公约》生效以来，签约各国纷争不断，围绕如何履约的核查机制迟迟未能达成共识，公约实效性大打折扣，2001 年美国的"退群"行为，更是严重损伤了公约的约束效力。21 世纪以来，随着合成生物技术等颠覆性技术的发展，国际生物安全形势更加复杂多变，个别缔约国互不信任、互相指责，抱着冷战思维牌位和军备对抗意识，私下加紧加快对生物技术武器化潜能的研发投入。2016 年美国国防高级研究计划局（DARPA）"昆虫联盟"项目被质疑具有"水平环境遗传改变"风险；2017 年美国在加州释放 2000 万只基因改造蚊子；据悉美国已在全球 20 多个国家建立了 200 多所生物安全实验室，进一步加剧了行为体之间的政治信任危机，造就了新的国际对话断裂痕。

合成生物技术对自然生命的"重编辑"、对杂合生物的"重构建"、对新生命的"重设计"，给行为体的监管和规制带来了新冲击。虽然自 1975 年阿西洛马会议，科学共同体内部树立了自我规制的典范，但如今这一约束机制正面临全球新形势的严峻挑战；2015 年和 2018 年的人类基因组编辑国际峰会深入探讨了科学、伦理和技术治理问题，但会议达成的共识倾向于自由主义，缺乏制约力和执行机制，尤其对主权国家的行为约束力相当有限。

当今全球正处于百年未有之大变局，科技革命、产业革命、军事革命联动变化，技术竞备成为军事领域内涵式发展的主旋律，合成生物等颠覆性技术更是大国战略博弈的制高点，有望引发新一轮的军事科技革命。合成生物技术同信息技术、材料技术、制造技术、能源技术的会聚融合所形成的"致毁"性知识力量，将成为新军事革命的高能"助推器"，是实现武器非对称性发展、技术代差优势和战场"降维打击"的关键因素，并有望驱动国家武器装备和国防科技跨越式发展、颠覆式发展。合成生物技术武器化"战略对抗"时代必将到来。

（天津大学教育部合成生物学前沿科学中心　赵　超　周　晓　薛　杨　李炳志）

第三十章

美国化生放核与新发传染病医疗对策产品研发及监管进展

　　美国《公共卫生服务法案》（*Public Health Service Act*）中提出了医疗对策产品（medical countermeasure，MCM）的概念，MCM 是保护美国人免受化生放核（CBRN）和新发传染病威胁的医疗产品，包括药品、治疗性生物制品、疫苗和器械（包括诊断及检测方法）。2010 年，根据美国卫生与公众服务部要求，美国食品药品监督管理局（FDA）启动医疗对策产品行动计划（medical countermeasures initiative，MCMi），不仅对所有拟上市的 MCM 进行审评审批，履行相关监管责任，还要与美国其他政府机构合作，促进 MCM 的研发和可获得性。可以说 FDA 是美国化生放核及新发传染病MCM 研发、生产到使用、供应等多个环节的协调及促进机构。本章以 2018—2019 年FDA 发布的 MCMi 年度总结报告及 FDA MCMi 网页信息为基础，系统梳理美国近年来批准上市或紧急授权使用的 MCM，并对其监管科学进展及其他相关活动进行总结分析，以便了解目前美国化生放核及新发传染病 MCM 及保障能力的整体情况。本章研究范围仅限于药品和个别敷料，不包括诊断设备、试剂及其他医疗器械产品。

一、概念与范畴

　　MCM 是指经 FDA 审批未来可用于应对潜在公共卫生应急事件（包括核化生恐怖袭击或自然发生的新发传染病）的医学产品，包括生物制品（疫苗、血液制品及抗体）、化学药品（抗菌药物、抗病毒药物）及医疗设备（诊断试剂、个人防护装备，包括口罩、手套及呼吸机等）等[①]。MCM 可用于诊断、预防、防护或治疗上述公共卫生应急事件引发的疾病或伤害。

　　MCMi 是由 FDA 发起的一项协调并促进 MCM 研发、准备与响应的项目，由 FDA 首席科学家办公室下设的反恐及应急威胁处置办公室领导实施。FDA 是美国食品及其他医疗产品的监管机构，所有医疗产品包括仅限军队使用的军队特需药品也要经过FDA 的审评审批才可使用。对于确保 MCM 的安全、有效，FDA 责无旁贷。除了对MCM 进行审评审批外，FDA 还负责确定 MCM 研发需求及研发的优先级别，通过协调研发、供应保障及使用战略，提高 MCM 的可获得性及使用效能。

---

① FDA. Medical countermeasures Initiatioe（MCM）[EB/OL]. [2020-12-31]. https://www.fda.gov/emergency-preparedness-and-response/about-mcmi/what-are-medical-countermeasures.

二、相关机构及管理情况

参与MCMi的其他美国政府机构还有美国疾病控制与预防中心、美国国立卫生研究院，这两个机构与FDA一起在美国卫生与公众服务部负责备灾与响应的助理部长（ASPR）办公室领导下，组织实施名为公共健康应急医学对策专项（PHEMCE）的相关工作，该专项的合作机构还包括国防部、退伍军人事务部、国土安全部和农业部。

三、近年获批医疗对策产品情况

根据2018年、2019年两个年度FDA发布的MCMi年度总结报告及FDA网站公告，对近年来美国批准上市的化生放核及新发传染病MCMi药品部分进行汇总梳理。目前在FDA网站上，MCMi药品部分主要分为5个专项，分别是应对炭疽事件、应对其他生物恐怖事件、应对核与辐射应急事件、应对化学应急事件及与军方合作项目，详见表30-1，共有针对16种不同适应证的50种防治药品。

（一）炭疽感染防治药品

炭疽感染防治药品主要包括6种抗菌药物、1种疫苗及3种治疗用生物制品（包括2种单克隆抗体）。环丙沙星、多西环素、青霉素等在内的6种抗菌药物均用于预防及治疗吸入性炭疽，其中仅有多西环素通过紧急使用授权。两种单克隆抗体分别于2012年12月、2016年3月通过"动物有效性原则"获批。2012年获批的瑞西巴库（raxibacumab）同时享有FDA快速审评、优先审评的政策，且被认定为孤儿药。

（二）其他病原体防治药品

目前确定的其他可能造成生物恐怖事件的病原微生物包括肉毒梭菌、埃博拉病毒、马鼻疽病毒、类鼻疽病毒、鼠疫杆菌、天花病毒、土拉热杆菌、寨卡病毒、流感病毒等9种。针对马鼻疽病毒、类鼻疽病毒和寨卡病毒感染，尚未有获批的防治药品。在治疗肉毒梭菌感染方面，有1种免疫球蛋白和1种抗毒素；在埃博拉病毒防治方面，FDA于2019—2020年批准了1种疫苗和2种抗体制剂，其中Inmazeb是3种单克隆抗体的混合物；在鼠疫杆菌和土拉热杆菌感染治疗方面，主要是四环素和链霉素类抗菌药物，以及可用于治疗炭疽的喹诺酮类抗菌药物；在天花防治方面，有3种不同来源及制备技术的疫苗，1种免疫球蛋白及2种治疗药物，分别为2018年获批的特考韦瑞及目前尚在新药研究申请（IND）阶段的西多福韦；在流感防治方面，包括2016年获批的四价流感疫苗及2019年获批的巴洛沙韦酯。Afluria四价流感疫苗于2016年8月首次在美国获批上市，适用于18岁以上成年人，并有助于预防2种甲型流感病毒株和2种乙型流感病毒株。FDA还批准了扩大年龄的适应证，使6个月至小于36个月的儿童可使用0.5 mL的Fluzone四价流感疫苗。

表 30-1 经 FDA 批准使用的医疗对策产品（药品部分）

专项	批准时间	编号	名称	产品类别	适应证	备注
应对炭疽事件	2016 年 3 月	1	Anthim（obiloxaximab）注射液	单克隆抗体	与抗生素联用治疗吸入性炭疽，也可预防吸入性炭疽	动物有效性原则
		2	Anthrasil（人炭疽免疫球蛋白静脉注射）	生物制品	已知或疑似炭疽暴露后使用	EUA
		3	Bio Thrax 疫苗	疫苗	预防及治疗吸入性炭疽	
		4	环丙沙星	抗菌药物	预防及治疗吸入性炭疽	
		5	多西环素	抗菌药物	预防及治疗吸入性炭疽	
		6	左氧沙星	抗菌药物	预防及治疗吸入性炭疽	
		7	青霉素 G 钾	抗菌药物	预防及治疗吸入性炭疽	
		8	青霉素 G 普鲁卡因	抗菌药物	预防及治疗吸入性炭疽	
		9	阿莫西林	抗菌药物	预防及治疗吸入性炭疽	
	2012 年 12 月	10	瑞西巴库	单克隆抗体	预防及治疗吸入性炭疽	动物有效性原则、快速通道、优先审评、孤儿药
应对其他生物恐怖事件						
肉毒梭菌感染	2016 年 3 月	11	静脉注射肉毒免疫球蛋白（人）	生物制品	A 型或 B 型肉毒梭菌引起的婴儿肉毒素中毒的治疗	
		12	七价肉毒抗毒素（A, B, C, D, E, F, G）	生物制品		
埃博拉病毒感染	2019 年 12 月	13	埃博拉疫苗（扎伊尔型）	疫苗	18 岁以上成人预防扎伊尔尔型埃博拉病毒感染	
	2020 年 10 月	14	Inmazeb 三抗体鸡尾酒混合物	三种单抗混合物	治疗扎伊尔埃博拉病毒感染的成人与儿童患者	
	2020 年 12 月	15	Ebanga 人单克隆抗体	人单克隆抗体	治疗扎伊尔埃博拉病毒感染的成人与儿童患者	
马鼻疽病毒感染、类鼻疽病毒感染			无			

续表

专项	批准时间	编号	名称	产品类别	适应证	备注
鼠疫杆菌感染		（4）	环丙沙星	抗菌药物	鼠疫治疗	
		（5）	多西环素和其他四环素	抗菌药物	鼠疫治疗	
		（6）	左氧沙星	抗菌药物	鼠疫治疗	
		16	莫西沙星	抗菌药物	鼠疫治疗	
		17	链霉素	抗菌药物	鼠疫治疗	
天花病毒感染	2018年7月	18	TPOXX（特考韦瑞）	化学药品	天花治疗	优先审评、孤儿药
	2019年9月	19	减毒天花、猴痘疫苗	疫苗	天花或猴痘病毒感染高风险的18岁以上成人的主动免疫	
	2005年5月	20	牛痘静脉注射免疫球蛋白（人）	生物制品	天花及牛痘病毒感染	
		21	Aventis Pasteur 天花疫苗（APSV）	疫苗	天花病毒感染高风险人群主动免疫（ACAM2000不可获得时）	IND
	2007年8月	22	ACAM2000（牛痘疫苗）	疫苗	天花病毒感染高风险人群主动免疫	
		23	Cidofovir（西多福韦）	抗病毒药物	天花治疗	IND
土拉热杆菌感染		（5）	多西环素和其他四环素	抗菌药物	天花治疗	
		（17）	链霉素	抗菌药物	天花治疗	
流感病毒感染	2019年	24	Xofluza（巴洛沙韦酯）	抗病毒药物	12岁以上症状不超过48小时的单纯性流感患者	
	2016年8月	25	Afluria（四价流感疫苗）	疫苗	预防甲型、乙型流感	
应对核与辐射应急事件	2018年3月	26	Leukine（沙格司亭）	化学药品	急性放射病	动物有效性原则
	2015年3月	27	Neupogen（非格司亭）	化学药品	放射事故后骨髓抑制，帮助白细胞恢复及中性粒细胞恢复	动物有效性原则
	2015年11月	28	Neulasta（培非格司亭）	化学药品	放射事故后骨髓抑制	
	2004年8月	29	Ca-DTPA, Zn-DTPA	化学药品	提高放射性物质在体内的排出速度	
		30	碘化钾片及口服液	化学药品	阻止放射性碘吸收	
	2003年10月	31	普鲁士蓝胶囊	化学药品	促进铯排出	

续表

专项	批准时间	编号	名称	产品类别	适应证	备注
应对化学应急事件						
氧化物中毒		32	Cyanokit（羟考拉明注射液）	化学药品	解毒	
		33	Nithiodote（亚硝酸钠＋硫代硫酸钠）	化学药品	解毒	
		34	亚硝酸钠注射液	化学药品	解毒	
		35	硫代硫酸钠注射液	化学药品	解毒	
神经毒剂		36	ATNAA 自动注射针（阿托品＋氯解磷定）	化学药品	解毒	
		37	AtroPen 硫酸阿托品注射液（自动注射针）	化学药品	解毒	EUA
		38	地西泮自动注射液	化学药品	解毒	
		39	DuoDote（阿托品＋氯解磷定）自动注射针	化学药品	解毒	
		40	氯解磷定自动注射针	化学药品	解毒	
		41	氯解磷定注射液（2-PAM）	化学药品	解毒	
		42	溴吡斯的明片（30mg）	化学药品	解毒	
		43	咪达唑仑肌内注射液	化学药品		
化学毒剂皮肤损伤防治药品	2003 年 3 月	44	反应性皮肤去污乳液（RSDL）	化学药品	接触化学毒剂导致皮肤烧伤	
	2019 年	45	Silverlon	敷料	芥子气导致的皮肤烧伤	
与军方合作项目						
镇痛	2018 年 11 月	46	芬太尼舌下含片（Dsuvia）	化学药品	镇痛	
抗疟疾	2018 年 7 月	47	Tafenoquine（他非诺奎）	化学药品	预防疟疾	
	2020 年 5 月	48	注射用青蒿琥乙酯	化学药品	严重疟疾治疗（首选）	优先审评
复苏	2018 年 7 月	49	冻干血浆（FPD）	血液制品	输血	EUA
	2019 年 7 月	50	冷藏 14 天的血小板	血液制品	输血	

注：EUA，紧急使用授权；IND，新药研究申请。

（三）急性放射病防治药品

急性放射病防治药品共有 6 种，其中 3 种为促排药，分别是普鲁士蓝胶囊、Ca-DTPA 和 Zn-DTPA。2015 年根据动物有效性原则 FDA 批准了两款生物制品非格司亭、培非格司亭，用于帮助因放射事故造成骨髓抑制后的白细胞及中性粒细胞恢复。2018 年，FDA 依据动物有效性原则批准了沙格司亭的新适应人群，沙格司亭可用于提高受到骨髓抑制剂量辐射的患者的生存率，新适应人群由原来的 17 岁以上人群拓展至刚出生的婴儿及青少年，以提高暴露于骨髓抑制剂量辐射的成人和刚出生至 17 岁儿科患者的生存率。

（四）化学损伤防治药品与敷料

化学损伤防治主要分为氰化物解毒、神经毒剂解毒及化学毒剂引起的皮肤损伤防治三类。在氰化物解毒方面，共有 4 种产品，分别为亚硝酸钠注射液、硫代硫酸钠注射液、前两者混合注射液及强考拉明注射液；神经毒剂解毒方面共有 7 种产品，其中 6 种为自动注射针，均为阿托品、氯解磷定、地西泮三种成分的单品或组合产品。2018 年，FDA 批准一款 2mg 阿托品自动注射器，用于治疗可疑有机磷神经毒剂及有机磷或氨基甲酸酯杀虫剂中毒的成年人和体重超过 90 磅（1 磅 ≈ 0.45 千克，通常 10 岁以上）的儿科患者。另外，FDA 批准咪达唑仑肌内注射液（Seizalam）用于治疗成人神经毒剂中毒后的癫痫持续状态。在化学毒剂造成的皮肤损伤方面，2019 年 FDA 批准了 Silverlon 的新适应证，Silverlon 是一种首创的伤口接触敷料，包括对因暴露于硫芥气体（通常被称为芥子气）造成的某些损伤的救治，适用于因暴露于芥子气导致的一级和二级皮肤烧伤。此外，FDA 在 2003 年批准了反应性皮肤去污乳液（RSDL）用于接触化学毒剂导致的皮肤烧伤。

（五）军队应用产品

自 2018 年起，FDA 与美国国防部建立了合作关系，将适用于军队及军事作战环境的产品也纳入 MCMi 进行管理。2018 年以来，经由 FDA 与美国国防部合作机制获批的药品如下。

（1）镇痛方面。2019 年度，批准 Dsuvia（舒芬太尼舌下片）通过一次性、预填充、单剂量给药器给药，用于对严重至需要阿片类镇痛药的急性疼痛的处理及替代疗法不足的情况，满足作战环境下无法通过静脉给药来治疗与战伤相关的急性疼痛时的治疗需求。

（2）疟疾治疗方面。用于预防疟疾的他非诺奎，以及治疗严重疟疾的首选药物注射用青蒿琥乙酯，分别于 2018 年、2020 年获批，解决了美军海外驻军的疟疾防治问题。注射用青蒿琥乙酯获得了 FDA 优先审评资格。

（3）止血与复苏方面。2018 年 7 月，FDA 签发一项 EUA，允许在涉及军事行动遭遇火器伤（如由枪弹、炮弹和爆炸装置所致）紧急情况期间，在血浆不可使用或不可实际使用时，使用减少病原体、去白细胞冻干血浆（FPD）治疗出血或凝血功能障碍的美国伤病员。批准在战区使用冷藏 14 天的血小板救治在战场上遭受创伤性出血的重伤伤员。这种差异性使用条件的批准提高了战区血小板使用的可行性，血小板是一种关键的血液成分，在常规血小板产品无法获得或无法实际使用的情况下，在治疗出血患者时可以使用冷藏并保存长达14天的血小板

四、促进医疗对策产品研发的相关举措

（一）为研发者提供审评指导与建议

（1）发布指南及提供监管指导。FDA为MCM发起人和申请人及资助MCM研发的联邦合作伙伴提供监管建议和指南，以帮助促进各种MCM的研发和可获得性。FDA利用众多机制制定监管建议和指南，包括直接与发起人和申请人沟通、发布指导文件、举行咨询委员会会议和公众座谈会。

（2）与研发者保持充分的交流与沟通。FAD制定了与产品发起人或申请人举行正式会面的政策和规程，在整个产品寿命周期内与MCM发起人和申请人交流沟通。FDA医疗产品审评中心举行广泛的交流活动，讨论检测、数据要求和非临床研发计划，以便促使候选MCM进入临床研发和评估阶段，便于这些专业候选产品顺利通过临床研发，进入上市申请阶段。FDA亦继续与发起人和申请人交流，以解决监管审评期间及这些MCM上市后出现的任何问题。

（二）推动医疗对策产品监管科学研究与发展

许多针对高优先级威胁的MCM正处于研发之中，针对MCM研发的特点与困难，FDA设立了MCMi监管科学行动计划，其目标是研发各种工具、标准和方法，用于评估MCM的安全性、功效、质量和性能，帮助将先进科技转化成创新、安全、有效的产品。FDA成立了一个推进MCMi监管科学指导委员会，其中有来自美国国立卫生研究院、美国疾病控制与预防中心、美国生物医学高级研究与发展管理局和国防部的代表，该委员会可评估MCMi监管科学计划研究方案的科学性、技术优点和可行性，以及是否与公共卫生紧急医学对策机构优先等级一致。由FDA资助（或部分资助）的MCM相关监管科学研究工具可免费获得，以帮助MCM研究人员改进其产品，并帮助FDA审评人员评估MCM是否可获得批准。2019年度FDA MCMi监管科学行动计划相关内容详见表30-2。

（三）加强国内外相关部门间合作

在政府层面，FDA为多个政府常设内部机构、PHEMCE及国防部内部委员会、工作组等提供技术援助，涉及制定MCM需求、计划、优先事项和政策，并开展计划整体评估与促进合作；通过定期举行会议，讨论威胁评估、需求设定、产品研发、采购、储备、利用和MCM在分发或使用之后的监测和评估。

表 30-2 2019 年度 FDA MCMi 监管科学行动计划

一、化生放核（CBRN）

1. 建立肺、肠和骨髓器官芯片辐射损伤模型，然后利用这些模型测试候选 MCM，以治疗此类损伤。在 2019 财年，FDA 完成了一项扩大试点研究，以分析不同性别对辐射的特异性反应的差异。此外，FDA 授予了一项新合同，用于支持继续开发人体器官芯片模型，包括与现存的体内人／动物数据进行比较研究，以确定使器官芯片模型应用于 MCM 开发的必要性能规格

2. 探索纳米孔技术，以加强肉毒梭菌和大肠杆菌污染的检测和追踪

3. 检测和比较不同的抗菌药物在非临床建模中通过不同接触途径获得的类鼻疽抗菌的效果

4. 提供辐射生物剂量计紧急使用授权申报建议

5. 进行生物制品 3D 打印的探索性分析，以支持灼伤／爆炸伤和辐射诱导损伤 MCM 的研发

6. 开发微生理学系统（MPS）作为支持 MCM 开发的工具

7. 开发可快速和灵敏地检测新型蓖麻毒素、肉毒梭菌和相思豆毒素的免疫分析法

二、新发传染病威胁（如埃博拉病毒病和寨卡病毒病）

1. 扩展新发传染病病原体的核酸序列参考数据库，包括埃博拉病毒和寨卡病毒等病毒及抗生素耐药性病原体

2. 向寻求紧急使用授权的生产商发布寨卡病毒 RNA 参考材料，以便对寨卡病毒进行基于核酸的诊断检测

3. 向寻求紧急使用授权的生产商分发寨卡病毒血清学参考品，以便进行专门用于检测近期寨卡病毒感染的血清学诊断检测

4. 为寨卡病毒检测研发人员提供基于核酸的寨卡病毒诊断检测和寨卡病毒血清学试验上市前申报的研究建议

5. 继续支持改进针对新发传染病威胁（如埃博拉病毒病和寨卡病毒病）的小动物模型

6. 开展幸存者研究，以更好地了解埃博拉出血热后遗症，并帮助找到新的治疗方法。2019 年 9 月，FDA 授予了一份修改合同，与美国国家过敏与传染病研究所（NIAID）合作开展其他非临床研究，开发用于埃博拉病毒研究的创新工具

7. 确定寨卡病毒免疫球蛋白 M（IgM）诊断试剂的靶向肽序列

8. 探究人感染寨卡病毒或接种疫苗后的抗体反应，以帮助有效疫苗和血清学诊断方法的研发

9. 应用先进的转录组学分析（对生物体基因的所有信使 RNA 的研究），以比较人类和动物对埃博拉病毒的反应，帮助鉴别埃博拉病毒生物标志物及预测疾病结局

10. 研究在研埃博拉病毒疫苗的抗体反应，可能引导有效对策的研发和评估

11. 与国防部合作，以更好地了解埃博拉病毒、马尔堡病毒、裂谷热病毒、克里米亚 - 刚果出血热病毒、基孔肯亚热病毒和寨卡病毒的微生物致病机制

12. 利用最新的测序技术开展迄今为止最大规模的埃博拉病毒和宿主基因表达（即转录组学）研究，包括单细胞测序方法，评估埃博拉病毒是如何在体内复制和传播

13. 开发一个纳入 2500 多名参与者（包括试验性埃博拉病毒疫苗接种者和埃博拉病毒病幸存者）的临床埃博拉病毒样本的独特的生物样本库，以表征埃博拉病毒病的疫苗诱导免疫力和自然免疫力的持久性及相关性

三、大流行性流感

证明一种通用流感候选疫苗能够减少流感病毒在小鼠中的传播，尽管这种疫苗未能完全阻止病毒的感染

四、公共卫生突发事件准备和应对

1. 优化呼吸面罩净化，以保障应急物资供应。在 2019 财年，该项目促成了美国材料试验学会（ASTM）关于紫外线杀菌照射（UVGI）表面去污的第一个共识标准

2. 通过与重症药物发现学会、重症研究网络和全美 20 所医院重症医师的合作，研发从公共卫生突发事件期间接受 MCM 的患者身上获得安全性和有限效果数据的方法

3. 探究 Sentinel 系统（哨点系统）揭示 MCM 安全性和有效性的研究方案，并为公共卫生突发事件期间的比较提供一条基准线

4. 继续对 CDC 和 FDA 抗生素耐药性（AR）分离株库给予支持

5. 在 FDA 便携交互式设备实时应用程序内探索 MCM 能力，包括 MCM 信息与安全性和有效性数据的实时收集、传输、分析和双向通信

在地方政府层面，FDA 与州、地方、部落和区域公共卫生管理部门及其他非政府组织合作，以支持州和地方层面的 MCM 准备和应对能力，包括答复与紧急使用授权和其他紧急使用权限、MCM 储备、有效期、分发和配药有关的大量法律和监管询问。

在国际合作层面，FDA 积极参与 WHO 发起的全球性战略与防范计划，旨在在疫情期间快速启动研发活动，其目的是追踪可用于挽救生命和避免大规模危机的有效检测、疫苗和药物的可得性。同时，与流行病防范创新联盟（CEPI）、全球传染病防治研究合作组织（GloPID-R）等机构开展合作。

五、小结

在《公共卫生服务法案》的支持下，美国已形成了完备的 MCM 研发及监管体系，目前可用于化生放核及新发传染病威胁防治的药品已达 50 种。除了传统的化学药品以外，近年来又新增了基于新技术、新平台研发的疫苗及单克隆抗体，特别是在埃博拉病毒防治方面，近两年来有多款生物药获批使用，显示了生物药极大的应用前景（在新冠病毒感染治疗方面目前也有多款单克隆抗体获得紧急使用授权或在积极开展临床研究中）。虽然仍有部分新发传染性疾病尚无明确的防治药品，但作为 MCMi 的牵头机构，FDA 从加强审评指导、促进监管科学研究及积极组织相关机构间合作等多个维度，为 MCM 的研发上市提供了良好的监管环境，并对协调和利用各方资源开展 MCM研发发挥了积极作用，特别是与国防部的合作，不仅统筹了军地化生放核的研发需求与研发力量，还充分运用优先审评、快速通道等特殊审评政策，吸引更多的研发资源持续投入 MCM 的研发工作，助力打通研发与上市的关键限速环节。在 FDA 内部设立MCMi 对于提升美国化生放核及新发传染病 MCM 的保障能力起到了至关重要的作用。

（军事科学院军事医学研究院　刘　术　蒋丽勇）

（中国药学会　蒯丽萍）

第三十一章

美国 A 类生物恐怖剂疫苗研发情况分析

生物恐怖（bioterrorism）是指故意使用致病性微生物、生物毒素等实施袭击，损害人类或动植物健康，引起社会恐慌，企图达到特定政治目的的行为①。生物恐怖剂（bioterrorismagents）是指用来发动生物恐怖的各类致病性微生物（包括病毒和细菌等）或生物毒素。生物恐怖袭击大都采取气溶胶污染空气、直接污染食物和水，以及媒介传播等途径。本章将生物恐怖限定在针对人类本身的生物恐怖。美国疾病控制与预防中心（CDC）根据病原体的危险程度将生物恐怖剂分为 A、B、C 三类，其中 A 类生物恐怖剂危害最大，其次为 B 类，C 类最低。A 类共有 9 种，其中病毒性生物恐怖剂包括天花病毒、埃博拉病毒、马尔堡病毒、拉沙病毒、马秋波病毒 5 种②。

2001 年，美国发生了一起为期数周的"炭疽邮件"事件，导致 5 人死亡，17 人感染，给美国社会造成了严重影响。接种疫苗可极大地降低传染病发病率，是应对传染病尤其是生物恐怖最经济有效的公共卫生解决方案。疫苗的使用使人类得以在全球范围内消灭天花，控制白喉、百日咳、脊髓灰质炎、麻疹等烈性传染病。美国联邦政府一直致力于提高应对各种生物恐怖剂的疫苗技术储备。本章根据美国 FDA 网站、临床试验注册网站（ClinicalTrials.gov）和科技文献等开源情报，分析了美国针对天花病毒、埃博拉病毒、马尔堡病毒、拉沙病毒、马秋波病毒 5 种重要的病毒性生物恐怖剂开展疫苗研发的情况，以期为我国反生物恐怖疫苗研发工作提供借鉴。

一、美国重要的病毒性生物恐怖剂防护疫苗

（一）天花疫苗

天花病毒属于痘病毒家族的痘病毒科，其遗传物质由双链 DNA 片段构成。天花病毒感染的典型症状是高热、剧烈的头痛和身体疼痛，皮肤随后长出丘疹并迅速扩散，发展为凸起的水疱，后变为脓疱，3 周后逐渐开始结痂脱落，留下凹陷性瘢痕。目前，全球通过接种牛痘疫苗预防天花已取得成效。1980 年 5 月 WHO 宣布人类成功消灭天

---

① 全国人民代表大会. 中华人民共和国生物安全法[EB/OL]. [2020-12-28]. http://www.npc.gov.cn/npc/c30834/202010/bb3bee5122854893a69acf4005a66059.shtml.

② Centers for Disease Control and Prevention. Bioterrorism Agents/Diseases[EB/OL]. [2020-12-23]. https://emergency.cdc.gov/agent/agentlist-category.asp.

花 ①。目前美国和俄罗斯的两个实验室（美国亚特兰大疾病控制中心、俄罗斯新西伯利亚的维克托实验室）还保存有天花病毒，甚至有人指出该俄罗斯实验室曾经研究如何使用重组天花病毒制作生物武器。作为生物武器或生物恐怖剂，天花病毒能以气溶胶形式保存并保持相对稳定。

美国自 1972 年开始停止天花疫苗的接种，但仍在研发新型天花疫苗，具体情况见表 31-1。

表 31-1　美国研发的天花疫苗 ②~④

疫苗名称	疫苗种类	主要研发机构	所处状态
ACAM2000	基于 NYCBOH 株的活病毒疫苗	Acambis 公司等	FDA 批准上市
JYNNEOS	减毒活疫苗	北欧巴伐利亚公司、美国国家过敏与传染病研究所等	FDA 批准上市
CCSV（cell-cultured smallpox vaccine）	基于 NYCBOH 株的活病毒疫苗	达因波特疫苗公司等	Ⅰ期临床试验
ACAM3000	减毒活疫苗	Acambis 公司	Ⅱ期临床试验
LC16m8	减毒活疫苗	VaxGen 公司	Ⅰ / Ⅱ期临床试验
TBC-MVA	减毒活疫苗	Therion Biologics 公司	Ⅰ / Ⅱ期临床试验
VennVax	DNA 疫苗	EpiVax 公司、圣路易斯大学医学院等	临床试验前
4Pox-VRP	基于 A33、L1、B5、A27 基因的载体疫苗	陆军传染病医学研究所、南方研究所、Alphavax 公司等	临床试验前

2007 年 8 月，美国 FDA 批准了由 Acambis 公司生产的第二代天花疫苗产品——ACAM2000。该产品源自 FDA 1931 年批准生产的第一代天花疫苗产品 Dryvax，目前 Dryvax 产品已不再生产。ACAM2000 疫苗为第二代纯化病毒冻干制剂（Vero 细胞培养），由类似于天花病毒的牛痘活病毒制成，能通过不发病的温和感染过程激发抗天花病毒的保护性免疫应答，其免疫原性、抗体滴度与 Dryvax 疫苗相似 ⑤。

2019 年 9 月，FDA 批准了由北欧巴伐利亚公司（Bavarian Nordic）研制的天花猴痘疫苗 JYNNEOS（商品名 IMVAMUNE 和 IMVANEX）上市，用于预防天花和猴痘病毒。虽然该疫苗自 2013 年以来已在欧盟上市用于预防天花，但在美国增加了猴痘作为新适应证，是全球首款猴痘疫苗，为其带来了新的市场机遇。JYNNEOS 也是一种减毒活疫苗，但与 ACAM2000 不同，其由改良型安卡拉痘苗病毒（modified vaccinia ankara，MVA）毒株在鸡胚成纤维细胞中经过传代获得。JYNNEOS 作为一种复制缺陷型疫

---

① WHO. Smallpox-health topics[EB/OL]. [2020-12-23]. https://www.who.int/health-topics/smallpox#tab=tab_1.

② Centers for Disease Control and Prevention. Smallpox Vaccine Basics[EB/OL]. [2020-12-23]. https://www.cdc.gov/smallpox/clinicians/vaccines.html.

③ Moise L，Buller RM，Schriewer J，et al. VennVax，a DNA-prime，peptide-boost multi-T-cell epitope poxvirus vaccine，induces protective immunity against vaccinia infection by T cell response alone[J]. Vaccine. 2011，29（3）：501-511.

④ WHO. Overview on smallpoxvaccines[EB/OL]. [2020-12-23]. https://www.who.int/news-room/feature-stories/detail/smallpox-vaccines.

⑤ FDA. ACAM2000[EB/OL]. [2020-12-23]. https://www.fda.gov/vaccines-blood-biologics/vaccines/acam2000.

苗，适用于免疫系统较弱的人群，或对传统天花疫苗有较高不良反应风险的人群。JYNNEOS 用于初次免疫接种时，分两剂皮下注射，间隔 4 周。以前接种过天花疫苗的人只接种一剂。该疫苗在研发过程中得到国家过敏与传染病研究所和美国生物医学高级研究与发展管理局（BARDA）的支持[①]。

尽管天花已经被消灭，但痘病毒仍然是公共卫生威胁之一，不仅因为其作为生物恐怖剂的可能性，也因为越来越多的人畜共患痘病毒病不间断暴发，如非洲和美国的猴痘、南美洲的牛痘等。第一代天花疫苗 Dryvax 停产后，根据第一代疫苗株用细胞系生产的第二代活病毒疫苗 ACAM2000 和第三代减毒活疫苗 JYNNEOS 获得了美国 FDA 的批准。随着对痘病毒免疫学的认识深入，加上反向遗传学的发展，第四代天花疫苗有可能研制成功。最有希望的抗原是 MV 和 EV 蛋白（最值得注意的是 A33、L1、B5、A27），将其作为蛋白质或 DNA 制剂接种体内后，可诱导对许多痘病毒强烈的免疫反应。第四代疫苗的优点显著，组分清晰，无活病毒污染，易于生产多价疫苗，因此被普遍看好。

（二）埃博拉疫苗

埃博拉病毒属于丝状病毒科，有包膜、不分节段的单股负链 RNA 病毒，包括扎伊尔型、苏丹型、本迪布焦型、塔伊森林型和莱斯顿型 5 种亚型，其中致病性最强的是扎伊尔型。该病毒致病力极强，感染后可引起高致死率的埃博拉出血热。迄今为止最严重的埃博拉疫情发生在西非，这次疫情在 2014—2016 年造成近 3 万人感染、1.1 万多人死亡。世界上第二次严重的埃博拉疫情于 2018 年在刚果暴发，目前已经导致 3000 多人感染、2000 多人死亡，病死率达 65%。目前，美国研发的埃博拉疫苗见表 31-2。

表 31-2　美国研发的埃博拉疫苗[②]

疫苗名称	疫苗种类	主要研发机构	研发状态
rVSV-ZEBOV-GP（ERVEBO）	水疱性口炎病毒载体疫苗	默沙东公司、NewLink Genetics 公司等	美国、欧盟获批上市
Ad26.ZEBOV+MVA-BN Filo	腺病毒载体疫苗＋减毒活疫苗	强生公司、流行病防范创新联盟（CEPI）	欧盟获批上市
ChAd3-EBOZ	腺病毒载体疫苗	牛津大学、葛兰素史克公司、美国国家过敏与传染病研究所	Ⅱ期临床试验
HPIV3-EbovZGP	重组人副流感病毒 3 型载体疫苗	美国国家过敏与传染病研究所	Ⅰ期临床试验
EBOV GP Vaccine	亚单位疫苗	Novavax 公司	Ⅰ期临床试验
INO-4212/ INO-4202 等	DNA 疫苗	Inovio 公司、韩国 GeneOne Life 公司等	Ⅰ期临床试验
VRC-EBODNA023-00VP	DNA 疫苗	美国国家过敏与传染病研究所	Ⅰ期临床试验

---

① FDA. JYNNEOS[EB/OL]. [2020-12-23]. https://www.fda.gov/vaccines-blood-biologics/jynneos.

② WHO. Update with the development of Ebola vaccines and implications to inform future policy recommendation [EB/OL]. [2020-12-23]. https://www.who.int/immunization/sage/meetings/2017/april/1_Ebola_vaccine_background_document.pdf.

2019 年 12 月，美国 FDA 批准了主要由默沙东公司生产的水疱性口炎病毒（VSV）载体疫苗 rVSV-ZEBOV-GP（商品名 ERVEBO）的上市申请。ERVEBO 适用于在年满 18 岁的个体中诱导主动免疫，以预防扎伊尔型埃博拉病毒引起的埃博拉病毒病。2019 年 11 月，欧洲药品管理局（EMA）批准 ERVEBO 上市。在 BARDA 的资助下，加拿大国家微生物学实验室初步研发了该疫苗，并与 NewLink Genetics 公司和默沙东公司合作进行研发。ERVEBO 是一种重组水疱性口炎病毒载体疫苗，其中一种 VSV 糖蛋白被删除，并用埃博拉病毒毒株的糖蛋白替换。ERVEBO 是 FDA 批准的第一种埃博拉疫苗。该疫苗已在最近两次西非地区（2013—2016 年）和刚果民主共和国（2018—2019 年）的埃博拉疫情大暴发中使用 [10-13]。

2020 年 7 月 1 日，强生公司宣布旗下杨森制药有限公司的埃博拉疫苗双剂量组成方案 Zabdeno（Ad26.ZEBOV）和 Mvabea（MVA-BN Filo）已获欧盟批准上市，用于主动免疫，以预防 1 岁及以上个体埃博拉病毒感染。该疫苗是第一种使用杨森 AdVac 病毒载体技术开发的获得批准的疫苗。同样的技术目前也被用于开发预防新冠病毒、寨卡病毒、呼吸道合胞病毒（RSV）和人类免疫缺陷病毒（HIV）感染的候选疫苗。杨森制药有限公司的埃博拉疫苗方案包括两剂疫苗，分别为基于 AdVac 病毒载体技术开发的第一剂疫苗 Zabdeno，以及大约 8 周后接种的基于 Bavarian Nordic 公司 MVA-BN 技术研发的第二剂疫苗 Mvabea。AdVac 技术以腺病毒作为载体，携带几种埃博拉病毒蛋白质的遗传密码，以模拟病原体的成分，触发免疫反应。MVA-BN 技术则是使用改良型安卡拉痘苗病毒（MVA）的进一步减毒版本[5]。该疫苗属于复制缺陷型病毒疫苗，目前正在申请美国 FDA 的上市审批。

默沙东公司的埃博拉疫苗获得美国 FDA 和 EMA 的上市批准，强生公司研制的埃博拉疫苗获得 EMA 的上市批准，是人类抗击埃博拉病毒历史上具有里程碑意义的事件。埃博拉病毒感染的免疫保护机制十分复杂，其他新型疫苗如核酸疫苗、重组蛋白疫苗、黑猩猩腺病毒载体（ChAd3）疫苗具有不同特点，如 ChAd3 疫苗可在短期内提供较好的保护，但其持续期短，多用于首次免疫；MVA 疫苗作加强免疫。在保障疫苗安全性和有效性的基础上，这些新型疫苗为探索针对不同人群的免疫保护策略提供了多种途径。

（三）马尔堡病毒疫苗

马尔堡病毒与埃博拉病毒同属丝状病毒科，被认为是人类迄今为止分离出的最具毒性的病原体之一。1998 年、2000 年、2004 年和 2005 年在刚果民主共和国和安哥拉暴发的马尔堡出血热疫情病死率高达 83% ～ 90%，甚至超过埃博拉病毒。值得注意的是，

---

① 王寅彪，王利平，李鹏 . 埃博拉病毒疫苗的研究进展[J]. 中国兽医学报，2019，39（3）：584-588，593.

② 张杨玲，汪园，张革 . 埃博拉病毒疫苗 rVSV-ZEBOV 的研究进展[J]. 中国生物工程杂志，2018，38（1）：51-56.

③ Suschak JJ, Schmaljohn CS. Vaccines against Ebola virus and Marburg virus：recent advances and promising candidates[J]. Human Vaccines & Immunotherapeutics，2019，15（10）：2359-2377.

④ FDA. ERVEBO[EB/OL]. [2020-12-23]. https://www.fda.gov/vaccines-blood-biologics/ervebo.

⑤ European Medicines Agency. Zabdeno[EB/OL]. [2020-12-23]. https://www.ema.europa.eu/en/medicines/human/EPAR/zabdeno.

乌干达自 2007 年以来反复暴发马尔堡出血热疫情，最近的一次发生在 2017 年。由于其高度的公共卫生风险，WHO 于 2018 年将马尔堡病毒确定为需要紧急研究和开发的优先病原体之一。马尔堡出血热起病突然，伴有高热、严重头痛和不适，肌肉疼痛是其常见特征之一，许多患者在 7 天内出现严重出血表现。目前，美国研发的马尔堡病毒疫苗见表 31-3。

表 31-3　美国研发的马尔堡病毒疫苗[1], [2]

疫苗名称	疫苗种类	主要研发机构	所处状态
VRC-MARADC087-00-VP	腺病毒载体疫苗	美国国家过敏与传染病研究所 / 美军艾滋病毒研究项目	Ⅰ 期临床试验
VRC-MARDNA025-00-VP	DNA 疫苗	美国国家过敏与传染病研究所	Ⅰ 期临床试验
Ad26.ZEBOV+MVA-BN Filo	腺病毒载体 + 减毒活疫苗	强生公司	Ⅲ 期临床试验
ChAd3-EBOZ+ MVA-BN Filo	腺病毒载体 + 减毒活疫苗	牛津大学、葛兰素史克、美国国家过敏与传染病研究所	Ⅲ 期临床试验
rVSVMarburgvirusvaccine	水疱性口炎病毒载体疫苗	Publichealthvaccine 公司、BARDA	临床试验前

美国国家过敏与传染病研究所疫苗研究中心（VRC）针对马尔堡病毒开发了两款疫苗，分别是 VRC-MARADC087-00-VP 重组黑猩猩腺病毒 3 型载体疫苗和 DNA 疫苗 VRC-MARDNA025-00-VP，其中腺病毒载体疫苗在华尔特里德陆军研究所（WRAIR）进行了第一阶段的临床试验，而 DNA 疫苗在美国国家健康临床中心（National Institutes of Health Clinical Center，CC）开展了 Ⅰ 期临床试验。另外，强生公司的 Ad26.ZEBOV+MVA-BN Filo 疫苗方案和牛津大学的 ChAd3-EBOZ+ MVA-BN Filo 除了可以预防扎伊尔型埃博拉病毒外，增加了对苏丹型、塔伊森林型埃博拉病毒及马尔堡病毒的预防效果，但其免疫原性需要后期临床试验证实。

2019 年 5 月，BARDA 资助了位于美国马萨诸塞州的公共卫生疫苗公司 1000 万美元，用于该公司水疱性口炎载体疫苗技术生产马尔堡病毒疫苗，如果前期试验进展顺利，BARDA 表示将继续追加 7200 万美元。2019 年 12 月，公共卫生疫苗公司的尼帕疫苗研发工作得到了流行病防范创新联盟（CEPI）4360 万美元的资助。

（四）拉沙热疫苗

沙粒病毒科沙粒病毒属的拉沙病毒是引起急性传染病拉沙热的罪魁祸首，该病毒主要由啮齿动物传播给人类。其基因组由两节段单负链 RNA 组成，属于旧世界群（LCM 族）。拉沙病毒的发病机制尚不完全清楚，但一般认为病毒主要通过呼吸道、消化道和皮肤黏膜组织进入人体。重症患者临床常出现口、鼻、消化道、阴道出血。目前，

---

[1]　United States Department of Health and Human Services. HHS' BARDA Funds Its First Marburg Virus Vaccine Development[EB/OL]. [2020-12-23]. https://www.hhs.gov/about/news/2019/03/05/hhs-barda-funds-its-first-marburg-virus-vaccine-development.html.

[2]　Dulin N，Spanier A，Merino K，et al. Systematic review of Marburg virus vaccine nonhuman primate studies and human clinical trials[J]. Vaccine，2021，39（2）：202-208.

拉沙热仍然是西非地区的重大公共卫生挑战。拉沙病毒虽没有埃博拉病毒、马尔堡病毒致死率高，但其传染性极强。2020 年初，尼日利亚疾病控制中心宣布该国暴发拉沙热疫情，截至 10 月 4 日，尼日利亚累计报告 5784 例拉沙热疑似病例，包括 1098 例确诊病例，共有 227 例死亡，病死率达 20.7%[①]。目前，美国研发的拉沙热疫苗见表 31-4。

表 31-4　美国研发的拉沙热疫苗[②-⑧]

疫苗名称	疫苗种类	主要研发机构	所处状态
MV-LASV	麻疹病毒载体疫苗	Themis Bioscience GmbH（被默沙东公司收购）、CEPI 等	I 期临床试验
ML-29	减毒活疫苗	马里兰大学巴尔的摩分校	临床试验前
VSV Δ G/LASVGPC	水疱性口炎病毒载体疫苗	美国国立卫生研究院、得克萨斯大学医学院	临床试验前
INO-4700	DNA 疫苗	Inovio 公司	临床试验前
Inactivated Rabies virus /LASV GP（LASSARAB）	狂犬病毒载体疫苗	托马斯杰斐逊大学、葡萄牙明荷人学、加州大学圣地亚哥分校、美国国家过敏与传染病研究所	临床试验前
GEO-LM01/MVA-VLP（Geovax）/ LASV GP + Z	病毒样颗粒	Geovax 公司（MVA-VLP 疫苗平台）	临床试验前
VEEV replicon/LASV GPC，N（TC-83）	委内瑞拉病毒复制子载体	路易斯维尔大学、Medigen 公司	临床试验前
YF-17D	减毒活疫苗	荷兰莱顿大学、美国国家过敏与传染病研究所	临床试验前

　　目前美国 FDA 没有批准任何拉沙热疫苗上市。CEPI 资助 Themis 公司研制的麻疹病毒载体疫苗 MV-LASV，已于 2018 年底进入临床试验阶段，是最有前景的拉沙热候选疫苗之一。该公司 Themaxyn 载体疫苗技术平台研制的寨卡病毒、基孔肯亚病毒疫苗目前处于临床试验阶段。此外，由 Mopeia 病毒和 ML-29 病毒毒株组成的重配体减毒

①　张云辉，赵雅琳，闫晶晶，等 . 2020 年 9—10 月全球主要疫情回顾[J]. 传染病信息，2020，33（5）：477，478.

②　Abreu-Mota T，Hagen KR，Cooper K，et al. Non-neutralizing antibodies elicited by recombinant Lassa-Rabies vaccine are critical for protection against Lassa fever[J]. Nature communications，2018，9（1）：4223.

③　Lukashevich IS，Pushko P. Vaccine platforms to control Lassa fever[J]. Expert Review of Vaccines，2016，15（9）：1135-1150.

④　Liu A. World's first Lassa vaccine，developed by Themis，nears human testing：CEO[EB/OL]. [2020-12-23]. https://www.fiercepharma.com/vaccines/first-lassa-fever-vaccine-developed-by-themis-could-be-tested-humans-year.

⑤　Wang M，Jokinen J，Tretyakova I，et al. Alphavirus vector-based replicon particles expressing multivalent cross-protective Lassa virus glycoproteins[J]. Vaccine，2018，36（5）：683-690.

⑥　Safronetz D，Mire C，Rosenke K，et al. A recombinant vesicular stomatitis virus-based Lassa fever vaccine protects guinea pigs and macaques against challenge with geographically and genetically distinct Lassa viruses[J]. PLOS Neglected Tropical Diseases，2015，9（4）：e0003736.

⑦　WHO. Lassa Virus Vaccines - WHO[EB/OL]. [2020-12-23].https://www.who.int/blueprint/what/norms-standards/3_Schmaljohn_Vxpipeline.pdf.

⑧　闫飞虎，王化磊，冯娜，等 . 拉沙热疫苗研究进展[J]. 传染病信息，2015，28（2）：122-124.

活疫苗在小鼠、豚鼠等小型动物模型，以及恒河猴和狨猴非人灵长类动物中也诱导了较好的免疫，其在体内的稳定性高，不会出现毒力返强现象，具有很好的应用前景。来自托马斯杰斐逊大学、加州大学圣地亚哥分校和美国国家过敏与传染病研究所的科学家们开发出一种以狂犬病毒为载体拉沙热疫苗，该疫苗在动物试验中对拉沙病毒表现出免疫保护作用。其他基因工程疫苗如委内瑞拉马脑炎病毒载体疫苗、DNA 疫苗等新型疫苗都尚处于临床试验前阶段。

（五）马秋波疫苗

马秋波病毒属于沙粒病毒科沙粒病毒属，其遗传物质为分节段的单链 RNA 病毒，其基因组由 L 和 S 片段组成，分别编码依赖 RNA 的 RNA 聚合酶、包膜糖蛋白及核蛋白。1962 年该病毒首次在玻利维亚被发现，由啮齿动物携带，感染该病毒可引起玻利维亚出血热。感染初期表现为发热，然后鼻腔和牙龈开始出血，胃肠内出血，30% 的感染者会死亡。目前美国研发的马秋波疫苗主要是胡宁病毒（Romero）和马秋波病毒（Carvallo）的联合疫苗（表 31-5）。

表 31-5 美国研发的马秋波疫苗 [①]

疫苗名称	疫苗种类	主要研发机构	所处状态
Bivalent vaccine of Junin and Machupo	VLPVs（病毒样颗粒）	路易斯维尔大学、Medigen 公司、美国国家过敏与传染病研究所等	临床试验前

2020 年，来自路易斯维尔大学、Medigen 公司等团队的研究人员基于人委内瑞拉马脑炎疫苗（VEEV）TC-83 的甲型病毒 RNA 复制子载体技术，制备了同时表达胡宁病毒和马秋波病毒两种病毒的细胞糖蛋白前体（GPC）的复制缺陷型病毒样颗粒载体（VLPVs）。结果发现胡宁病毒（JUNN）马秋波病毒（MACV）VLPVs 免疫诱导的体液反应使机体产生对两种致病菌株的保护作用。该疫苗如研制成功，将能同时抵御胡宁病毒和马秋波病毒的侵袭。

二、启示与借鉴

（一）重视生物恐怖剂疫苗研发

美国由于深受其境内恐怖主义活动的毒害，对生物恐怖剂疫苗的研发十分重视，且作为传统科技强国，其疫苗研发力量一直处于世界领先水平。尽管如此，目前 5 种 A 类病毒性生物恐怖剂中也仅有 2 种天花疫苗和 1 种埃博拉疫苗获得了 FDA 的上市批准，可见此类疫苗的研发仍任重道远。新冠肺炎疫情的全球大流行再次证实了传染病不分国界，生物恐怖事件一旦发生，极有可能造成烈性传染病全球大流行。2020 年 10 月 17 日，《中华人民共和国生物安全法》由第十三届全国人民代表大会常务委员会第二十二次会议通过，并于 2021 年 4 月 15 日施行。这意味着我国维护国家安全，防范

---

① Johnson DM，Jokinen JD，Wang M，et al. Bivalent Junin&Machupo experimental vaccine based on alphavirus RNA replicon vector[J]. Vaccine，2020，38（14）：2949-2959.

和应对生物安全风险，保障人民生命健康，提高国家生物安全治理能力的决心坚定不移。防范和应对生物恐怖作为生物安全的重要内容之一，应对包括疫苗在内的防控技术产品研发引起足够的重视，尽早筹划，合理布局，严密防范。

（二）发挥相关各方的职能作用

美国政府和军队意识到，要想在生物恐怖事件中挽救生命，疫苗、药物、检测设备等医疗对策产品（MCM）是关键。由于疫苗研发过程漫长而复杂，从研发到临床应用通常需要 10 年甚至更长的时间，并且缺乏商业销路，政府、军队是其唯一的市场。因此，美国政府通过立法，允许总统授权卫生与公众服务部、国土安全部采购此类 MCM 5 年储备量，一方面为生物恐怖事件快速反应提供疫苗储备，另一方面，需求也会刺激市场对此类疫苗的研发热情。另外，为了进一步鼓励和加强新一代疫苗和药物等 MCM 的研发、生产和储备，美国联邦政府于 2004 年起实施生物盾牌计划，并于 2007 年在美国卫生与公众服务部下设立 BARDA 管理生物盾牌计划，其资助的天花疫苗 JYNNEOS、埃博拉疫苗 ERVEBO 及炭疽疫苗 BioThrax 均获得 FDA 的上市审批。这种模式值得借鉴，通过财政预算支持、提供产品应用渠道、设立专门管理机构等模式，促进生物恐怖剂疫苗的研发。

（三）激发中小型企业的创新活力

纵观美国此类疫苗的研发过程，市场研发力量以中小型生物制药企业为主。当前，疫苗领域已逐步进入免疫原精准设计阶段，运用学科交叉技术进行靶标的预测和设计，同时重点突破疫苗分子设计、多联多价疫苗设计、工程细胞构建及抗体工程优化等关键技术 [①]。中小型企业具有专业性强、灵活性高等特点，更能专注于高新技术发展和应用。例如，美国 Inovio 公司专注于 DNA 疫苗技术，研发出多种有应用前景的候选疫苗。美国政府也采取了一系列措施来激发中小型企业的创新活力。例如，美国为扶持本国小型企业创新而实施的两项国家计划——小型企业创新研究（SBIR）计划和小型企业技术转移（STTR）计划，已形成了成套的资金投入、评估监督机制，这些计划在生物制药领域得到了较充分的利用，并取得了研发成效。我国也应创新科研资助管理机制，调动中小型企业创新活力，引导社会资本加入此类疫苗的研发。

（四）协调鼓励国际合作与交流

美国大学、实验室及国家过敏与传染病研究所通过国际合作，参与进多种候选疫苗研发管线中。美国国家过敏与传染病研究所多次与英国牛津大学、葛兰素史克公司合作，利用后者的三型黑猩猩腺病毒载体疫苗研发力量，共同开发了包括埃博拉疫苗和新冠病毒疫苗在内的多种疫苗。天花疫苗 JYNNEOS 也是美国国家过敏与传染病研究所、国防部与丹麦北欧巴伐利亚公司合作研发的成果。

（军事科学院军事医学研究院　毛秀秀　陈　婷　葛　鹏　王　磊）

---

① 梁慧刚，黄翠，向小薇，等. 新发病毒性传染病疫苗研发态势[J]. 军事医学，2020，44（9）：657-664.

第三十二章

美国国际战略研究中心发布抗生素耐药性报告

2020 年 6 月 9 日，美国国际战略研究中心（Center for Strategic and International Studies，CSIS）发布，梳理了美国政府在过去十年里针对抗生素耐药性的应对行动，并提出了应对抗生素耐药性威胁的 6 条建议。

CSIS 成立于 1962 年，是现在美国国内规模最大的国际问题研究机构，总部设在华盛顿特区。该研究中心是一个非党派、非政府的民间国际问题研究机构和免税组织，素有"强硬路线者之家"和"冷战思想库"之称。近年，它加强了对亚太地区的研究，是对美国共和党政府具有重大影响力的思想库之一。

一、抗生素耐药性的严峻形势

多年来，抗生素使用的增加和滥用使得一些病原体可耐受现有的治疗方法，从而延长和加剧了人类细菌感染。在美国，每年有 280 多万人感染耐药菌，至少导致 35 000 人死亡。预计至 2050 年，全球每年将有约 200 万人死于抗生素耐药性。在 2009 年 H1N1 流感大流行期间，继发性细菌感染在研究人群中导致了多达一半的患者死亡，其也是当前新冠肺炎的重要关注事项。目前全球仍缺乏有效预防和监测抗生素耐药性的策略，新药研发的困难程度和费用，以及缺乏显著的投资回报，也使得研发一系列新的抗微生物药物成为一项艰巨的挑战。

《美国政府与抗生素耐药性报告》指出了导致抗生素耐药性的多种因素：①过度使用，如在病毒感染的情况下使用抗生素；②不当使用，如整个治疗过程中未在恰当的时间使用恰当的药物，从而使得一些病原体对治疗耐受；③食用动物中过度使用抗生素；④来自人和动物性废物的药物在废水中蓄积；⑤一些国家在药物生产中出现药物流失；⑥控制机制不充分的发展中国家对抗菌药物的使用。

二、美国政府过去十年的应对行动

报告表明，美国政府在过去十年中为缓解抗生素耐药性付出了很多努力，增加了监督和预防活动，支持相关研发，并且对医疗保险如何偿付新抗生素进行了修订。这些措施取得了实质性的成效，在预防感染，切断细菌和真菌传播，改善抗生素在人类、动物和环境中的使用方面卓有成效，这些在医院中尤为明显。主要体现在：

（1）在监督和预防活动方面，2013 年美国疾病控制与预防中心（CDC）发布报告强调了抗生素耐药性和"潜在的灾难性后果"，该报告促使奥巴马政府于 2014 年 9 月发布了《抗击耐药菌的国家战略》。奥巴马还发布了一项行政命令，即创建抗击耐药菌特别小组。该特别小组由多个联邦部门和机构组成，负责制定旨在实现上述战略目标的计划，并在 2015 年发布了《抗击耐药菌的国家行动计划》。

（2）在鼓励可持续的抗菌药物开发方面，美国政府已经制定了若干计划和规范来帮助开发新药。其中一种方法是建立"推动激励"，即直接向制药公司提供资金来开发新产品。美国卫生与公众服务部通过生物医学高级研究与发展管理局（BARDA）直接为抗生素制造商提供资金支持。BARDA 于 2006 年成立，并于 2011 年单独成立了一个支持抗菌药物研发的工作小组。

（3）在抗生素治疗的医疗保险支付方面，虽然美国医疗保险和医疗服务补助中心（CMS）已经增加了对一些抗生素的医疗保险支付，但是医院官员称该支付机制繁琐，其作用对于建立相关药物的市场而言微乎其微，该中心正在考虑如何通过其现有的管理机构更好地向前推进抗生素治疗的医疗保险支付。

三、应对抗生素耐药性威胁的六条建议

报告表明，缓解抗生素耐药性需要采取多管齐下的方法，涉及农业措施、卫生机构政策、支付方式改革和不间断的研发。报告提出了以下 6 条建议：①国会应该在新冠肺炎研究资金中纳入缓解抗生素耐药性的资金，从而支持相关研究、诊断和应对措施的研发，并增加抗生素治疗方面的医疗保险支出。②美国应该在支持监测和减少抗生素耐药性的活动方面增加资金支持，还包括与卫生机构政策、实验室支持及对 CDC 建议的人、动物和环境谱的整体监督（一体化健康策略）等相关活动的资金支持。③美国应该立即制定具体的行动计划，该计划需要得到业界的认可和支持，从而可持续性地建立针对新抗生素及其他应对措施的开发和市场有效的激励机制。④美国应该优先考虑精简和制定更有效的医疗保险偿付机制和其他激励机制，从而能为缓解抗生素耐药性的创新活动带来适当的社会和长期医疗价值。⑤美国应该为微生物诊断和疫苗相关的研发提供额外支持。⑥围绕抗生素耐药性问题，美国应该在全球发挥重要的领导作用，包括抗生素研发、强化监督管理及防扩散活动等。

（军事科学院军事医学研究院　毛秀秀　王　磊）

第三十三章

美国"深红色传染病"演习情况概述

2020年3月19日,《纽约时报》刊登了一篇题为《在疫情暴发之前,一连串警告未被重视》(*Before Virus Outbreak, a Cascade of Warnings Went Unheeded*)的文章,介绍了2019年美国进行的一场代号为"深红色传染病(Crimson Contagion,CC)"的大型防疫演习。本章通过分析《纽约时报》的文章及"深红色传染病"演习总结报告,对该演习进行简要介绍,并提出几点思考。

一、背景设定

"深红色传染病"演习情景最初设定为:

2019年6月12日至19日,来自美国和其他各国的游客在参加"走进拉萨"8日游期间,有35人陆续出现发热和呼吸困难的症状。随后在6月下旬,中国疾病预防控制中心在2名西藏住院患者的血样中提取到甲型流感病毒,并排除了H1或H3型的可能。此后在北京的3名严重肺炎患者的血样中提取到H7N9流感病毒,且与先前西藏的2名患者相同。

随后,一场大规模新型流感疫情迅速扩散到了美国。第一例患者在芝加哥市确诊,且病毒正通过人传人的方式迅速传播至美国的其他城市。第一例患者确诊47天之后,WHO宣布该疫情构成全球性大流行。8月12日,美国疾病控制与预防中心(CDC)报告美国共有确诊病例12 100例,而世界范围内则超过18 000例。预计在疫情较为严重的州,将会有35%的居民失业,美国的经济损失将超过2000亿美元。流行病学家认为,H7N9流感的杀伤力已远超季节性流感,并逼近1918年流感世界大流行的程度,预计此次流感疫情将于9月份在全世界达到顶峰,届时将有2000万~3500万人感染。

在上述设定的情景中,现有的H7N9疫苗与该病毒不匹配,但可用于初步免疫接种。该病毒感染可通过神经氨酸酶抑制剂类药物治疗,而对金刚烷类抗病毒药物则表现出耐药性。

二、实施情况

值得注意的是,"深红色传染病"演习在2018年11月就已经确定名称并被提上日程。2018年11月14日,在美国卫生与公众服务部(HHS)和关键基础设施联合咨询委员会(CIPAC)的联席会议中,首次出现"深红色传染病"演习这一名称。CIPAC

隶属于美国网络安全与基础设施安全局，是独立的联邦机构，但受国土安全部监管。

事实上，"深红色传染病"演习既是横跨 2019 年 1 月至 8 月的一系列（共 4 次）活动的统称，也常被用于特指 8 月份的第 4 次实操演习。这 4 次活动分别为：① 2019 年 1 月 23 日至 24 日，HHS 内部的传染病大流行疫情桌面推演；② 2019 年 4 月 10 日，芝加哥市与伊利诺伊州传染病大流行疫情桌面推演；③ 2019 年 5 月 14 日至 15 日，美国国家安全委员会与其他联邦机构举行的联邦跨部门研讨会；④ 2019 年 8 月 13 日至 15 日，"深红色传染病" 2019 年功能演习。

美国共有 12 个州、19 个联邦政府机构、74 个地方卫生部门和联盟区域、87 家医院、40 个私营部门组织、35 个行动中心参与了此次模拟演习，其中包括美国国防部、国家安全委员会、退伍军人事务部、美国红十字会、美国护士协会等政府机构和公立团体，私营性健康保险公司——联合健康集团公司（United Health Group Inc.）、梅奥诊所等主要医院也应邀参加。

《纽约时报》还公布了"深红色传染病"演习的总结报告，报告从法定权力和资金、计划、协调运作、态势评估、资源、公共信息和风险沟通等 6 个方面总结了演习暴露的主要问题。

（1）HHS 现有的法定权力、政策和资金不足，不足以应对流感大流行。

（2）HHS 被指定为传染病大流行应对的领导机构，但其现有计划缺乏清晰的组织架构来落实联邦政府的应对措施。

（3）在协调运行机制中，各机构的角色和责任不够明确，体现在联邦机构、各州和卫生部门的信息共享、规范出台和行动落实等方面。

（4）由于缺乏明确的信息需求，以及在分配物资方面的混乱，风险评估是低效和不完整的。

（5）目前的医疗应对措施供应链和生产能力存在欠缺，无法满足国家在应对传染病大流行时的需要。

（6）美国疾病控制与预防中心明确发布了公共卫生和应急信息，但有关部门在停课问题上未能达成一致。

三、几点思考

（一）美国具有一流的"押题能力"却无"解题能力"

"深红色传染病"演习设定的场景是中国暴发的新型甲型 H7N9 流感，具有很强的传染性，并最终演变成为世界性大流行，且现有疫苗与该病毒不匹配；2019 年 8 月 15 日演习最后一阶段结束。而现实情况是，新冠肺炎病例于 2019 年 12 月在武汉首次被发现，随后疫情迅速发展，WHO 于 2020 年 3 月 12 日宣布疫情构成全球性大流行，这让人不得不承认此次演习的设想与现实情况的巧合。

然而，尽管"押对了题"，美国却没有交出令人满意的"答卷"。2020 年 1 月 22 日，美国确诊首例新冠肺炎患者。截至北京时间 2020 年 4 月 1 日，美国新冠肺炎累计确诊病例 186 265 例，死亡病例 3810 例，超过中国和意大利，成为确诊人数最多的国家。美国政府应对疫情不力引起美国各界人士的强烈不满。比尔·盖茨在美国有线电视新闻网（CNN）电视节目中称，在应对新型冠状病毒疫情过程中，美国反应迟缓且混乱，说明美国"解题能力"令人担忧。

（二）演习总结报告由媒体首发引人质疑

此次演习的目的之一就是检验当美国面临传染病大流行时，HHS能不能扛起主导部门的重任。结果显示，在面临与病毒的生死之战且没有任何治疗方法的情况下，美国政府资金不足、准备不足、协调不足等问题暴露无遗。演习总结报告起草于2019年10月，但未对外公布，直至2020年3月19日被《纽约时报》公开。而在演习组织机构——HHS的网站上，除了2019财年预算曾提及此次演习之外，找不到其他任何相关材料，这一点令人生疑。

（三）演习后并无实质性改进举措

《纽约时报》的文章称，奥巴马政府曾面临过一次传染病大流行。2009年4月，美国暴发甲型H1N1流感疫情，这是美国40多年来的首次流感大流行。据美国疾病控制与预防中心估计，美国最终约有6080万人感染，27万人住院，1.2万人死亡。事实证明，甲型H1N1流感的致命程度比最初预期要小，但当时的疫情应对工作也暴露了美国政府准备不足。

此后，尽管美国多次组织包括"深红色传染病"在内的传染病大流行防控演习，且演习过程也都暴露了美国在疫情应对中的各种问题，但是演习结束后，美国并未采取实质性行动解决这些问题。尽管特朗普政府澄清说，他们在演习后下达了行政命令以改善流感疫苗的供应和质量，并于2020年初追加了对HHS的专项资金支持，但这些举措无异于杯水车薪。

（军事科学院军事医学研究院　毛秀秀　张　音　王　磊）

第三十四章

美国重大疫情防控系统机构设置及启示

　　截至 2020 年 12 月，新冠肺炎疫情已蔓延至 200 多个国家并造成超过 1 亿人感染，正在发展成为百年未遇的"全球性大流行病"。此次重大疫情使多国公共卫生系统不堪重负，暴露出应急处置能力的薄弱，改革和加强公共卫生事件应急处置机构已成为全球关注焦点。从疫情防控和公共卫生能力来说，据全球知名的美国布隆博格公共卫生学院发布的 2019 年全球健康安全指数排名，美国以 83.5 分位列第一位，而我国以48.2 分位列第五十一位，排名虽不能客观反映我国实际水平，但提醒我国在重大疫情防控能力建设方面仍需进一步改革和完善。通过分析美国疫情防控体系特点，找出我国现阶段体系建设中存在的差距，能为今后完善我国重大公共卫生事件应急管理体系提供有益借鉴。

一、美国重大疫情防控系统机构设置与运作

（一）从国家到地方建立了纵向的三级公共卫生应急管理体系

　　美国很早就建立了重大突发公共卫生事件"国家－州－地方"三级应急管理体系，即以国家层面的美国疾病控制与预防中心（CDC）、地区/州层面的医院应急准备系统（HRSA）和地方层面的大都市医疗应对系统（MMRS）为主干，形成的一个立体化、多层次的综合应急管理网络。

　　在国家层面，美国 CDC 是整个体系的核心和协调中心。CDC 隶属于美国卫生与公众服务部（HHS），但有相对独立和明确的权责，负责全国范围内的疾病监测及发布、制定全国疾病控制和预防战略、公共卫生领域的管理人员培训、资源整合、突发事件应对，以及对国际疾病预防和控制予以支持。

　　在地区/州层面，建立医院应急准备系统（HRSA）。在全国设 10 个区，实行分区管理，各区以州为单位进行联动。HRSA 主要通过医院的应急准备系统，负责流行病学报告、卫生统计、疾病检查及食品安全检查、实施公共卫生项目等。同时州卫生局还要定期制定本州的卫生条例和地方机构标准。

　　在地方层面，建立大都市医疗应急指挥系统（MMRS）。这是一个综合了医院等与民众息息相关部门的综合系统，与民众联系最为紧密，也是最重要的执行机构。MMRS 通常具有完善的医疗反应体系和详细的应对操作计划。美国已在人口稠密、易

遭受突发事件袭击的城市，建立了 97 个较完备的城市医疗反应系统，以增强大都市对突发公共卫生事件的紧急处理能力。通过地方执法部门、消防部门、医院和公共卫生机构之间的协作联动，确保一旦城市发生公共卫生事件，能够第一时间启动本市跨部门之间的协调运作。与此对应，大多数相关机构均建立了完善的传染病通报体系，在公共卫生危机事件发生时确保城市在 48 小时内能够应对。

（二）在应急管理体系基础上，又建立了六个横向专业子系统，形成较为完善的公共卫生应急保障体系

为有效应对全国的重大疫情及其他突发公共卫生事件，在国家到地方的纵向三级公共卫生应急管理体系基础上，美国还建立了六个横向的公共卫生应急保障专业子系统。每一个专业子系统各司其责，都与纵向三级应急管理体系配套，业务可以从联邦中央到地方覆盖全国。

（1）全国公共卫生信息系统，包括覆盖全国的疾病监测报告预警系统、大都市症状监测系统、临床公共卫生沟通系统。这些系统可保障美国在重大疫情发生时，相关机构可给予早期的识别和快速的纵向沟通。

（2）覆盖全国的公共卫生实验室快速诊断系统。该系统包括 2000 多个公共卫生实验室，1.7 万个医院实验室，可保障当出现类似新冠肺炎疫情等暴发性传染病时，能快速动员一切力量开展传染病检测和病因追查工作。美国 CDC 主要是对全国的公共卫生实验室提供资金，确定实验室检测的标准，加强技术交流和开展培训。

（3）现场流行病学调查控制队伍和网络系统。美国 CDC 的疫情情报服务培训班（EIS）通过持续 50 多年的培训，培养建立了一支精良的机动队伍和全国网络。特别是在"9·11 恐怖袭击事件"后，美国政府专款建立了一支常设的流行病学专职队伍，这对于快速识别流行病的病因及传播机制，及时采取有效措施防止疫情的扩大至关重要。

（4）全国大都市传染病应急网络系统。该系统覆盖了美国境内所有的大城市，由美国联邦政府出资补贴各大城市的医院，包括现有的传染病医院或综合医院的传染科，保障每个签约医院 / 科室都有负压病房等应对措施。这些医院平时根据市场需求进行运营，并不断进行传染病防治能力的训练；一旦出现疫情，可在政府要求的时间内迅速转换为应急医院。

（5）建立了全国医药器械应急物品救援快速反应系统。全美建立了 12 个专用药品和医疗器械的物资存放基地，物资包括疫苗、抗体、解毒剂、口罩、防护服等，可在 12 小时内为全美任何受灾区域一次性提供超过 50 吨的药品和急救物资。

（6）建立了医院突发事件管理系统。要求全国各级医院建立医院突发事件指挥系统（HICS），以专门用于应对各类突发公共卫生事件的协调和指挥。

（三）美国公共卫生应急系统中的跨部门协作

美国的三级应急管理体系为机构和系统协作提供了良好基础。在危机发生时，美国国防部、联邦调查局、卫生与公众服务部、联邦应急管理局、环境保护局和能源部立即参与进来，共同建立危机应对体系，发挥联邦层面强有力的指挥功能。地方政府

则根据美国卫生与公众服务部要求，由各州成立突发事件应急委员会，建立综合协调、战略管理、系统评估等机制以应对突发事件。

对于重大突发事件，当总统宣布启动"联邦反应计划"时，联邦应急管理局（FEMA）将成为全部应急事件总协调，一切信息汇入该机构。

（四）公共卫生应急系统中的国际协作

美国 CDC 在其紧急事件运作中心内设置了国际联合小组，包括流行病学家、医学专家、微生物学家和处理传染性疾病及国际事件的公共卫生官员等。该小组采取每天24 小时、每周 7 天工作制，与 WHO 保持密切的信息交流与协作。同时，国际联合小组就重大疾病的控制、流行趋势、病原学检测等向各国提供不同程度的技术支持或信息支持。技术支持包括临床和环境监测等；信息支持包括关于生化病毒、实验方法、恐怖活动预警和应对的电话或网络咨询。

公共卫生机构必须能够与国际快速交流信息，跟上事态发展的步伐，才能做出合理的紧急决定和科学决策。例如，美国 CDC 建立的流行病情报服务系统（EIS）和卫生警报网络（HAN）能帮助世界各地的卫生官员及时接收和分享疾病报告、反应计划和 CDC 诊断与治疗指南。同时，快速的、可信赖的国际合作也是联合公共卫生机构和其他部门的有效方式。

二、对我国的启示

（一）加强全球公共卫生动态监测和管理，定期举行应对重大疫情的模拟推演，为政府决策服务

突发公共卫生事件存在很大不确定性，并且随着经济和科技发展及体制改革等，进行动态更新显得尤为重要。我国可在现有基础上，重新梳理和建立全天候的国家危机应对中心，应用大数据、人工智能等现代化手段，集协调指挥、情报搜集、快速反应、应急处理于一身，强化数据共享，形成覆盖全国甚至连接全球的应急指挥与决策网络，实现应急信息化、指挥网络化、决策智能化。

美国约翰斯·霍普金斯大学卫生安全中心曾举行了"Clade X"和"Event 201"两次关于模拟新冠病毒大流行的桌面推演，用于探究当前公共卫生系统存在的漏洞、疫情将产生的危害及可采取的有效应对措施等，相关成果已影响和帮助美国政府决策。借鉴美国经验，我国完全有能力，也应该将桌面推演纳入常设预警体系，与云计算、大数据和人工智能等先进技术相结合，建立人机结合的计算模型和仿真环境，定期举行国内、地区或全球的应对重大突发疫情的模拟推演，为政府决策服务。

（二）完善评估方式，定期对各级政府实施传染病预防、控制预案的能力进行评估

我国公共卫生管理尤其是相关法规重点倾向于建立传染病应急预案，但对应急预案负责单位的实施能力缺乏有效的评估。我国相关法律法规可增加有关评估方式的规定，定期通过实习演练、训练等方式对地方政府应急预案实施能力进行评估。通过定期评估，不仅能反映政府机构、部门的应对能力，还能增加其应对传染病事件的熟练度，

并且能够对传染病预防、控制预案内容的合理性进行核验。

（三）将民间机构和医院纳入我国传染病监测体制内，并对监测系统定期进行技术性更新

我国可将民间机构和特定医院纳入传染病监测体制之内，以建立更为完善、全面的监测网络，及时获取第一手消息。此外，随着科学技术的发展，美国《公共卫生服务法》还要求对公共卫生交流与监测网络进行相应的技术更新，使得该监测网络能够实现实时监测。我国公共卫生管理方面也可对传染病监测系统定期进行技术性更新，以保持监测系统的先进性和准确性，紧跟技术进步尤其是颠覆性技术。

（四）扩充公共卫生人才队伍，建设我国应对重大公共卫生紧急事件的常设队伍

在全球新发疫情不断涌现、"健康中国"上升为国家战略的背景下，我国现有公共卫生领域的人才在规模、技术能力和物资保障方面均有待提高。我国可构建以"院校教育－毕业后教育－继续教育"为脉络的公共卫生人才培养体系，提质增量，培养出能够满足不同需求的大量公共卫生人才。此外，应改善公共卫生人才发展环境，保障应有的待遇，避免人才流失，提高公共卫生人才的专业认同感与荣誉感，吸引优秀人才。

我国还应建设一支长效的、训练有素、经验丰富、技术过硬的突发疫情快速反应队伍。这支队伍包括各领域人员，其直属中央管辖，实行预备役队伍的组织和管理方式，平时各安其职，战时统一调动。该队伍组建应整合全国卫生人才资源，人员的选拔登记、教育培训、推出机制要制度化和程序化，并进行定期演练和考核以提高我国整体应急救治与处置工作的能力，包括强化监测与应急反应能力。

（国际技术经济研究所　刘发鹏）

第三十五章

西班牙大流感的传播特征及其对世界的深远影响

1918年西班牙大流感是人类历史上第一次暴发的全球性的传染性疫情,不仅造成数量庞大的人员感染和死亡,而且对许多国家的公共卫生制度、政治局势甚至全球政治格局都产生了深远影响。本章通过研究西班牙大流感的传播特征及其对世界的深远影响,或能为研判新冠肺炎疫情的发展趋势和未来影响,以及采取更有效的应对措施提供启示。

一、西班牙大流感暴发及流行情况概述

西班牙大流感始于1918年1月,一般认为从美国暴发,经赴欧参加第一次世界大战的美国士兵扩展到欧洲,进而扩散至亚洲、非洲、澳大利亚等地区,最后几乎遍及世界各个角落,包括偏远的太平洋岛屿和寒冷的北极地区,最终于1920年春季逐渐消失。此次大流感在两年内共造成5亿~10亿人感染(占当时世界人口的30%~60%),5000万至1亿人死亡。

(一)西班牙大流感发展阶段

西班牙大流感出现三波疫情反复。第一波疫情发生在1918年3—7月。3月美军堪萨斯州的新兵训练营报告了首例病例,随后通过军队调动传播至欧洲战场,法国、英国、德国、意大利和西班牙等先后发生类似流感。6月大流感侵袭亚洲,中国、日本、印度、菲律宾等均暴发流感。这一波疫情传染性很强,但病死率较低,接近普通流感,并未引起重视。第二波疫情发生在1918年8—11月,病毒发生变异,病死率提高且患者死亡速度加快,尤其对20~40岁人群具有高致命性。同年8月末流感首先在美国、法国和塞拉利昂同时大规模暴发,并迅速传播到世界各地。大量青壮年在感染后两三天甚至几小时便死亡。这一波疫情病死率最高。第三波疫情发生于1919年1月至1920年3月,这一波疫情病死率介于前两波之间,但影响范围更广,逐渐蔓延至太平洋岛屿和北极地区等。最终,大流感在1920年春季逐渐消失。

(二)西班牙大流感传播特征

西班牙大流感从经济较为发达、人员往来频繁的美欧地区暴发,并迅速侵袭欧美亚非各大洲主要国家,最后蔓延至太平洋岛屿和一些偏远地区,甚至北极也未能幸免。

总体而言，交通枢纽、城市中心、港口码头成为重灾区，农村、山区等地广人稀，疫情相对轻微。

西班牙大流感的全球平均病死率为 2.5% ～ 5%，远超一般流感的 0.1%。美欧地区虽然最早暴发西班牙大流感，但这些地区病死率最低，而亚洲和非洲的流感病死率却最高。印度有多达 1700 万人死亡，约占本国人口的 5%。在世界范围内，贫困人口、移民和少数民族病死率更高，主要原因可能是其饮食欠佳、居住环境拥挤、本身已患有其他疾病及很难获得医疗救治等。

二、西班牙大流感对世界各国及全球格局的影响

（一）西班牙大流感加速了第一次世界大战的结束

第一次世界大战在 4 年内共造成 1000 余万人死亡，而西班牙大流感在暴发初期的几个月内，就造成至少 2500 万人丧生。第一次世界大战的协约国和同盟国双方都因流感受到重创，英国、法国每周都有数千人死于大流感，美国海军的伤亡基本均由流感造成；德国当时有 40 余万人死于流感，军队中 30% 的军人因流感失去战斗能力。协约国因充沛的物资还能勉强支持，而德国则因大流感而难以为继，士兵们纷纷拒绝战斗，甚至发动起义。德国国内的革命运动使德国政府崩溃，德国向协约国投降。

（二）西班牙大流感削减了大量劳动力，并在短期内对经济造成冲击

西班牙大流感具有高病发率与高病死率等特点，与战争因素叠加，造成了大量人员尤其是青壮年劳动力损失。例如，在 1918—1919 年，美国 47% 的非自然死亡是由流感及其并发症所致，流感死亡人数达 67.5 万人，最终使美国人均寿命降低为 39 岁，在短期内形成了劳动力缺乏的局面。

大流感期间，疫情严重地区的剧院、影院等公共娱乐营业场所关门停业，多数劳动密集型工厂也被迫停业，间接导致大量员工失业与部分生产活动停滞。同时，出于对流感的恐惧心理，民众上街购物的需求下降，使消费受到较大影响。由于暂时的衰退没有从根本上破坏经济系统，故疫情影响只是短期的，危机过后生产生活逐步恢复正常，经济出现反弹。

（三）西班牙大流感与第一次世界大战作用叠加改变了世界格局走向、各国国内政局稳定性及美国的全球战略

西班牙大流感加速了第一次世界大战的结束，消耗了巨大资源，与第一次世界大战的作用叠加，直接导致了德意志帝国的灭亡、奥匈帝国解体和奥斯曼帝国的分裂和灭亡；协约国中的英国、法国、意大利等的全球控制力均受到一定削弱，战后亚非拉各殖民地半殖民地国家的民族解放运动形势普遍高涨。

西班牙大流感的最严重后果是导致国家政局动荡。例如，各国在疫情初期封锁相关新闻，使疫情加速恶化，招致民众对政府的不满情绪上升和信任下降，民众和媒体对政府采取的流感控制措施产生质疑，并由此引发了大量民众示威游行，造成社会动荡。1918 年是美国参众两院议员选举的一年，由于流感期间集会游行受到限制，直接影响

到各自阵营的政治宣传，导致选民优势集中在城市的民主党得票率下降显著。

西班牙大流感也在一定程度上制约了美国借机提升国家地位进而夺取世界霸权的进度。美国时任总统威尔逊与其智囊高参豪斯等都不同程度地感染了西班牙大流感，影响到政府的外交决策。第一次世界大战结束后，有关战后处置德国等问题提上议程，威尔逊本欲借此提高美国在世界上的地位进而夺取世界霸权，并提出了著名的"十四点原则"，但患病影响了其在漫长谈判中的表现。英法获得了谈判主导权，既没有给美国带来利益最大化，也使德国遭受过度压迫，造成了此后 20 年德国社会仇恨和报复心理盛行，在一定程度上间接引发了第二次世界大战。

（四）西班牙大流感加速推动了全民医疗卫生系统的建立和现代医学的发展

西班牙大流感促使一些国家政府开始重视和建设全民医疗卫生系统。英国于 1948 年建立起英国国民保健服务体系（NHS）；苏联在 1920 年已建立中央统筹、完全的公共卫生医疗服务体系并投入运行，该休系起初只惠及城镇人口，1969 年完成农村人口全覆盖。

同时，以霍普金斯、刘易斯等为代表的科学家预见到流行性疾病的出现，并有所准备，在流感中构建并完善了相应的知识体系，促进了美国等西方强国的医学逐渐发展为现代医学。

三、西班牙大流感对新冠肺炎疫情的启示

（一）高度警惕病毒恶性变异和疫情反复，加强病毒跟踪和研究，建立疫情长效防范机制

西班牙大流感在防控期间曾出现三波疫情反复，导致疫情持续蔓延 2 年多时间。特别是第一波疫情因病症轻和病死率低而未得到充分重视，导致出现致死率更高的第二波疫情和蔓延范围更广的第三波疫情。当今的新冠病毒虽然传染性极强，但病死率相对较低，并且在中国、韩国和欧洲等地已被逐渐控制，但其在全球尤其是经济不发达地区正处于上升期，我国需高度警惕新冠病毒恶性变异和防范新冠肺炎疫情反复，下一步应联合世界各国和紧密依靠 WHO，密切跟踪全球新冠病毒的变异情况，加强病毒防治研究和疫苗研发。同时，应继续加强医疗物资储备和公众卫生宣传教育，建立全国疫情长效防范机制。

（二）新冠疫情在落后和偏远地区的暴发风险日益增加，或将产生严重破坏，隔离是医疗资源缺乏地区的最重要措施

对比西班牙大流感与新冠肺炎疫情的传播路径，两者均表现出从经济发达、人口密集、往来密切地区向发展较为落后地区依次蔓延的趋势，只要疫情没有被"消灭"，全球任何国家都不可能独善其身。当主要大国和经济强国疫情得到控制后，疫情正在向更加偏远、闭塞和极不发达的岛国或北极地区蔓延，南亚、中亚、南美洲和非洲等医疗资源相对薄弱地区的疫情发展态势尤其值得密切关注。

西班牙大流感在当时落后的亚非地区的病死率是欧美地区的 30 倍，在太平洋岛国

和北极地区甚至造成当地 70% 的人口死亡。未来，如果新冠病毒蔓延至经济落后和医疗缺乏的地区，或对当地造成更严重的人群感染和死亡，将会引发严重的社会危机和导致全球疫情反复。

西班牙大流感时，大多数国家面临药物和医疗资源缺乏的情况，非药物性干预救治成为当时的主要措施。西方经济强国通过关闭学校、保持街道卫生、提倡良好的卫生习惯、戴口罩、检疫隔离等措施有效降低了病死率。因此，主动隔离和公共场所消毒至今仍是减轻医疗资源压力的最重要防御措施。

（三）加强全球公共卫生合作，争取全球公共卫生领域更多话语权，对内持续改革和提升公共卫生系统及现代医疗水平

西班牙大流感加速推动了美英等西方经济强国建立全民医疗卫生系统的进程，并促进了现代医学的发展。当前全球化背景下，人员和物资往来更加频繁，病毒传播速度更快，防疫更成为世界性问题，任何国家不负责任的行为都可能造成全球性威胁。未来，世界各国联手的全球一体化公共卫生响应系统和防疫措施及支援体系，应成为此次重大疫情之后最应着力解决的问题。而我国应以打造"人类卫生健康共同体"为抓手，以全球卫生防疫体系建设为切入口，在 WHO 的帮助下，进一步提高我国的国际地位。同时，我国也应从此次疫情中总结经验教训，完善国家公共卫生体系建设，充分利用人工智能、大数据、精准医学等现代科技，持续改革和提升我国医疗卫生水平，提高人民的健康和幸福指数。

（国际技术经济研究所　刘发鹏）